2020 시험대비 ──────────

육군장교

단기간부사관

필기평가

Preface

군인의 삶은 조국을 위한 희생이라는 고귀한 가치를 실천하면서 때로는 나보다는 우리를 위한 고난과 역경을 이겨내야 하는 헌신과 봉사의 삶 속에서 스스로를 자랑스럽게 여기는 공인의 길이다. 병사들의 선두에서 지휘해야 하는 막중한 책임을 짊어진 장교들은 한국 최고의 장교로 거듭나기 위해 전문적 군사지식을 비롯하여 어학, 컴퓨터 등 각종 분야의 지식을 쌓으며 인간관계와 리더십을 배우고 있다. 이러한 경험은 사회의 리더로서, 국가의 간성으로서 우리나라의 중추적인 역할을 할 것이다.

군 간부는 안일한 불의의 길보다 험난한 정의의 길을 선택한 사람이며, 스스로 선택한 삶에 대한 자부심과 봉사하는 자세로 복무하는 자이다. 군 간부의 길은 비록 힘들 수 있으나 가장 명예롭고 보람되며 자랑스러운 길임을 확신한다.

본서는 단기간부사관을 목표로 입대를 준비하는 수험생의 필기평가 준비를 돕기 위해 개발된 맞춤형 교재로 공간능력, 언어논리, 자료해석, 지각속도의 내용으로 구성된 지적능력평가와 직무성격검사, 상황판단검사 그리고 국사 과목을 심층 분석하여 수록하였다. 또한 인성검사에 대한 개요와 예시문제를 수록하여 확실한 마무리가 되도록 하였다.

본서를 통하여 합격의 기쁨과 엘리트장교로서의 꿈을 펼치기를 기원한다.

Structure

1 지적능력평가

각 영역별 예시문제와 그에 따른 출제예상문제를 자세한 해설과 함께 수록하여 문제유형을 미리 익혀볼 수 있도록 하였습니다.

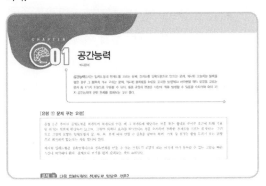

2 국사

한국 근·현대사에 대한 전반적인 흐름과 주요 개념 및 핵심이론을 학습하기 쉽도록 정리하였으며, 난이도별 다양한 출제예상문제를 수록하였습니다.

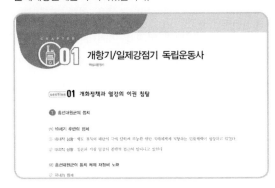

3 직무성격검사 및 상황판단검사

지적능력평가뿐만 아니라 직무성격검사와 상황판단검사도 실전 문제와 같은 유형으로 구성하여, 필기평가에 철저하게 대비할 수 있도록 하였습니다.

4 인성검사

최근 간부선발 과정에서 시행되고 있는 인성검사에 대한 개요 및 예시문제를 수록하여 필기평가 준비를 위한 최종 마무리가 될 수 있도록 구성하였습니다.

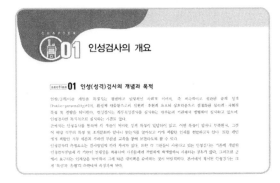

Contents

Information

▌ 지원자격

① 「군인사법 제10조 제2항」 임관 결격사유에 해당되지 않는 자

② 신분/계급
　　㉠ 부사관 : 현역부사관(자대근무 3개월 이상), 민간부사관(자대근무 6개월 이상)
　　㉡ 병 : 상병 이상(전역예정자 포함)
　　㉢ 예비역(장교 포함) : 육군에서 현역 전역 후 2년 이내인 자

③ 연령 : 임관일 기준 만 20세 이상 27세 이하인 자
　　※ 단, 부사관 및 예비역은 임관일 기준 30세(군복무기간 고려 1～3세 합산 적용)

④ 학력
　　㉠ 4년제 대학 2학년 이상 수료자
　　㉡ 전문학사 이상 학위 소지자 및 이와 동등 이상의 학력이 있다고 인정되는 자

▌ 의무복무기간

3년

▌ 지원절차/평가방법

① 개인별 지원서 작성/제출
　　㉠ 인터넷·인트라넷 「육군모집」 홈페이지 접속, 지원서 작성
　　　　※ 지원서 작성 후 「수험표출력」, 「지원서출력」 메뉴 통해 출력 가능
　　㉡ 지원자는 소속 부대(사·여단급) 인사부서로 지원서 출력 후 제출
　　　　※ 예비역은 지원서 미제출
　　㉢ 1차 합격자에 한해 지원서류 제출
　　　　※ 개인별 등기우편으로 인사사령부로 발송

② 1차 평가
　　㉠ 필기평가 결과로 1차 평가 합격자 선발
　　　　※ 필기평가 장소 및 시간계획은 추후공지
　　㉡ 필기평가 총점의 40% 미만 득점자 선발 제외

③ 2차 평가(1차 평가 합격자 대상)
　　㉠ 신체검사 : 「육군모집」 홈페이지 선발신체검사기준표 참조
　　　　• 질병 관련 신체등위 합격기준 : 1, 2, 3급
　　　　　※ 재검 대상자는 군 병원이 요구하는 일자에 재검을 실시해야 하며, 재검 미실시자와 재검결과 재검자, 불합격자는 불합격 처리(재검기회 1회 부여)
　　　　• 신장과 체중에 의한 체격등위 합격기준 : 1, 2급
　　　　　※ 3급은 심의를 통해 결정
　　㉡ 체력검정
　　　　• 측정종목 : 팔굽혀펴기, 윗몸일으키기, 1.5km달리기
　　　　• 점수산정 : 체력검정 평가기준표
　　　　• 종목별 1회만 실시, 해당 종목 평가 시 중도포기, 미실시자는 불합격 처리

ⓒ 면접평가
- 평가요소

1면접장					2면접장			3면접장
외적자세		품성평가				내적 역량		
신체 균형	발성/ 발음	인성	사명감	지원 동기	예절/ 태 도	국가관 안보관	리더십/ 상황판단	사회성	인성검사 확인

※ 공통 : 표현력, 논리성, 이해력, 판단력 평가
- 면접평가 복장 : 전투복(현역), 단정한 복장(예비역)
ⓔ 신원조사 : 군인사법 제10조 제2항의 장교 임용 결격사유 중점 확인

④ 최종 합격자 선발
  ㉠ 합격자 발표 : 「육군모집」 홈페이지 공지 및 개별 통보
  ㉡ 양성교육 입교 전까지 형사(징계) 처벌자, 포기자 발생 시 합격 취소

▌기타사항

① 시험결과는 공개하지 않음
② 지원서류가 허위로 판명되거나, 제출서류가 미비된 경우 선발에서 제외하며, 선발된 후에도 결격사유 또는 서류에 허위 사실이 발견될 경우 합격 취소
③ 필기평가, 신체검사, 체력검정/면접평가 시 수험표 및 신분증 반드시 지참
④ 시험 간 부정행위 발생 시 「군인사법 시행령 제9조의2」에 의거 처벌됨
⑤ 학위 취득예정자는 졸업증명서(원본) 제출
⑥ 합격포기(취소)자 발생 시 예비합격자로 대체
⑦ 제출서류
  ㉠ 부대별 제출서류
    - 근무평가서
    - 지휘추천서
  ㉡ 개인 제출서류
    - 지원서 1부
    - 개인정보 제공 동의서 1부
    - 학위취득, 2학년 수료를 증명할 수 있는 증명서 1부
    - 대학교 성적증명서 원본 1부
    - 가산점 증빙서류 각 1부
    - 자기소개서 4부
    - 고등학교 생활기록부 1부
      ※ 검정고시자 : 중퇴 전 학교생활기록부 또는 중학교 학교생활기록부, 검정고시 합격증명서
  ㉢ 신원조사 관련 서류
    - 신원진술서 1부
    - 개인정보 수집 · 이용 · 제공 동의서 1부
    - 자기소개서 1부
    - 기본증명서 1부
    - 개인 신용 정보서 1부
    - 병적증명서 1부
      ※ 예비역 지원자만 제출

PART
01

지적능력평가

공간능력

예시문제

공간능력검사는 입체도형의 전개도를 고르는 문제, 전개도를 입체도형으로 만드는 문제, 제시된 그림처럼 블록을 쌓은 경우 그 블록의 개수 구하는 문제, 제시된 블록들을 화살표 표시한 방향에서 바라봤을 때의 모양을 고르는 문제 등 4가지 유형으로 구분할 수 있다. 물론 유형의 변경은 사정에 의해 발생할 수 있음을 숙지하여 여러 가지 공간능력에 관한 문제를 접해보는 것이 좋다.

[유형 ① 문제 푸는 요령]

유형 ①은 주어진 입체도형을 전개하여 전개도로 만들 때 그 전개도에 해당하는 것을 찾는 형태로 주어진 조건에 의해 기호 및 문자는 회전에 반영하지 않으며, 그림만 회전의 효과를 반영한다는 것을 숙지하여 정확한 전개도를 고르는 문제이다. 그러므로 그림의 모양은 입체도형의 상, 하, 좌, 우에 따라 변할 수 있음을 알아야 하며, 기호 및 문자는 항상 우리가 보는 모양으로 회전되지 않는다는 것을 알아야 한다.

제시된 입체도형은 정육면체이므로 정육면체를 만들 수 있는 전개도의 모양과 보는 위치에 따라 돌아갈 수 있는 그림을 빠른 시간에 파악해야 한다. 문제보다 보기를 먼저 살펴보는 것이 유리하다.

문제 1 다음 입체도형의 전개도로 알맞은 것은?

- 입체도형을 전개하여 전개도를 만들 때, 전개도에 표시된 그림(예 : ▐, ◰ 등)은 회전의 효과를 반영함. 즉, 본 문제의 풀이과정에서 보기의 전개도 상에 표시된 "▐"와 "◰"은 서로 다른 것으로 취급함.
- 단, 기호 및 문자(예 : ☎, ♤, ♨, K, H)의 회전에 의한 효과는 본 문제의 풀이과정에 반영하지 않음. 즉, 입체도형을 펼쳐 전개도를 만들었을 때에 "⯐"의 방향으로 나타나는 기호 및 문자도 보기에서는 "☎"방향으로 표시하며 동일한 것으로 취급함.

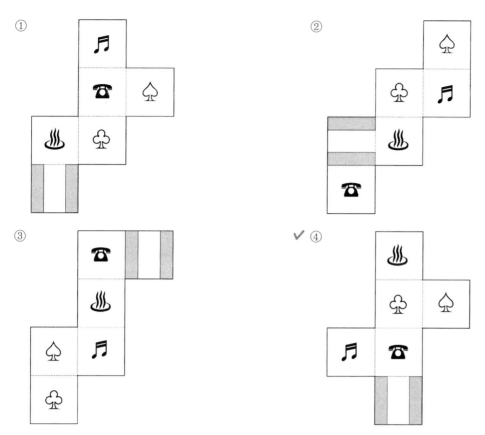

▣▣ ▐▌ 모양의 윗면과 오른쪽 면에 위치하는 기호를 찾으면 쉽게 문제를 풀 수 있다.
기호나 문자는 회전을 적용하지 않으므로 4번이 답이 된다.

[유형 ② 문제 푸는 요령]

유형 ②는 평면도형인 전개도를 접어 나오는 입체도형을 고르는 문제이다. 유형 ①과 마찬가지로 기호나 문자는 회전을 적용하지 않는다고 조건을 제시하였으므로 그림의 모양만 신경을 쓰면 된다.

보기에 제시된 입체도형의 윗면과 옆면을 잘 살펴보면 답의 실마리를 찾을 수 있다. 그림의 위치에 따라 윗면과 옆면에 나타나는 문자가 달라지므로 유의하여야 한다. 그림을 중심으로 어느 면에 어떤 문자가 오는지를 파악하는 것이 중요하다.

문제 2 다음 전개도로 만든 입체도형에 해당하는 것은?

- 전개도를 접을 때 전개도 상의 그림, 기호, 문자가 입체도형의 겉면에 표시되는 방향으로 접음
- 전개도를 접어 입체도형을 만들 때, 전개도에 표시된 그림(예 : ▯, ◢ 등)은 회전의 효과를 반영함. 즉, 본 문제의 풀이과정에서 보기의 전개도 상에 표시된 "▯"와 "▭"은 서로 다른 것으로 취급함.
- 단, 기호 및 문자(예 : ☎, ♤, ♨, K, H)의 회전에 의한 효과는 본 문제의 풀이과정에 반영하지 않음. 즉, 전개도를 접어 입체도형을 만들었을 때에 "☏"의 방향으로 나타나는 기호 및 문자도 보기에서는 "☎" 방향으로 표시하며 동일한 것으로 취급함.

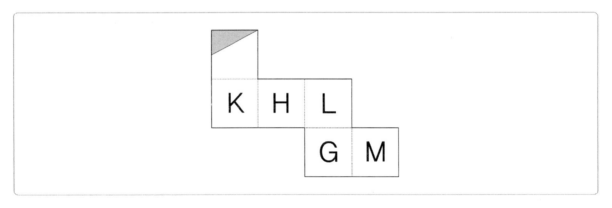

① 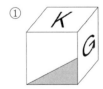 ✔②  ③ 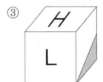 ④

> ☑ 해설 그림의 색칠된 삼각형 모양의 위치를 먼저 살펴보면
> ① G의 위치에 M이 와야 한다.
> ③ L의 위치에 H, H의 위치에 K가 와야 한다.
> ④ 그림의 모양이 좌우 반전이 되어야 한다.

[유형 ③ 문제 푸는 요령]

유형 ③은 쌓아 놓은 블록을 보고 여기에 사용된 블록의 개수를 구하는 문제이다. 블록은 모두 크기가 동일한 정육면체라고 조건을 제시하였으므로 블록의 모양은 신경을 쓸 필요가 없다.

블록의 위치가 뒤쪽에 위치한 것인지 앞쪽에 위치한 것 인지에서부터 시작하여 몇 단으로 쌓아 올려져 있는지를 빠르게 파악해야 한다. 가장 아랫면에 존재하는 개수를 파악하고 한 단씩 위로 올라가면서 개수를 파악해도 되며, 앞에서부터 보이는 블록의 수부터 개수를 세어도 무방하다. 그러나 겹치거나 뒤에 살짝 보이는 부분까지 신경 써야 함은 잊지 말아야 한다. 단 1개의 블록으로 문제의 승패가 좌우된다.

문제 3 아래에 제시된 그림과 같이 쌓기 위해 필요한 블록의 수는?
(단, 블록은 모양과 크기는 모두 동일한 정육면체이다)

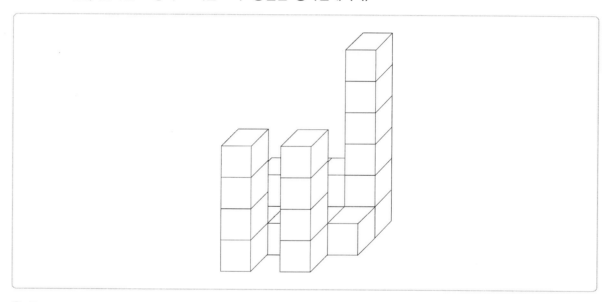

① 18   ② 20
③ 22   ✔ ④ 24

해설 그림을 쉽게 생각하면 블록이 4개씩 붙어 있다고 보면 쉽다. 앞에 2개, 뒤에 눕혀서 3개, 맨 오른쪽 눕혀진 블록들 위에 1개 4개씩 쌓아진 블록이 6개 존재하므로 24개가 된다.
시간이 많다면 하나하나 세어도 좋다.

[유형 ④ 문제 푸는 요령]

유형 ④는 제시된 그림에 있는 블록들을 오른쪽, 왼쪽, 위쪽 등으로 돌렸을 때의 모양을 찾는 문제이다.

모두 동일한 정육면체이며, 원근에 의해 블록이 작아 보이는 효과는 고려하지 않는다는 조건이 제시되어 있으므로 블록이 위치한 지점을 정확하게 파악하는 것이 중요하다.

실수로 중간에 있는 블록의 모양을 놓치는 경우가 있으므로 쉽게 모눈종이 위에 놓여 있다고 생각하며 문제를 풀면 쉽게 해결할 수 있다.

문제 4 아래에 제시된 블록들을 화살표 표시한 방향에서 바라봤을 때의 모양으로 알맞은 것은?

• 블록은 모양과 크기는 모두 동일한 정육면체임
• 바라보는 시선의 방향은 블록의 면과 수직을 이루며 원근에 의해 블록이 작게 보이는 효과는 고려하지 않음

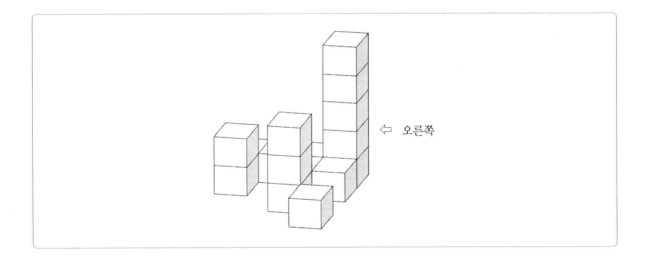

⇐ 오른쪽

✔ ①

②

③

④

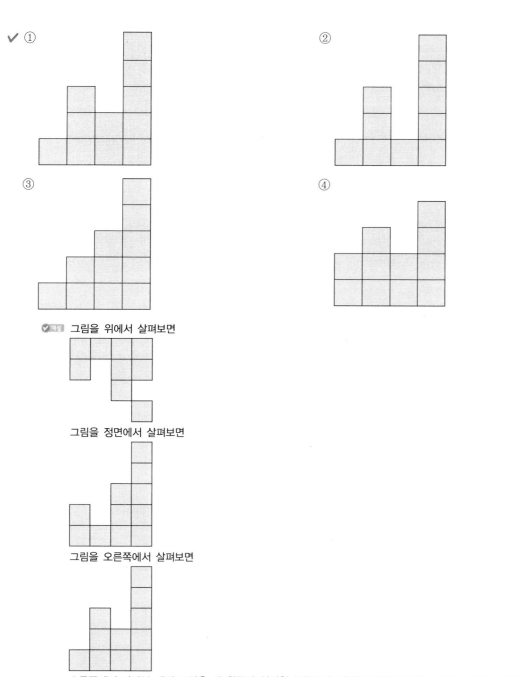

해설 그림을 위에서 살펴보면

그림을 정면에서 살펴보면

그림을 오른쪽에서 살펴보면

오른쪽에서 바라볼 때의 모양을 맨 왼쪽에 위치한 블록부터 차례로 정리하면 1단 – 3단 – 2단 – 5단임을 알 수 있다.

≫ 정답 및 해설 **p.362**

Q 다음 입체도형의 전개도로 알맞은 것을 고르시오. 【01~08】

• 입체도형을 전개하여 전개도를 만들 때, 전개도에 표시된 그림(예 : ▌▌, ◢, ▬ 등)은 회전의 효과를 반영함. 즉, 본 문제의 풀이과정에서 보기의 전개도 상에 표시된 ▌▌과 ▬는 서로 다른 것으로 취급함.
• 단, 기호 및 문자(예 : ♨, ☎, ♨, K, H)의 회전에 의한 효과는 본 문제의 풀이과정에 반영하지 않음. 즉, 입체도형을 펼쳐 전개도를 만들었을 때 의 방향으로 나타나는 기호 및 문자도 보기에서는 ☎방향으로 표시하며 동일한 것으로 취급함.

01

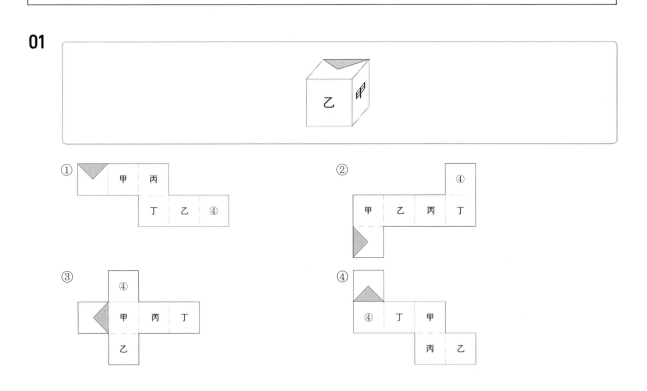

02

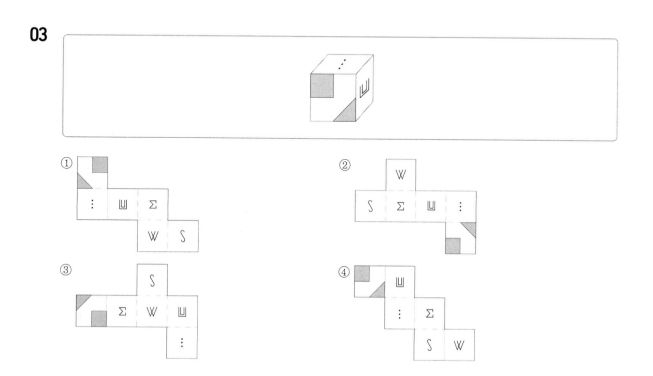

04

①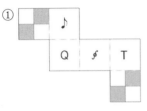

②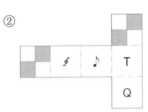

③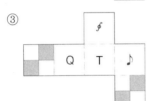

④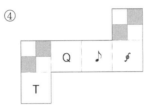

05

①

②

③

④

06

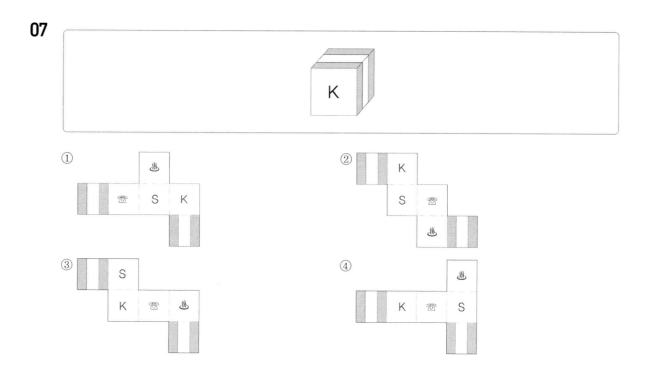

① T N A

② T N A

③ T N A

④ T A N

07

K

① ♨ ☏ S K

② K S ☏ ♨

③ S K ☏ ♨

④ ♨ K ☏ S

08

①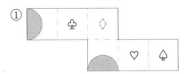

②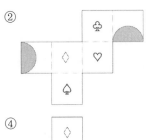

③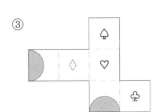

④

Ⓠ 다음 전개도로 만든 입체도형에 해당하는 것을 고르시오. 【09~20】

- 전개도를 접을 때 전개도 상의 그림, 기호, 문자가 입체도형의 겉면에 표시되는 방향으로 접음
- 전개도를 접어 입체도형을 만들 때, 전개도에 표시된 그림(예 : ▌▌, ◣, ▌ 등)은 회전의 효과를 반영함. 즉, 본 문제의 풀이과정에서 보기의 전개도 상에 표시된 ▌▌과 ▅는 서로 다른 것으로 취급함.
- 단, 기호 및 문자(예 : ♤, ☎, ♨, K, H)의 회전에 의한 효과는 본 문제의 풀이과정에 반영하지 않음. 즉, 전개도를 접어 입체도형을 만들었을 때 ㉾의 방향으로 나타나는 기호 및 문자도 보기에서는 ☎방향으로 표시하며 동일한 것으로 취급함.

09

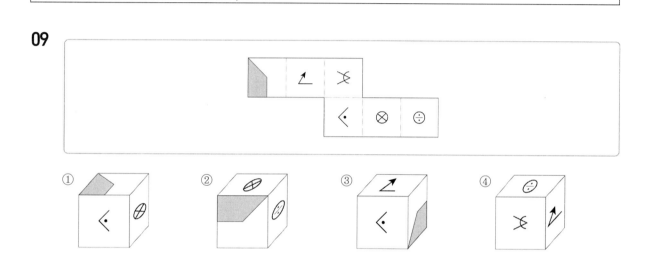

10

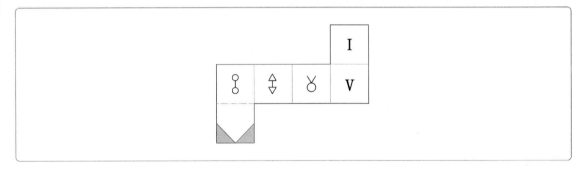

11

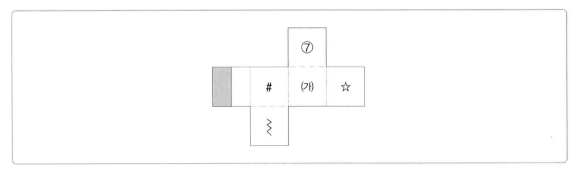

① 　② 　③ 　④

12

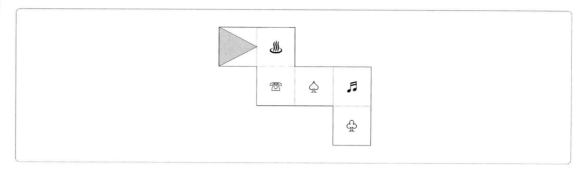

① 　② 　③ 　④

13

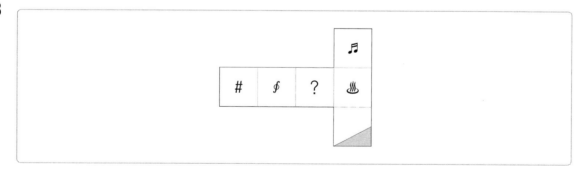

① 　② 　③ 　④

01. 공간능력 **23**

14

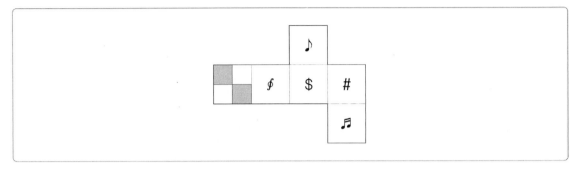

①   ②  ③   ④

15

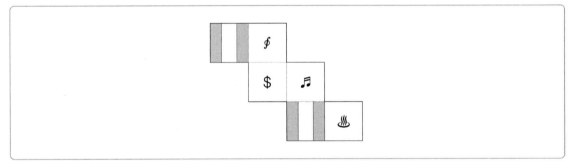

①  ②   ③  ④

16

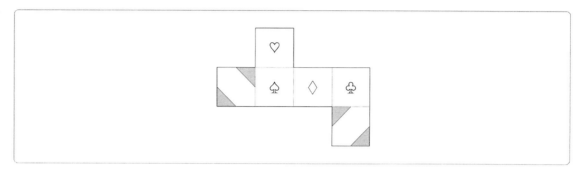

①  ② 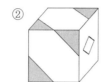 ③ 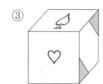 ④

17

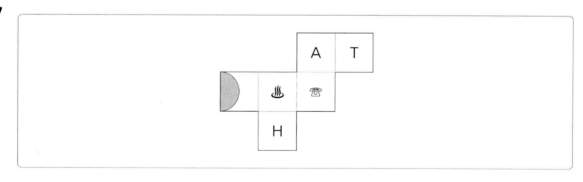

①   ②   ③   ④

18

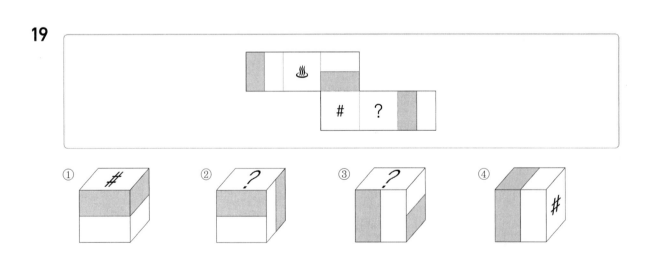

19

20

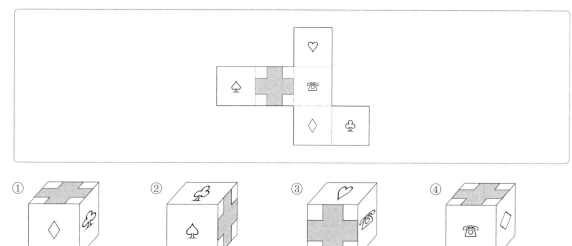

① ② ③ ④

다음 아래에 제시된 그림과 같이 쌓기 위해 필요한 블록의 수를 고르시오. 【21~32】
(단, 블록은 모양과 크기는 모두 동일한 정육면체이다)

21

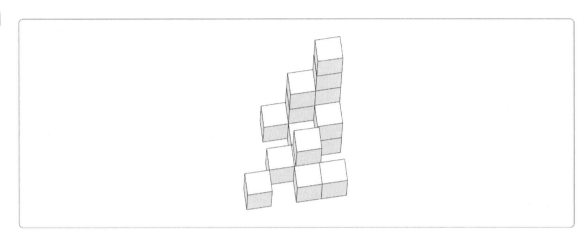

① 16　　　　　　　　　　　② 17
③ 18　　　　　　　　　　　④ 19

22

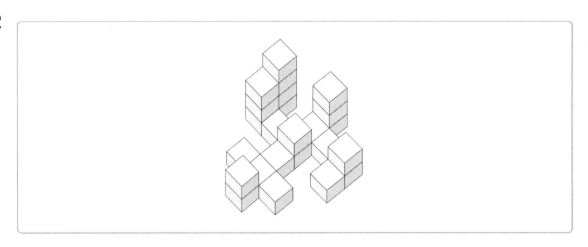

① 24　　　　　　　　　　　② 25
③ 26　　　　　　　　　　　④ 27

23

① 27   ② 28

③ 29   ④ 30

24

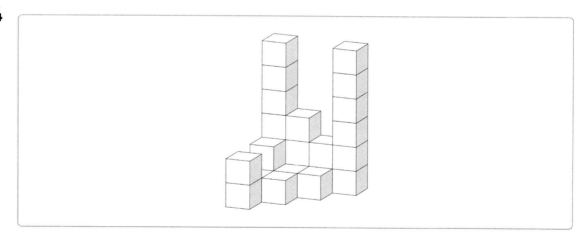

① 23   ② 24

③ 25   ④ 26

25

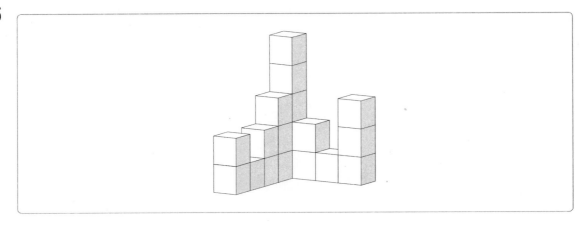

① 19   ② 20

③ 21   ④ 22

26

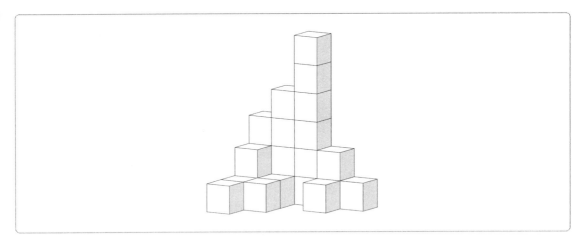

① 21   ② 22

③ 23   ④ 24

27

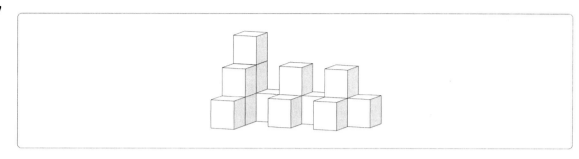

① 13   ② 14

③ 15   ④ 16

28

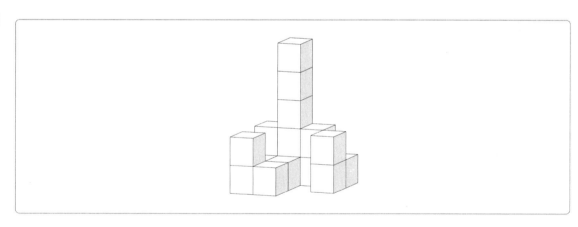

① 17   ② 18

③ 19   ④ 20

29

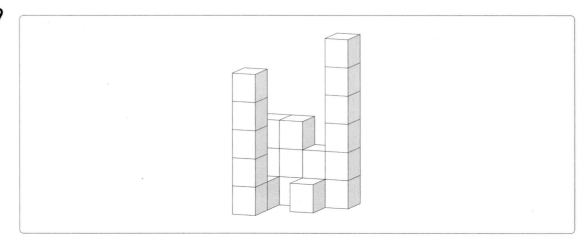

① 19
② 20
③ 21
④ 22

30

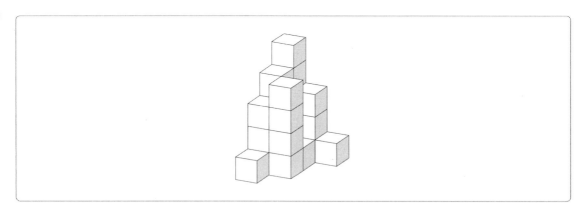

① 20
② 21
③ 22
④ 23

31

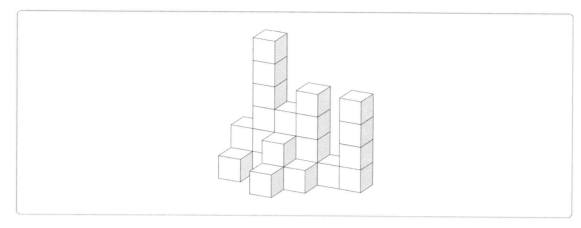

① 23

② 25

③ 27

④ 29

32

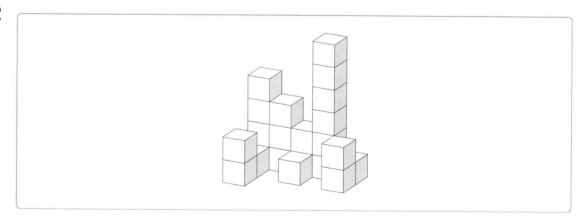

① 20

② 22

③ 24

④ 26

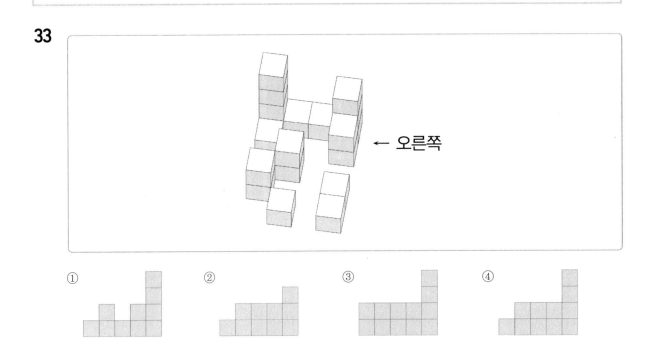

Q 다음 아래에 제시된 블록들을 화살표 표시한 방향에서 바라봤을 때의 모양으로 알맞은 것을 고르시오.
【33~40】

- 블록은 모양과 크기는 모두 동일한 정육면체이다.
- 바라보는 시선의 방향은 블록의 면과 수직을 이루며 원근에 의해 블록이 작게 보이는 효과는 고려하지 않는다.

33

← 오른쪽

① ② ③ ④

34

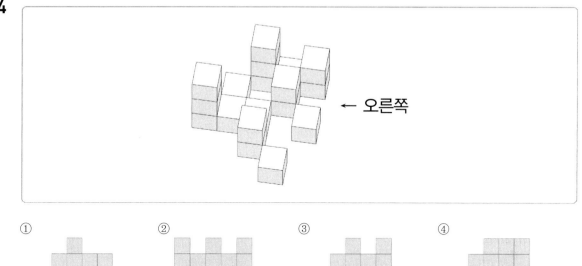

← 오른쪽

① ② ③ ④

35

왼쪽 →

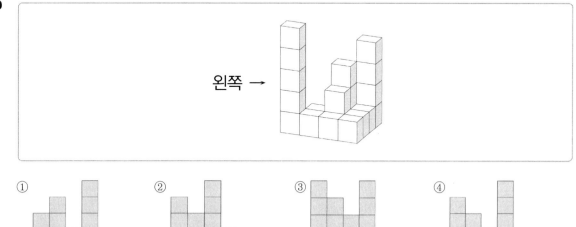

① ② ③ ④

36

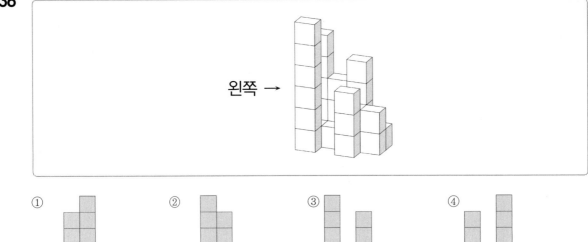

① ② ③ ④

37

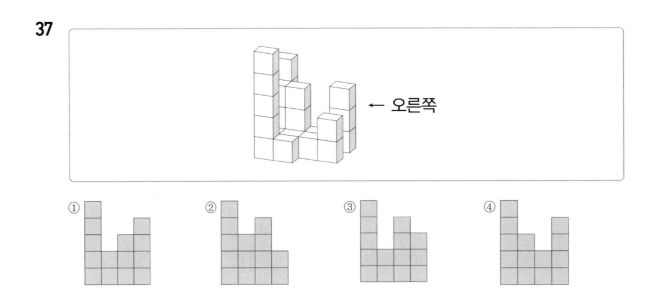

① ② ③ ④

38

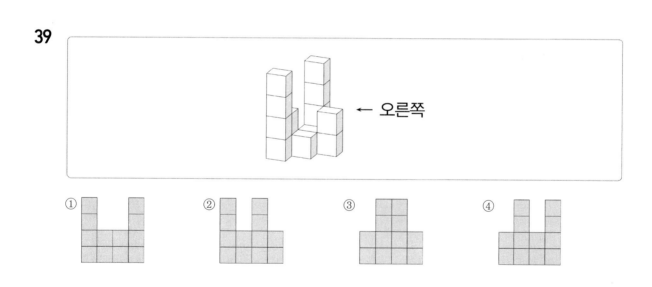

← 오른쪽

①

②

③

④

39

← 오른쪽

①

②

③

④

40

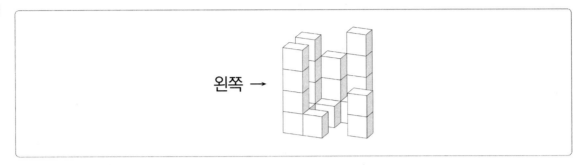

왼쪽 →

① 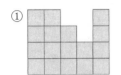　② 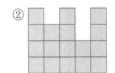　③ 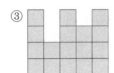　④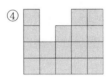

⊙ 다음 제시된 블록의 개수를 구하시오. 【41~48】

41

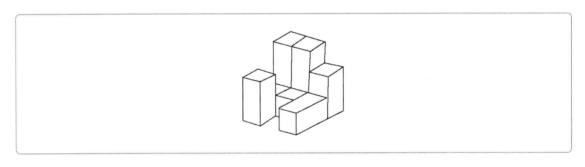

① 5개　　　　　　　　② 6개

③ 7개　　　　　　　　④ 8개

42

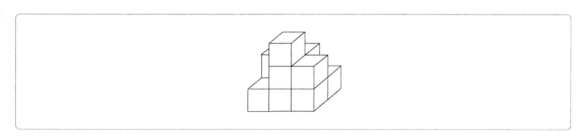

① 10개   ② 11개

③ 12개   ④ 13개

43

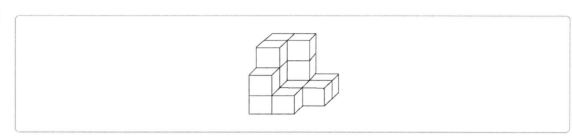

① 15개   ② 17개

③ 19개   ④ 21개

44

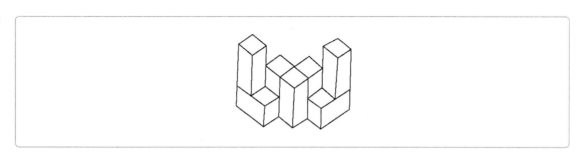

① 5개   ② 6개

③ 7개   ④ 8개

45

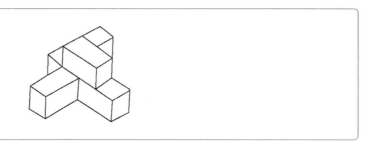

① 4개   ② 5개

③ 6개   ④ 7개

46

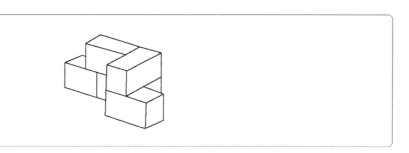

① 5개   ② 6개

③ 7개   ④ 8개

47

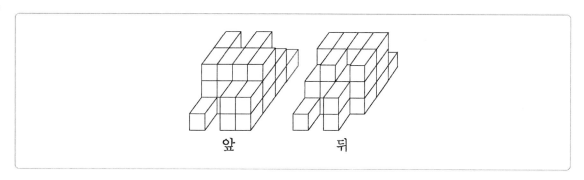

① 25개　　　　　　　　　　② 30개

③ 35개　　　　　　　　　　④ 40개

48

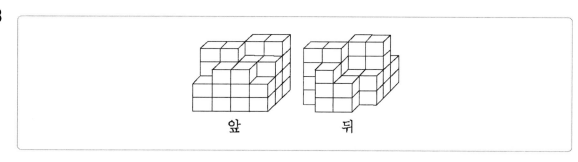

① 41개　　　　　　　　　　② 42개

③ 43개　　　　　　　　　　④ 44개

※ 다음 보기 중 주어진 입체도형과 일치하는 것을 고르시오. 【49~50】

49

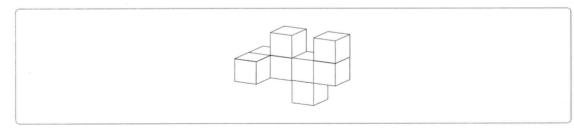

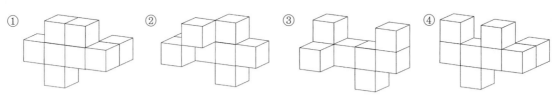

50

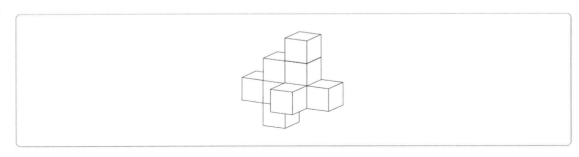

① 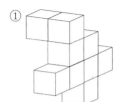   ②    ③ 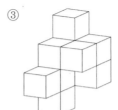   ④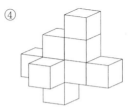

ⓠ 다음 입체도형을 펼쳤을 때, 나올 수 있는 전개도로 알맞은 것을 고르시오. 【51~53】

51

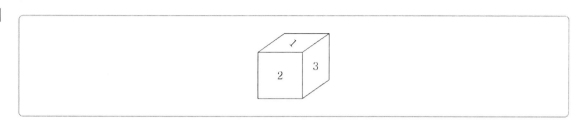

①

		1	
4	5	3	2
		6	

②

		5	7	2
1	3	6		

③

3	7		
	4	6	2
	1		

④

			3
1	5	6	2
4			

52

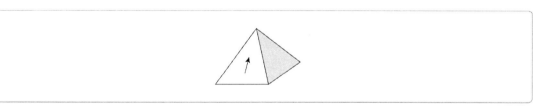

①   ②   ③   ④

53

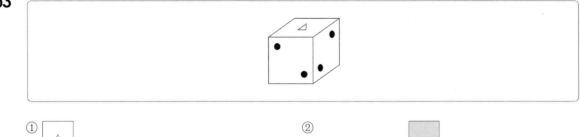

①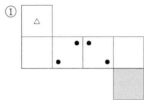

②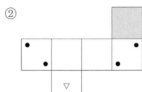

③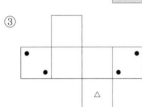

④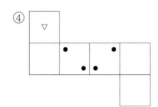

Q 다음 전개도를 접었을 때 나올 수 있는 도형의 형태로 알맞은 것을 고르시오. 【54~60】

54

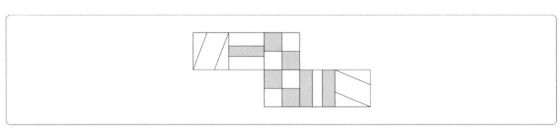

①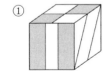

②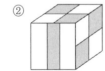

③

④

55

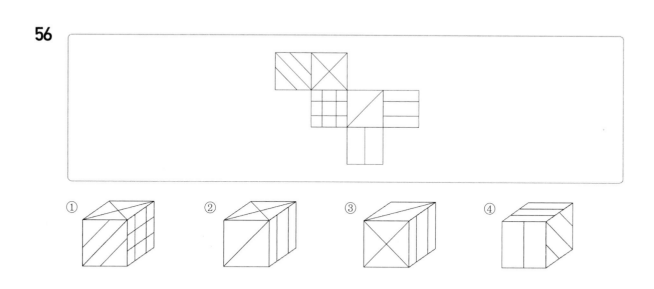

56

57

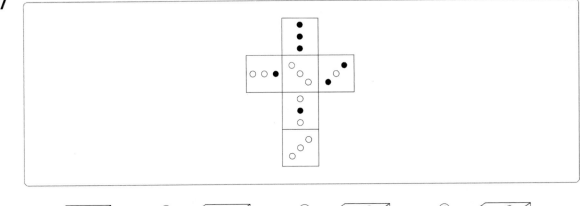

① 　② 　③ 　④

58

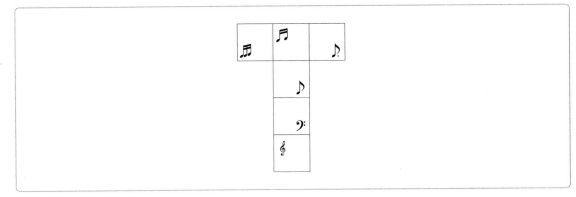

① 　② 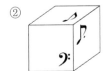　③ 　④

59

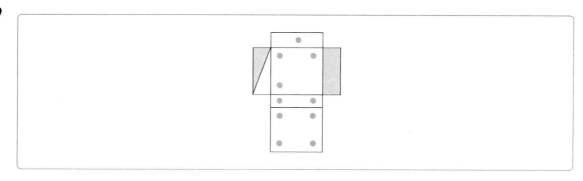

① 　② 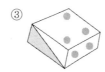　③ 　④

60

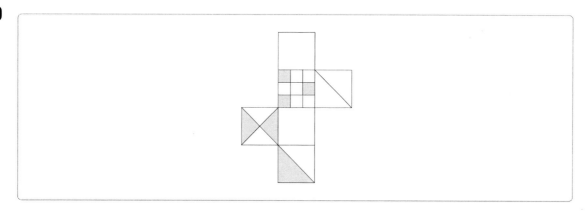

① 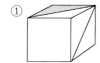　② 　③ 　④

CHAPTER

02 언어논리

예시문제

언어능력 검사는 언어로 제시된 자료를 논리적으로 추론하고 분석하는 능력을 측정하기 위한 검사로, 어휘력 검사와 언어추리 및 독해 검사로 구성되어 있다. 어휘력 검사는 문맥에 가장 적합한 어휘를 찾아내는 문제로 구성되어 있으며, 언어추리 검사와 독해력 검사는 글의 전반적인 흐름을 파악하고 논리적 구조를 올바르게 분석한 것을 고르거나 배열하는 문제로 구성되어 있다.

01 어휘력

어휘력에서는 의사소통을 함에 있어 이해능력이나 전달능력을 묻는 기본적인 문제가 나온다. 술어의 다양한 의미, 단어의 의미, 알맞은 단어 넣기 등의 다양한 유형의 문제가 출제된다. 평소 잘못 알고 사용되고 있는 언어를 사전을 활용하여 확인하면서 공부하도록 한다.

어휘력은 풍부한 어휘를 갖고, 이를 활용하면서 그 단어의 의미를 정확히 이해하고, 이미 알고 있는 단어와 문장 내에서의 쓰임을 바탕으로 단어의 의미를 추론하고 의사소통 시 정확한 표현력을 구사할 수 있는 능력을 측정한다. 일반적인 문항 유형에는 동의어/반의어 찾기, 어휘 찾기, 어휘 의미 찾기, 문장완성 등을 들 수 있는데 많은 검사들이 동의어(유의어), 반의어, 또는 어휘 의미 찾기를 활용하고 있다.

문제 1 다음 문장의 문맥상 ( ) 안에 들어갈 단어로 가장 적절한 것은?

> 계속되는 이순신 장군의 공세에 (   )같던 왜 수군의 수비에도 구멍이 뚫리기 시작했다.

① 등용문   ② 청사진

✔ ③ 철옹성   ④ 풍운아

⑤ 불야성

해설 ① 용문(龍門)에 오른다는 뜻으로, 어려운 관문을 통과하여 크게 출세하게 됨 또는 그 관문을 이르는 말
② 미래에 대한 희망적인 계획이나 구상
③ 쇠로 만든 독처럼 튼튼하게 둘러쌓은 산성이라는 뜻으로, 방비나 단결 따위가 견고한 사물이나 상태를 이르는 말
④ 좋은 때를 타고 활동하여 세상에 두각을 나타내는 사람
⑤ 등불 따위가 휘황하게 켜 있어 밤에도 대낮같이 밝은 곳을 이르는 말

02 독해력

글을 읽고 사실을 확인하고, 글의 배열순서 및 시간의 흐름과 그 중심 개념을 파악하며, 글 흐름의 방향을 알 수 있으며 대강의 줄거리를 요약할 수 있는 능력을 평가한다. 장문이나 단문을 이해하고 문장배열, 지문의 주제, 오류 찾기 등의 다양한 유형의 문제가 출제되므로 평소 독서하는 습관을 길러 장문의 이해속도를 높이는 연습을 하도록 하여야 한다.

문제 1 다음 ㉠~㉤ 중 다음 글의 통일성을 해치는 것은?

㉠21세기의 전쟁은 기름을 확보하기 위해서가 아니라 물을 확보하기 위해서 벌어질 것이라는 예측이 있다. ㉡우리가 심각하게 인식하지 못하고 있지만 사실 물 부족 문제는 심각한 수준이라고 할 수 있다. ㉢실제로 아프리카와 중동 등지에서는 이미 약 3억 명이 심각한 물 부족을 겪고 있는데, 2050년이 되면 전 세계 인구의 3분의 2가 물 부족 사태에 직면할 것이라는 예측도 나오고 있다. ㉣그러나 물 소비량은 생활수준이 향상되면서 급격하게 늘어 현재 우리가 사용하는 물의 양은 20세기 초보다 7배, 지난 20년간에는 2배가 증가했다. ㉤또한 일부 건설 현장에서는 오염된 폐수를 정화 처리하지 않고 그대로 강으로 방류하는 잘못을 저지르고 있다.

① ㉠   ② ㉡

③ ㉢   ④ ㉣

✔ ⑤ ㉤

해설 ㉠㉡㉢㉣ 물 부족에 대한 내용을 전개하고 있다.
㉤ 물 부족의 내용이 아닌 수질오염에 대한 내용을 나타내므로 전체적인 글의 통일성을 저해하고 있다.

02 출제예상문제

≫ 정답 및 해설 **p.374**

Q 다음 중 아래의 밑줄 친 ㉠과 같은 의미로 사용된 것을 고르시오. 【01~03】

01

> 그의 아버지는 치수처럼 무식은 했어도 마음이 착하기 이를 데가 없었고 또 심지가 ㉠깊은 사람이었다.

① 다시 내린 눈으로 한층 깊게 감추어진 들판은 그대로 허허한 바다였다.
② 나도 저들보다 생각이 깊고 그래서 저들보다 한 수 위라고 생각했는데 그게 아닌가 봐.
③ 그 한숨이 어찌나 깊고 진한지 할아버지의 기운이 모두 뽑혀져 나오는 것만 같았다.
④ 깊은 밤 골목길은 사람의 발자국 하나 없는 하얀 눈길이었다.
⑤ 뒤에서 따라가는 사반군의 용사들은 물이 깊거나 얕거나 그런 것은 그다지 문제가 아니었다.

02

> 택시 두 대가 겨우 비비적거리며 지나칠 수 있는 좁은 길이 큰 길과 ㉠만나는 지점에 세워진 버스 정류장의 팻말 아래에는 차를 기다리는 사람들이 서넛 눈에 띈다.

① 나는 아내와 함께 진흙길을 조심조심 더듬어 큰댁으로 향하다가 앞을 가로막는 강 군과 만났다.
② 집에 가려서 보이지 않던 오솔길이 안채로 통하는 자갈을 깐 길과 만나는 지점으로부터는 광에서도 잘 내다보였다.
③ 거기서 상의는 서희를 만났고 그 위엄에 질려버리고 말았다.
④ 전에 자그마한 도적을 만났을 때에도 모욕을 적지 않게 받았으니 만약에 큰 도적을 만나게 되면 곤란이 반드시 많을 것입니다.
⑤ 그는 기자들과 만났기 때문에 군인의 신분보다는 외교관의 입장을 취한 것이다.

03

어두운 곳으로 들어가면 양극세포에 의해 원뿔세포의 기능이 억제되고 막대세포의 기능이 활성화되어 막대세포가 로돕신을 왕성하게 합성하면서 망막의 감응도가 증가하여 20~30분 내에 빛의 밝기에 알맞게 반응하게 된다. 이 둘의 반응 시간이 차이가 ㉠<u>나는</u> 이유는 다른 광수용 색소보다 로돕신의 합성에 시간이 더 걸리기 때문이다.

① 몸에 땀이 많이 <u>나서</u> 옷이 젖었다.
② 이제야 광고 효과가 <u>나기</u> 시작했다.
③ 신문에 합격자 발표가 <u>나지</u> 않아 걱정이다.
④ 따뜻한 남쪽 지방에서 겨울을 <u>나고</u> 돌아왔다.
⑤ 언덕 쪽으로 길이 <u>나면</u> 읍내로 가는 시간이 적게 든다.

Q 다음 밑줄 친 낱말의 의미와 다른 것을 고르시오. 【04~07】

04

엄마는 우리가 가난하니까 사는 건 문 밖에서 살아도 할 수 없지만 학교는 문 안에 있는 좋은 학교에 <u>가야</u> 한다고 했다.

① 남들은 부관학교나 정보학교를 가지 못해 몸살인데 강원도 동부전선 최전방으로 <u>가고</u> 싶다고 부탁한 것이다.
② 역사 연구반의 영향은 큰 그림자처럼 드리워져서, 아버지와 매형의 뒤를 이어 국문학과를 <u>가라는</u> 주위의 권유를 물리치고 그를 역사학과에 입학하게 했다.
③ 삼촌에 관한 선명한 첫 기억은 해방되기 몇 해 전, 아버지가 감옥소에 <u>가기</u> 전의 어느 겨울이었다.
④ 이 차는 바로 너의 어머니에게 <u>가게</u> 되어 있으니 아무 걱정하지 말아라.
⑤ 그는 이번에 외국 지사로 <u>가게</u> 되었다고 좋아했다.

05

> 그곳은 낮에도 햇빛이 너무 강해 사람들이 일을 할 수 없고, 밤에는 추위가 너무 강해 사람들이 얼어 죽어, 사람들은 도저히 <u>살</u> 수 없는 지경에 이르렀다.

① 팽나무 밑으로 걸어가던 할아버지는 오랜만에 영산강 안개를 배가 터지게 마셔서 한 십 년을 더 <u>살</u> 것 같다는 말을 하였다.

② 네가 죽든 <u>살든</u> 나랑 상관없는 일이다.

③ 그렇게 혼나고도 성질이 <u>살아서</u> 자기가 잘못했다고 하지 않는다.

④ 세면대 위에 걸린 벽면의 거울에 비친 내 얼굴을 보았다. 불과 스물여덟 해의 인생을 <u>살고는</u> 벌써 늙어버린 한 사나이의 모습을 거기서 발견했다.

⑤ 사람은 혼자서 <u>살</u> 수 없다.

06

> 그 속에서 민규를 발견했다는 것은 모래밭에서 바늘을 <u>찾는</u> 거나 진배없을 만치 어려울 것 같았다.

① 인성이가 그 눈부시게 발전한 동네에서 사장 집을 <u>찾을</u> 수 있었던 것은 사장 집만이 삼 년 전 모습으로 남아 있어서가 아니었다.

② 놀라움과 근심에 젖은 정 처사는 사방으로 사람을 풀어 황제의 행방을 <u>찾게</u> 했다.

③ 민기는 어쩌면 이 직업이야말로 내가 <u>찾던</u> 직업일지 모른다는 느낌을 받았다.

④ 은규는 흘러간 5년 동안을 의식 속에 떠올려 보았지만 그 풍경 속에서 지나간 5년이란 세월의 흔적을 <u>찾을</u> 길이 없었다.

⑤ 서점을 한참 동안 뒤진 끝에야 구석에서 필요한 책을 <u>찾을</u> 수 있었다.

07

> 우석은 자기 힘으로 붉은 새를 잡아 보려고 한나절 동안 숲 속을 <u>헤매었으나</u> 허탕을 치고 맥이 풀려서
> 돌아왔다.

① 거동이 수상해 보였던 까닭은 아미도 집을 못 찾아 <u>헤매는</u> 것이 그런 인상을 주었는지도 모를 노릇이었다.

② 장내를 매운 교양 있는 신사숙녀들은 숨을 죽이고 오로지 황홀경을 <u>헤매는</u> 것처럼 보였다.

③ 고아가 된 순자란 여인은 거지꼴로 이집 저집을 <u>헤매다가</u> 드디어 이런 곳으로 을러들었다.

④ 남에게 불쾌감을 주는 자신의 모습을 될 수 있는 한 드러내지 않으려고 했으며, 종일 깊은 산속을 <u>헤매</u>어 약초를 캐다가 밤에만 잠깐씩 머물곤 했다.

⑤ 아는 사람이란 모두 궁한 친구뿐이라 남의 설움까지 들으러 다니기도 싫고 기나긴 밤을 길거리에서 <u>헤</u>맬 수도 없다.

🅠 **다음 제시된 단어와 같은 관계가 되도록 (   ) 안에 적당한 단어를 고르시오. 【08~10】**

08

> 빵 : 밀가루 / 가구 : (   )

① 책상   ② 침대

③ 서랍   ④ 나무

⑤ 의자

09

쌀 : 밥 / 물 / 동물 : 화석 : (   )

① 조개
② 공룡
③ 토양
④ 고사리
⑤ 생물

10

형광등 : 전기 / 자동차 : (   )

① 석유
② 타이어
③ 도로
④ 속도
⑤ 전류

Q 다음 (   ) 안에 공통으로 들어가는 알맞은 단어를 고르시오. 【11~12】

11

• 우리의 문화에는 유교 문화가 깊이 (   )해 있다.
• 오랜 기간 비가 와서 건물 내벽이 (   )으로 얼룩이 졌다.

① 침윤
② 침전
③ 침식
④ 침강
⑤ 융기

8.④ 9.③ 10.① 11.① 12.③

12

> • 자발적 시민 참여를 통한 사회복지 증진도 (   )할 예정이다.
> • 직원들 간의 친목 (   )를 위해 주말에 야유회를 가기로 했다.
> • 관광객의 편익 (   )를 최우선으로 해야 한다.

① 협의(協議) ② 상의(詳議)
③ 도모(圖謀) ④ 합의(合意)
⑤ 추구(追求)

Q **다음 밑줄 친 단어와 같은 의미로 사용된 것을 고르시오. 【13~16】**

13

> 소설 속 주변 인물은 주요 인물의 운명을 <u>가로막는</u> 방해물이 되거나 고난을 극복하게 하는 조력자가 되거나 삶을 추종하는 하나의 동반자가 된다.

① 나는 운명의 갈림길처럼 앞을 <u>가로막고</u> 남북으로 뻗어나간 길을 물끄러미 쳐다보았다.
② 약간 방심한 그녀가 장바구니를 들고 돌아서는 순간 불쑥 앞을 <u>가로막는</u> 사람이 있었다.
③ 뒷문을 나오자 지척을 분간할 수 없는 어둠이 사위를 <u>가로막고</u> 있었다.
④ 예나 지금이나, 여자의 성품이 드세고 강철 같은 사람은 자기 남편 앞길에 운수를 <u>가로막는</u> 법이다.
⑤ 막연하던 연기가 그만 캄캄하게 절벽처럼 눈앞을 <u>가로막더니</u>, 가슴마저 막히게 하였다.

14

> 그렇게 얻어맞음으로 해서 희심에 대한 적개심이 일어, 죽어도 그 집으로 장가를 들지 않겠는 결심이 <u>서</u><u>게</u> 될지도 모른다.

① 조금만 오래 <u>서</u> 있거나 어쩌다 좀 걸어도 숨이 가빠지고 현기증이 난다고 했다.
② 나는 그가 병실을 보러 간 사이에 그를 기다린다는 식으로 그녀가 일하고 옆에 <u>서</u> 있었다.
③ 평소부터 품어온 야심을 이룰 수 있는 기회의 끈을 잡는 쪽이 낫다는 판단이 <u>서</u> 있었기 때문이다.
④ 성우는 사양했으나 유지들에게 이끌려 주민들의 앞에 촌장과 나란히 <u>서게</u> 되었다.
⑤ 장개동은 마당에 <u>서서</u> 구부정하게 허리를 굽히고 마당을 걸어 나가는 아버지의 뒷모습을 지켜보고 서 있었다.

15

> 소미공위가 결렬하고 남한이 단독 정부의 음모를 밀고 나간다면 도리 없이 당은 <u>좁은</u> 의미 그대로 전투 기관이 되어야 하지 않겠소.

① 여덟 명의 장정들이 자리를 잡자 넓던 천막 안이 갑자기 <u>좁아</u> 보인다.
② 그 남자 말이 맞는다. 여자는 얕고 <u>좁은</u> 세계를 지니고 있다.
③ 방이 너무 <u>좁아서</u> 침대를 놓을 데가 없다.
④ 옹졸한 사내의 이마처럼 그것은 또 <u>좁아</u> 보이기도 한다.
⑤ 네가 그렇게 속이 <u>좁으니</u> 친구가 없는 거야.

16

> 약종은 처음에는 사영에게 성균관에 입학하기를 <u>권하고</u> 자신은 더 가르칠 자격이 없다고 겸양했지만 사영의 간곡한 청에 못 이겨 반승낙을 했던 것이다.

① 수종이는 상복 속에서 담뱃갑을 꺼냈다. 한 개비를 꺼내 희수에게 <u>권하고</u> 그도 한 개비를 입에 물었다.

② 주인은 약주를 따라서 우선 원준이에게 <u>권하는데</u> 은주전자에다 은잔을 받힌 술잔을 받아먹기는 그의 평생 처음이었다.

③ 며칠 전까지도 안 된다고 잡아떼던 그녀가 오늘은 갑자기 태도를 바꿔 은근히 최선화에게 살림나기를 <u>권하기까지</u> 하고 있다.

④ 내가 이불 한 귀퉁이를 걷어치우고 그에게 자리를 <u>권하자</u> 그는 앉아서 아이들 자는 모습을 보며 어쩔 줄 모르는 표정을 지었다.

⑤ 공주는 지성껏 신 씨에게 먹을 것을 <u>권한다</u>.

17 다음 빈칸 안에 들어갈 알맞은 것은?

> 마리아 릴케는 많은 글에서 '위대한 내면의 고독'을 즐길 것을 권했다. '고독은 단 하나 뿐이며 그것은 위대하며 견뎌 내기가 쉽지 않지만, 우리가 맞이하는 밤 가운데 가장 조용한 시간에 자신의 내면으로 걸어 들어가 몇 시간이고 아무도 만나지 않는 것, 바로 이러한 상태에 이를 수 있도록 노력해야 한다'고 언술했다. 고독을 버리고 아무하고나 값싼 유대감을 맺지 말고, 우리의 심장의 가장 깊숙한 심실(心室) 속에 _____을 꽉 채우라고 권면했다.

① 이로움
③ 흥미
⑤ 인내
② 고독
④ 사랑

18 다음 글의 제목으로 가장 적절한 것은?

> 헤르만 헤세의 「수레바퀴 아래서」에는 수험 직전의 심리가 묘사되어 있다. 주인공 한스는 신학교 입학시험의 전날 밤, 초조함과 싸워가며 문법이며 수학 문제를 훑는다. 할머니는 이번 시험의 지원자가 118명인데 36명만 합격시킨다는 소문을 듣고 와서 실망의 한숨만 쉬고 있다. 그날 밤 한스는 무서운 꿈을 꾼다. 이튿날 한스는 시험장으로 가는 도중 연못가 버드나무 아래에 잠시 서서 그곳에서 낚시질하던 생각을 한다. '낚시찌에 집중된 마음의 눈. 낚싯대에 전도된 영적인 감각. 잡아채었을 때의 흥분. 싱싱한 고기를 손에 쥐었을 때의 신선감'. 이렇게 시험 노이로제에서 빠져나오고 보니 조금 전까지 생각나지 않던 불규칙 동사가 머리에 떠오르는 것이었다. 그는 시험장에 들어가서도 낚시터의 자기 암시를 지속하여 해답을 척척 낚아내게 되었다. 옛날 과거 시험을 치러갈 때도 '투망질하듯 말고 낚시질하듯 하라'는 말이 있었다. 투망식으로 너무 많이 맞힐 생각을 말고, 찌를 보듯 하나하나에 마음의 눈을 집중시키면 연상력이 작용하는 법이다.

① 수험생과 취미
② 시험과 꿈의 상관성
③ 시험 스트레스의 특성
④ 시험 노이로제의 탈출법
⑤ 시험 노이로제의 정의

19 다음 글을 바탕으로 '독서'에 관한 글을 쓰려고 할 때, 추론할 수 있는 내용으로 적절하지 않은 것은?

> 김장을 할 때 제일 중요한 것은 좋은 재료를 선별하는 일입니다. 속이 무른 배추를 쓰거나 질 낮은 소금을 쓰면 김치의 맛이 제대로 나지 않기 때문입니다. 김장에 자신이 없는 경우에는 반드시 경험이 많고 조예가 깊은 어른들의 도움을 받을 필요가 있습니다.
> 한 종류의 김치만 담그는 것보다는 다양한 종류의 김치를 담가 두는 것이 긴 겨울 동안 식탁을 풍성하게 만드는 지혜라는 점도 잊지 말아야 합니다. 더불어 꼭 강조하고 싶은 것은, 어떤 종류의 김치를 얼마나 담글 것인지, 김장을 언제 할 것인지 등에 대한 계획을 미리 세워 두는 것이 매우 중요하다는 점입니다.

① 좋은 책을 골라서 읽기 위해 노력한다.
② 독서한 결과를 정리해 두는 습관을 기른다.
③ 적절한 독서 계획을 세워서 이를 실천한다.
④ 독서를 많이 한 선배나 선생님께 조언을 받는다.
⑤ 특정 분야에 치우치지 말고 다양한 분야의 책을 읽는다.

20 다음 글을 읽고 추론할 수 없는 내용은?

> 어떤 농부가 세상을 떠나며 형에게는 기름진 밭을, 동생에게는 메마른 자갈밭을 물려주었습니다. 형은 별로 신경을 쓰지 않아도 곡식이 잘 자라자 날이 덥거나 궂은 날에는 밭에 나가지 않았습니다. 반면 동생은 메마른 자갈밭을 고르고, 퇴비를 나르며 땀 흘려 일했습니다. 이런 모습을 볼 때마다 형은 "그런 땅에서 농사를 지어 봤자 뭘 얻을 수 있겠어!" 하고 비웃었습니다. 하지만 동생은 형의 비웃음에도 아랑곳하지 않고 자신의 밭을 정성껏 가꾸었습니다. 그로부터 3년의 세월이 지났습니다. 신경을 쓰지 않았던 형의 기름진 밭은 황폐해졌고, 동생의 자갈밭은 옥토로 바뀌었습니다.

① 협력을 통해 공동의 목표를 성취하도록 해야 한다.
② 끊임없이 노력하는 사람은 자신의 미래를 바꿀 수 있다.
③ 환경이 좋다고 해도 노력 없이 이룰 수 있는 것은 없다.
④ 자신의 처지에 안주하면 좋지 않은 결과가 나올 수 있다.
⑤ 열악한 처지를 극복하려면 더 많은 노력을 기울여야 한다.

21 다음 글을 읽고 추론할 수 없는 내용은?

> 도예를 하고자 하는 사람은 도자기 제작 첫 단계로, 자신이 만들 도자기의 모양과 제작 과정을 먼저 구상해야 합니다. 그 다음에 흙을 준비하여 도자기 모양을 만듭니다.
> 오늘은 물레를 이용하여 자신이 원하는 도자기 모양을 만드는 방법에 대해 알아보겠습니다. 물레를 이용해서 작업할 때는 정신을 집중하고 자신의 생각을 도자기에 담기 위해 노력해야 할 것입니다. 또한 물레를 돌릴 때는 손과 발을 잘 이용해야 합니다. 손으로는 점토에 가하는 힘을 조절하고 발로는 물레의 회전 속도를 조절합니다. 물레 회전에 의한 원심력과 구심력을 잘 이용할 수 있을 때 자신이 원하는 도자기를 만들 수 있습니다. 처음에는 물레의 속도를 조절하지 못하거나 힘 조절이 안 되어서 도자기의 모양이 일그러질 수 있습니다. 그렇지만 어렵더라도 꾸준히 노력한다면 자신이 원하는 도자기 모양을 만들 수 있을 것입니다.
> 이렇게 해서 도자기를 빚은 다음에는 그늘에서 천천히 건조시켜야 합니다. 햇볕에서 급히 말리게 되면 갈라지거나 깨질 수 있기 때문입니다.

① 다른 사람의 충고를 받아들여 시행착오를 줄이도록 한다.
② 자신의 관심과 열정을 추구하는 목표에 집중하는 것이 필요하다.
③ 급하게 서두르다가는 일을 그르칠 수 있으므로 여유를 가져야 한다.
④ 중간에 실패하더라도 포기하지 말고 목표를 향해 꾸준하게 노력해야 한다.
⑤ 앞으로 이루려는 일의 내용이나 실현 방법 등에 대하여 미리 생각해야 한다.

22 다음 글의 제목으로 가장 적절한 것은?

> 실험심리학은 19세기 독일의 생리학자 빌헬름 분트에 의해 탄생된 학문이었다. 분트는 경험과학으로서의 생리학을 당시의 사변적인 독일 철학에 접목시켜 새로운 학문을 탄생시킨 것이다. 분트 이후 독일에서는 실험심리학이 하나의 학문으로 자리 잡아 발전을 거듭했다. 그런데 독일에서의 실험심리학 성공은 유럽 전역으로 확산되지는 못했다. 왜 그랬을까? 당시 프랑스나 영국에서는 대학에서 생리학을 연구하고 교육할 수 있는 자리가 독일처럼 포화상태에 있지 않았고 오히려 팽창 일로에 있었다. 또한, 독일과는 달리 프랑스나 영국에서는 한 학자가 생리학, 법학, 철학 등 여러 학문 분야를 다루는 경우가 자주 있었다.

① 유럽 국가 간 학문 교류와 실험심리학의 정착
② 유럽에서 독일의 특수성
③ 유럽에서 실험심리학의 발전 양상
④ 실험심리학과 생리학의 학문적 관계
⑤ 생리학과 실험심리학의 학자별 정리

23 다음 의사소통 상황에 대한 설명으로 가장 적절한 것은?

> 반장 : 오늘은 봄 체험 학습을 어떻게 할지 결정하려고 합니다. 의견이 있으신 분은 말씀해 주십시오.
> 민서 : 저는 한국미술관을 추천합니다. 이번에 〈조선 시대 회화 특별전〉을 한대요. 교과서에서 보았던 겸재 정선이나 단원 김홍도의 그림을 직접 볼 수 있어요.
> 반장 : 다른 의견은 없습니까?
> 현수 : 미술관이 뭐예요? 새 학년이 되어서 서로 서먹한데 우리 공이라도 한번 차러 가죠. 몸으로 부대끼면서 서로 친해질 수 있잖아요. 다들 내 의견에 동의하시죠?
> 부반장 : 다른 사람 말도 들어 봐야죠.
> 지수 : 그러지 말고, 민서의 의견을 받아들여서 오전엔 미술관 가고, 그 옆에 체육공원이 있으니까 오후엔 현수 말대로 체육공원에 가서 축구를 하면 좋을 것 같아요.

① 반장은 의사소통 과정을 일방적으로 이끌어 가고 있다.
② 민서는 의사소통 과정에 소극적으로 참여하고 있다.
③ 현수는 다른 의견에 수용적인 태도를 보이고 있다.
④ 부반장은 안건에 대한 의견을 적극적으로 제시하고 있다.
⑤ 지수는 합리적인 사고로 대안 도출에 기여하고 있다.

24 다음 두 글에서 공통적으로 말하고자 하는 것은?

> (가) 많은 사람들이 기대했던 우주왕복선 챌린저는 발사 후 1분 13초만에 폭발하고 말았다. 사건조사단에 의하면, 사고원인은 챌린저 주엔진에 있던 O－링에 있었다. O－링은 디오콜사가 NASA로부터 계약을 따내기 위해 저렴한 가격으로 생산될 수 있도록 설계되었다. 하지만 첫 번째 시험에 들어가면서부터 설계상의 문제가 드러나기 시작하였다. NASA의 엔지니어들은 그 문제점들을 꾸준히 제기했으나, 비행시험에 실패할 정도의 고장이 아니라는 것이 디오콜사의 입장이었다. 하지만 O－링을 설계했던 과학자도 문제점을 인식하고 문제가 해결될 때까지 챌린저 발사를 연기하도록 회사 매니저들에게 주지시키려 했지만 거부되었다. 한 마디로 그들의 노력이 미흡했기 때문이다.
>
> (나) 과학의 연구 결과는 사회에서 여러 가지로 활용될 수 있지만, 그 과정에서 과학자의 의견이 반영되는 일은 드물다. 과학자들은 자신이 책임질 수 없는 결과를 이 세상에 내놓는 것과 같다. 과학자는 자신이 개발한 물질을 활용하는 과정에서 나타날 수 있는 위험성을 충분히 알리고 그런 물질의 사용에 대해 사회적 합의를 도출하는 데 적극 협조해야 한다.

① 과학적 결과의 장단점
② 과학자와 기업의 관계
③ 과학자의 윤리적 책무
④ 과학자의 학문적 한계
⑤ 과학의 사회적 활용성

인간 사회의 주요한 자원 분배 체계로 '시장(市場)', '재분배(再分配)', '호혜(互惠)'를 들 수 있다. 시장에서 이루어지는 교환은 물질적 이익을 증진시키기 위해 재화나 용역을 거래하는 행위이며, 재분배는 국가와 같은 지배 기구가 잉여 물자나 노동력 등을 집중시키거나 분배하는 것을 말한다. 실업 대책, 노인 복지 등과 같은 것이 재분배의 대표적인 예이다. 그리고 호혜는 공동체 내에서 혈연 및 동료 간의 의무로서 행해지는 증여 관계이다. 명절 때의 선물 교환 같은 것이 이에 속한다.

이 세 분배 체계는 각각 인류사의 한 부분을 담당해 왔다. 고대 부족 국가에서는 호혜를 중심으로, 전근대 국가 체제에서는 재분배를 중심으로 분배 체계가 형성되었다. 근대에 와서는 시장이라는 효율적인 자원 분배 체계가 활발하게 그 기능을 수행하고 있다. 그러나 이 세 분배 체계는 인류사 대부분의 시기에 공존했다고 말할 수 있다. 고대 사회에서도 시장은 미미하게나마 존재했었고, 오늘날에도 호혜와 재분배는 시장의 결함을 보완하는 경제적 기능을 수행하고 있기 때문이다.

효율성의 측면에서 보았을 때, 인류는 아직 시장만한 자원 분배 체계를 발견하지 못하고 있다. 그러나 시장은 소득 분배의 형평(衡平)을 보장하지 못할 뿐만 아니라, 자원의 효율적 분배에도 실패하는 경우가 종종 있다. 그래서 때로는 국가가 직접 개입한 재분배 활동으로 소득 불평등을 개선하고 시장의 실패를 시정하기도 한다. 우리 나라의 경우 IMF 경제 위기 상황에서 실업자를 구제하기 위한 정부 정책들이 그 예라 할 수 있다. 그러나 호혜는 시장뿐 아니라 국가가 대신하기 어려운 소중한 기능을 담당하고 있다. 부모가 자식을 보살피는 관행이나, 친척들이나 친구들이 서로 길·흉사(吉凶事)가 생겼을 때 도움을 주는 행위, 아무런 연고가 없는 불우 이웃에 대한 기부와 봉사 등은 시장이나 국가가 대신하기 어려운 부분이다.

호혜는 다른 분배 체계와는 달리 물질적으로는 이득을 볼 수 없을 뿐만 아니라 때로는 손해까지도 감수해야 하는 행위이다. 그러면서도 호혜가 이루어지는 이유는 무엇인가? 이는 그 행위의 목적이 인간적 유대 관계를 유지하고 증진시키는 데 있기 때문이다. 인간은 사회적 존재이므로 사회적으로 고립된 개인은 결코 행복할 수 없다. 따라서 인간적 유대 관계는 물질적 풍요 못지 않게 중요한 행복의 기본 조건이다. 그렇기에 사람들은 소득 증진을 위해 투입해야 할 시간과 재화를 인간적 유대를 위해 기꺼이 할당하게 되는 것이다.

우리는 물질적으로 풍요로울 뿐 아니라, 정신적으로도 풍족한 사회에서 행복하게 살기를 바란다. 그러나 우리가 지향하는 이러한 사회는 효율적인 시장과 공정한 국가만으로는 이루어질 수 없다. 건강한 가정·친척·동료가 서로 지원하면서 조화를 이룰 때, 그 꿈은 실현될 수 있을 것이다. 이처럼 호혜는 건전한 시민 사회를 이루기 위해서 반드시 필요한 것이라고 할 수 있다. 그래서 사회를 따뜻하게 만드는 시민들의 기부와 봉사의 관행이 정착되기를 기대하는 것이다.

24.③

25 윗글의 내용과 일치하지 않는 것은?

① 재분배는 국가의 개입에 의해 이루어진다.
② 시장에서는 물질적 이익을 위해 상품이 교환된다.
③ 호혜가 중심적 분배 체계였던 고대에도 시장은 있었다.
④ 시장은 현대에 와서 완벽한 자원 분배 체계로 자리 잡았다.
⑤ 사람들은 인간적 유대를 위해 물질적 손해를 감수하기도 한다.

26 윗글의 논리 전개 방식으로 알맞은 것은?

① 구체적 현상을 분석하여 일반적 원리를 추출하고 있다.
② 시간적 순서에 따라 개념이 형성되어 가는 과정을 밝히고 있다.
③ 대상에 대한 여러 가지 견해를 소개하고 이를 비교 평가하고 있다.
④ 다른 대상과의 비교를 통해 대상이 지닌 특성과 가치를 설명하고 있다.
⑤ 기존의 통념을 비판한 후 이를 바탕으로 새로운 견해를 제시하고 있다.

27 ㉠~㉣을 고쳐 쓰기 위한 의견으로 알맞지 않은 것은?

> **자기 소개서**
>
> 저는 중학교 때까지 제 생각이 옳다고 확신하면서도 그것을 분명하게 표현하지 못해 피해를 입는 경우를 ㉠적잖게 겪었습니다. 그러다가 고등학교에 입학하여 학급회장으로 선출되면서 그런 성격을 고치기로 마음먹었습니다. 마침 담임선생님께서는 학급회장에게 무엇보다도 필요한 덕목은 자신감이라고 ㉡질책해 주셨습니다. 다른 학생을 이끌어야 할 ㉢임원으로써 가져야 할 자신감은 ㉣아무리 강조해도 지나치지 않다는 말씀이셨습니다.
>
> 그렇지만 저 자신을 변화시키는 것이 결코 쉬운 일은 아니었습니다. 처음에는 제 행동이 친구들을 무시하는 행동으로 받아들여진 적도 많았습니다. 하지만 이대로 그만두어서는 안 된다고 생각하며 더욱 노력했습니다. 지금은 친구들과의 관계도 이전보다 좋아지고 공부에도 재미를 더해 가고 있습니다.

① ㉠은 '적잖다'가 기본형이므로 '적잖게'로 바꿔야겠어.
② ㉡은 상황에 맞지 않으므로 '지시해'로 고쳐야겠어.
③ ㉢은 '자격'을 나타내야 하므로 '임원으로서'로 고쳐야겠어.
④ ㉣은 우리말답지 않은 표현이므로 '매우 중요하다'로 고쳐야겠어.
⑤ 모두 맞는 의견이므로 정답은 존재하지 않는다.

28

> 문화란, 인간의 생활을 편리하게 하고, 유익하게 하고, 행복하게 하는 것이니, 이것은 모두 지식의 소산인 것이다. 문화나 이상이나 다 같이 사람이 추구하는 대상이 되는 것이요, 또 인생의 목적이 거기에 있다는 점에서는 동일하다. (   ) 이 두 가지가 완전히 일치하는 것은 아니니, 그 차이점은 여기에 있다. 즉, 문화는 인간의 이상이 이미 현실화된 것이요, 이상은 현실 이전의 문화라 할 수 있다. 어쨌든, 이 두 가지를 추구하여 현실화하는 데에는 지식이 필요하고, 이러한 지식의 공급원으로는 다시 서적이란 것으로 돌아오지 않을 수가 없다. 문화인이면 문화인일수록 서적 이용의 비율이 높아지고, 이상이 높으면 높을수록 서적 의존도 또한 높아지는 것이 당연하다.

① 왜냐하면   ② 그러므로
③ 그러나   ④ 그리고
⑤ 그래서

29

> 표준어는 나라에서 대표로 정한 말이기 때문에, 각 급 학교의 교과서는 물론이고 신문이나 책에서 이것을 써야 하고, 방송에서도 바르게 사용해야 한다. 이와 같이 국가나 공공 기관에서 공식적으로 사용해야 하므로, 표준어는 공용어이기도 하다. (   ) 어느 나라에서나 표준어가 곧 공용어는 아니다. 나라에 따라서는 다른 나라 말이나 여러 개의 언어로 공용어를 삼는 수도 있다.

① 그래서   ② 그러나
③ 그리고   ④ 그러므로
⑤ 왜냐하면

30 다음 글의 주제로 알맞은 것은?

> 혈연의 정, 부부의 정, 이웃 또는 친지의 정을 따라서 서로 사랑하고 도와가며 살아가는 지혜가 곧 전통
> 윤리의 기본이다. 정에 바탕을 둔 윤리인 까닭에 우리나라의 전통 윤리에는 자기중심적인 일면이 있다.
> 정이라는 것은 자기와의 관계가 가까운 사람에 대해서는 강하게 일어나고 먼 사람에 대해서는 약하게 일
> 어나는 것이 보통이므로, 정에 바탕을 둔 윤리가 명령하는 행위는 상대가 누구냐에 따라서 달라질 수 있
> 다. 예컨대, 남의 아버지보다는 내 아버지를 더 위하고 남의 아들보다는 내 아들을 더 아끼는 것이 정에
> 바탕을 둔 윤리에 부합하는 태도이다.

① 남의 아버지보다 내 아버지를 더 위해야 한다.
② 우리나라의 전통 윤리는 정(情)에 바탕을 둔 윤리이다.
③ 우리나라의 전통 윤리는 자기중심적인 면이 강하다.
④ 공과 사를 철저히 구분하는 것이 전통윤리에 부합하는 행동이다.
⑤ 서로 사랑하고 도와가며 살아가는 것이 이웃에 대한 윤리이다.

31 다음 내용에서 주장하고 있는 것은?

> 기본적으로 한국 사회는 본격적인 자본주의 시대로 접어들었고 그것은 소비사회, 그리고 사회 구성원들
> 의 자기표현이 거대한 복제기술에 의존하는 대중문화 시대를 열었다. 현대인의 삶에서 대중매체의 중요
> 성은 더욱 더 높아지고 있으며 따라서 이제 더 이상 대중문화를 무시하고 엘리트 문화지향성을 가진 교
> 육을 하기는 힘든 시기에 접어들었다. 세계적인 음악가로 추대 받고 있는 비틀즈도 영국 고등학교가 길
> 러낸 음악가이다.

① 대중문화에 대한 검열이 필요하다
② 한국에서 세계적인 음악가의 탄생을 위해 고등학교에서 음악 수업의 강화가 필요하다.
③ 한국 사회에서 대중문화를 인정하는 것은 중요하다.
④ 교양 있는 현대인의 배출을 위해 고전음악에 대한 교육이 필요하다.
⑤ 자본주의 시대로의 역행을 통해 대중문화의 시대가 도래되었다.

32 다음에 제시된 글을 가장 잘 요약한 것은?

> 해는 동에서 솟아 서로 진다. 하루가 흘러가는 것은 서운하지만 한낮에 갈망했던 현상이다. 그래서 해가 지면 농부는 얼씨구 좋다고 외치는 것이다. 해가 지면 신선한 바람이 불어오니 노랫소리가 절로 나오고, 아침에 모여 하루 종일 일을 같이 한 친구들과 헤어지며 내일 또 다시 만나기를 기약한다. 그리고는 귀여운 처자가 기다리는 가정으로 돌아가 빵긋 웃는 어린 아기를 만나게 된다. 행복한 가정으로 돌아가 하루의 고된 피로를 풀게 된다. 고된 일은 바로 이 행복한 가정을 위해서 있는 것이다. 그래서 고된 노동을 불평만 하지 않고, 탄식만 하지 않고 긍정함으로써 삶의 의욕을 보이는 지혜가 있었다.

① 농부들은 하루 종일 힘겨운 일을 하면서도 가정의 행복만을 생각했다.
② 농부들은 자신이 고된 일을 하는 것이 행복한 가정을 위한 것임을 깨달아 불평불만을 해소하려 애썼다.
③ 가정의 행복을 위해서라면 고된 일일지라도 불평하지 않고 긍정적으로 해 나가야 한다는 생각을 농부들은 지니고 있었다.
④ 해가 지면 집에 돌아가 가족과 행복한 시간을 보낼 수 있다는 희망에 농부들은 고된 일을 하면서도 불평을 하지 않고 즐거운 삶을 산다.
⑤ 농부들은 해와 신선한 바람을 통해 자신들의 고된 하루를 이겨낸다.

ⓠ 다음 문장의 ( ) 안에 들어갈 단어로 가장 적절한 것을 고르시오. 【33~36】

33

> 이번에 진행된 현판 복원사업은 2014년 '수원화성 현판이 일제 강점기 당시 편찬된 조선고적도보 등에 수록된 사진과 다르다'는 일부 언론 내용이 보도된 이후 이뤄졌다.
> 이후 시는 국립고궁박물관이 소장하고 있는 현판 원본을 복제, '화성성역의궤'에 기록된 단청재료, 근대 사진 자료 등을 비교·분석해 수원화성 현판 원형 ( ) 작업을 진행했다.

① 고증   ② 문증
③ 기증   ④ 보증
⑤ 편증

34

> 국내 열녀의 표상으로 전해지고 있는 도미부인은 옛 백제 개루왕 때 보령시 소재 미인도에 출생해 부부
> 가 수난 전까지 도미항에서 살아온 것으로 전해지고 있는데, 소문난 미인에 행실이 남달라 개루왕의 유
> 혹과 협박에도 굴하지 않고 (   )을 지켰다고 삼국사기와 삼강행실도, 동국통감 등에 전해져 오고 있다.

① 기절   ② 단절
③ 정절   ④ 결절
⑤ 요절

35

> 김 의원은 숱한 재심 사건을 거론하면서 잘못된 수사구조를 질타했다. 찍히면 죽는 구조를 없애야 한다
> 고 주장하며 수사제도를 개선해야 한다고 의견을 (   )했다.

① 강력   ② 알력
③ 권력   ④ 피력
⑤ 조력

36

> 세계적으로 확산하는 바이러스의 영향으로 올림픽의 연기 혹은 취소 가능성이 제기되고 있으나, 일본 정
> 부는 예정대로 개최한다는 뜻을 (   )하고 있습니다.

① 환수   ② 밀수
③ 고수   ④ 압수
⑤ 자수

37 다음에 제시된 문장의 밑줄 친 부분과 같은 의미로 쓰인 것은?

> 상대편의 작전을 <u>읽다</u>.

① 소설을 <u>읽다</u>.
② 메일을 <u>읽다</u>.
③ 애인의 마음을 <u>읽다</u>.
④ 편지를 <u>읽고</u> 흐르는 눈물을 주체할 수 없었다.
⑤ 컴퓨터가 지금 디스크를 <u>읽고</u> 있다.

Q 다음 제시된 문장에서 밑줄 친 부분의 의미가 다른 하나를 고르시오. 【38~39】

38 ① 자정이 되어서야 목적지에 <u>이르다</u>.
② 새벽녘에 <u>이르러</u> 비로소 열이 내리기 시작하였다.
③ 종착점에 <u>이르다</u>.
④ 위험한 지경에 <u>이르러서야</u> 사태를 파악했다.
⑤ 약속 장소에 <u>이르다</u>.

39 ① 자동차의 속력이 <u>떨어지다</u>.
② 가게에 손님이 <u>떨어졌다</u>.
③ 코트의 단추가 <u>떨어졌다</u>.
④ 무슨 이유인지 성적이 <u>떨어졌다</u>.
⑤ 연일 주가가 <u>떨어지고</u> 있다.

40 다음 중 의미가 중복된 표현이 아닌 것은?

① 깊은 감회가 느껴지는군요.

② 어제 미리 예고했었습니다.

③ 역전 앞에서 6시에 만납시다.

④ 바랐던 소원을 드디어 이루었군요.

⑤ 박수를 치다.

41 단락이 통일성을 갖추기 위해 빈칸에 들어갈 문장으로 알맞지 않은 것은?

> 서구 열강이 동아시아에 영향력을 확대시키고 있던 19세기 후반, 동아시아 지식인들은 당시의 시대 상황을 전환의 시대로 인식하고 이러한 상황을 극복하기 위해 여러 방안을 강구했다. 조선 지식인들 역시 당시 상황을 위기로 인식하면서 다양한 해결책을 제시하고자 했지만, 서양 제국주의의 실체를 정확하게 파악할 수 없었다. 그들에게는 서양 문명의 본질에 대해 치밀하게 분석하고 종합적으로 고찰할 지적 배경이나 사회적 여건이 조성되지 못했기 때문이다. 그들은 자신들의 세계관에 근거하여 서양 문명을 판단할 수밖에 없었다. 당시 지식인들에게 비친 서양 문명의 모습은 대단히 혼란스러웠다. 과학기술 수준은 높지만 정신문화 수준은 낮고, 개인의 권리와 자유가 무한히 보장되어 있지만 사회적 품위는 저급한 것으로 인식되었다. 그래서 그들은 서양 자본주의 문화의 원리와 구조를 정확히 인식하지 못해 _____.

① 빈부격차의 심화, 독점자본의 폐해, 금융질서의 혼란 등 서양 자본주의 문화의 폐해에 대처할 능력이 없었다.

② 겉으로는 보편적 인권과 민주주의를 표방하면서도 실제로는 제국주의적 야욕을 드러내는 서구 열강의 이중성을 깊게 인식할 수 없었다.

③ 당시 조선의 지식인들은 서양문화의 장·단점을 깊이 이해하고 우리나라의 현실에 맞도록 잘 받아들였다.

④ 당시 조선의 지식인들은 서양의 문화에 대한 해석이 서로 판이하게 달랐다.

⑤ 조선 지식인들은 그들만의 세계관을 통하여 서양 문명을 배척하려 하였다.

돈의 총량을 뜻하는 통화량이 과도하게 많거나 적으면 심한 물가 변동이 일어날 수 있으며, 실업률, 이자율 등에도 영향을 미칠 수 있다. 따라서 통화량을 파악하여 적절한 수준으로 조절하는 통화정책의 중요성이 갈수록 커지고 있다. 문제는 통화량의 파악이 쉽지 않다는 것이다. 현금뿐 아니라, 현금으로 바뀔 수 있는 성질인 유동성을 가진 금융상품까지 통화에 포함되기 때문이다.

통화량 파악이 복잡한 이유를 통화 형성 과정을 통해 더 자세히 살펴보자. 통화는 중앙은행이 화폐를 발행하여 개인과 기업 등의 경제 주체들에게 공급함으로써 창출된다. 이때 중앙은행이 발행한 화폐를 본원통화라고 한다. 본원통화의 일부는 현금으로 유통되고, 일부는 은행에 예금된다. 예금은 경제 주체가 금융기관에 돈을 맡겨 놓는 것이므로 이들의 요구가 있으면 현금으로 바뀔 수 있는 유동성이 있어 통화에 포함된다. 그런데 이 예금 중 일정 비율만 예금자의 인출에 대비해 지급준비금으로 남고 나머지는 대출된다. 예금의 일부가 대출되면 대출액만큼의 통화가 새로 만들어지는데, 이를 신용창조라고 한다. 예를 들어 은행에 예금되어 있는 1만 원이 시중에 대출될 때, 예금액 1만 원은 그대로 통화량에 포함되어 있는 채 대출된 1만 원이 통화량에 새로 추가되는 것이다. 이러한 신용창조의 과정이 반복되면서 본원통화보다 몇 배 많은 통화량이 형성되는데 그 증가된 배수를 통화승수라고 한다. 다만 시중에 유통되던 현금이 은행에 예금되더라도 그 예금액만큼 시중의 현금은 줄어들기 때문에 이런 경우에는 통화량에 변화가 없다.

그런데 금융기관의 금융상품마다 유동성의 정도가 달라 모두 동일한 통화로 취급하기 어려운 까닭에 통화량 파악이 복잡해진다. 그래서 각 나라의 중앙은행은 다양한 통화 지표를 만들어 통화량을 파악하고 있다. 우리나라의 통화 지표는 2003년을 기점으로 양분된다. 앞 시기에는 '통화', '총통화', '총유동성'이라는 통화 지표를 사용했다. '통화'와 '총통화'에는 현금과 예금 은행의 금융상품들이 포함되었고, '총유동성'에는 여기에다 비은행금융기관의 금융상품들이 추가되었다. 2003년 이후에는 ㉠IMF의 통화금융통계매뉴얼에 따라 '협의통화', '광의통화', 'Lf(금융기관 유동성)'라는 지표가 사용되었다. 협의통화에는 현금뿐 아니라 예금을 취급하는 모든 금융기관의 요구불예금 및 수시입출식 저축성 예금이 포함된다. 요구불예금과 수시입출식 저축성 예금은 고객의 요구가 있으면 즉시 현금으로 바뀔 수 있기에 유동성이 매우 높다고 판단되어 현금과 같은 지표에 묶였다. 광의통화는 협의통화에, 예금을 취급하는 모든 금융기관의 예금 상품 중 이자 소득을 포기해야만 현금화할 수 있어 유동성이 낮은 상품들까지 추가한 것이다. 여기에는 정기예금 등 만기 2년 미만의 금융상품들이 해당된다. 다만 이전 지표의 '총 통화'에 포함되었던 만기 2년 이상의 저축성 예금은 유동성이 매우 낮다는 이유로 제외했다. Lf는 만기 2년 이상의 저축성 예금 등 광의통화에 포함되지 않았던 모든 금융기관의 금융상품까지 포괄한다.

보통 광의통화는 시중의 통화량을 가장 잘 드러내는 지표로 인정받고, 통화승수 역시 광의통화를 기반으로 한다. 그리고 협의통화는 단기금융시장의 규모를 파악하는 데, Lf는 실물경제의 규모를 파악하는 데 더 적합하다. 이렇게 통화 지표는 통화량을 다층적으로 파악하게 하여 효율적인 통화정책 운용에 기여할 수 있다.

42 윗글에서 언급한 내용이 아닌 것은?

① 유동성의 의미
② 지급준비금의 용도
③ 통화량 파악의 필요성
④ 국가별 통화 지표의 종류
⑤ 우리나라 통화 지표의 변화

43 ㉠에서 강조했을 내용으로 가장 적절한 것은?

① 통화 지표에 맞도록 금융상품의 만기와 이자율 등을 재정비할 필요가 있다.
② 통화 지표를 변경하여 예금 상품들이 가지고 있는 유동성을 조절할 필요가 있다.
③ 금융기관의 유형보다는 유동성의 정도를 기준으로 통화 지표를 편제할 필요가 있다.
④ 현금과 예금 상품을 분리한 통화 지표를 만들어 새로운 통화정책을 시행할 필요가 있다.
⑤ 경제 주체의 다양한 특성을 반영할 수 있도록 통화 지표를 다양하게 분류할 필요가 있다.

44 다음 중 아래의 밑줄 친 ㉠과 같은 의미로 사용된 것은?

> 솟대의 발생은 이른바 우주 나무와 하늘 새의 결합을 통한 신앙으로서 북아시아 샤머니즘의 수직적 우주관에서 비롯된 것으로 보인다. 나무는 땅속 지하계는 물론 지상과 천상으로 구성되는 상, 중, 하 세 개의 수직적 우주 층을 연결하는 우주 측으로 적합하기 때문이다. 이때 솟대 위의 새는 천상, 지상, 수중의 각 우주 층을 왕래할 수 있는 하나의 사자로서 오리나 백조, 독수리 등으로 나타난다. 이들은 초월적인 세계와 인간 세계를 ㉠넘나드는 신조로 인식되기에 충분하였던 것이다.

① 그 선수의 공은 시속 140km를 넘나든다.
② 그 아이는 인도와 차도로 넘나들면서 곡예를 하듯 자전거를 탔다.
③ 국경을 넘나들다.
④ 이제는 사회의 모든 분야가 서로 넘나들며 영향을 주고받는다.
⑤ 닭들은 흙투성이의 발로 마루 위를 넘나들며 기러기를 무수하게 그렸다.

45 다음 지문의 내용을 통해 알 수 없는 것은?

이탈리아의 작곡가 비발디는 1678년 베네치아 상 마르코 극장의 바이올리니스트였던 지오반니 바티스타 비발디의 장남으로 태어났다. 어머니가 큰 지진에 놀라는 바람에 칠삭둥이로 태어났다는 그는 어릴 때부터 시름시름 앓으면서 간신히 성장했다. 당시 이탈리아의 3대 음악 명문 중 한 집안 출신답게 비발디는 소년 시절부터 바이올린 지도를 아버지에게 충분히 받았고, 이것이 나중에 그가 바이올린의 대가로 성장할 수 있는 밑받침이 되었다.

15세 때 삭발하고 하급 성직자가 된 비발디는 25세 때 서품을 받아 사제의 길로 들어섰다. 그리고 그해 9월 베네치아의 피에타 여자 양육원의 바이올린 교사로 취임했다. 이 양육원은 여자 고아들만 모아 키우는 일종의 고아원으로 특히 음악 교육에 중점을 두던 곳이었다. 비발디는 이곳에서 실기 지도는 물론 원생들로 구성된 피에타 관현악단의 지휘를 맡아 했으며, 그들을 위해 여러 곡을 작곡하기도 했다. 비발디의 음악이 대체로 아름답기는 하지만 다소 나약하다는 평을 듣는 이유가 이 당시 여자아이들을 위해 쓴 곡이 많기 때문이라는 이야기도 있다.

근대 바이올린 협주곡의 작곡 방법의 기초를 마련했다는 평을 듣는 그는 79개의 바이올린 협주곡, 18개의 바이올린 소나타, 12개의 첼로를 위한 3중주곡 등 수많은 곡을 썼다. 뿐만 아니라 38개의 오페라와 미사곡, 모데토, 오라토리오 등 교회를 위한 종교 음악도 많이 작곡했다.

허약한 체질임에도 불구하고 초인적인 창작 활동을 한 비발디는 자신이 명바이올리니스트였던 만큼 독특하면서 화려한 기교가 담긴 바이올린 협주곡들을 만들었고, 이 작품들은 아직 까지도 많은 사람들의 사랑을 받고 있다.

그러나 오페라의 흥행 사업에 손을 대고, 여가수 안나 지로와 염문을 뿌리는 등 그가 사제로서의 의무를 충실히 했는가에 대해서는 많은 의문의 여지가 있다. 자만심이 강하고 낭비벽이 심했던 그의 성격도 갖가지 일화를 남겼다. 이런 저런 이유로 사람들의 빈축을 사 고향에서 쫓겨나다시피 한 그는 각지를 전전하다가 오스트리아의 빈에서 객사해 그곳의 빈민 묘지에 묻혔다.

① 비발디는 피에타 여자 양육원의 바이올린 교사로 취임하기도 했다.
② 비발디는 수많은 바이올린 협주곡을 작곡하였다.
③ 비발디는 이탈리아의 유명한 작곡가이자 바이올리니스트였다.
④ 비발디는 교향곡 작곡가로도 명성을 날렸다.
⑤ 비발디는 성직자로서의 의무에 대해서는 아직 의문이 풀리지 않았다.

46 다음 밑줄 친 부분과 같은 의미로 사용된 것은?

> 흙이 단단했다. 손가락을 세워 힘껏 힘껏 파 댔다. 없었다. 짐작되는 곳을 또 파 보았으나 없었다. 벌써 <u>썩어</u> 흙과 분간치 못하게 된 지가 오래리라. 도로 골목을 나오는데 전처럼 당나귀가 매어 있는 게 눈에 띄었다. 그러나 전처럼 당나귀가 아이를 차지는 않았다. 아이는 달구지체에 올라서지도 않고 전보다 쉽사리 당나귀 등에 올라탔다. 당나귀가 전처럼 제 꼬리를 물려는 듯 돌다가 날뛰기 시작했다. 그리고 아이는 당나귀에게 나처럼, 우리 닐 왜 쥑엔! 왜 쥑엔! 하고 소리 질렀다. 당나귀가 더 날뛰었다. 당나귀가 더 날뛸수록 아이의, 왜 쥑엔! 왜 쥑엔! 하는 지름 소리가 더 커 갔다.

① 환한 햇빛 속에서 황금색으로 빛나는 남자의 셔츠 소매에서 내민 팔이 검푸르게 <u>썩어</u> 있는 것을 그녀는 보았다.
② 군기고에서 수십 년 <u>썩던</u> 활들인데 튕겨 대는 탄력이 신통할 리가 없었다.
③ 부잣집 아이들이 개에게 스테이크를 먹이는 동안 가난한 사람들의 아이들은 <u>썩은</u> 감자를 먹으며 자랐다.
④ 소신 없고 무책임하고 도덕성을 상실한 사람들 때문에 지금 이 사회가 <u>썩고</u> 병들어 가는 것이다.
⑤ 생각할수록 오장육부가 있는 대로 <u>썩어</u> 내려앉는 것만 같았다.

47 다음의 주장을 비판하기 위한 근거로 적절하지 않은 것은?

> 영어는 이미 실질적인 인류의 표준 언어가 되었다. 따라서 세계화를 외치는 우리가 지구촌의 한 구성원이 되기 위해서는 영어를 자유자재로 구사할 수 있어야 한다. 더구나 경제 분야의 경우 국가간의 경쟁이 치열해지고 있는 현재의 상황에서 영어를 모르면 그만큼 국가가 입는 손해도 막대하다. 현재 우리 나라가 영어 교육을 강조하는 것은 모두 이러한 이유 때문이다. 따라서 우리가 세계 시민의 일원으로 그 역할을 다하고 우리의 국가 경쟁력을 높여가기 위해서는 영어를 국어와 함께 우리 민족의 공용어로 삼는 것이 바람직하다.

① 한 나라의 국어에는 그 민족의 생활 감정과 민족 정신이 담겨 있다.
② 외국식 영어 교육보다 우리 실정에 맞는 영어 교육 제도를 창안해야 한다.
③ 민족 구성원의 통합과 단합을 위해서는 단일한 언어를 사용하는 것이 바람직하다.
④ 세계화는 각 민족의 문화적 전통을 존중하는 문화 상대주의적 입장을 바탕으로 해야 한다.
⑤ 경제인 및 각 분야의 전문가들만 영어를 능통하게 구사해도 국가간의 경쟁에서 앞서 갈 수 있다.

48 다음은 라디오 프로그램의 일부이다. 이 방송을 들은 후 '나무 개구리'에 대해 보인 반응으로 가장 적절한 반응은?

청소년 여러분, 개구리는 물이 없거나 추운 곳에서는 살기 어렵다는 것은 알고 계시죠? 그리고 사막은 매우 건조할 뿐 아니라 밤과 낮의 일교차가 매우 심해서 생물들이 살기에 매우 어려운 환경이라는 것도 다 알고 계실 겁니다. 그런데 이런 사막에 서식하는 개구리가 있다는 것은 알고 계십니까? 바로 호주 북부에 있는 사막에 살고 있는 '나무 개구리'를 말하는 것인데요. 이 나무 개구리는 밤이 되면 일부러 쌀쌀하고 추운 밖으로 나와 나무에 앉았다가 몸이 싸늘하게 식으면 그나마 따뜻한 나무 구멍 속으로 다시 들어간다고 합니다. 그러면 마치 추운 데 있다 따뜻한 곳으로 갔을 때 안경에 습기가 서리듯, 개구리의 피부에 물방울이 맺히게 됩니다. 바로 그 수분으로 나무 개구리는 사막에서 살아갈 수 있는 것입니다. 메마른 사막에서 추위를 이용하여 물방울을 얻어 살아가고 있는 나무 개구리가 생각할수록 대견하고 놀랍지 않습니까?

① 척박한 환경에서도 생존의 방법을 찾아내고 있군.
② 천적의 위협에 미리 대비하는 방법으로 생존하고 있군.
③ 동료들과의 협력을 통해서 어려운 환경을 극복하고 있군.
④ 주어진 환경을 자신에 맞게 변화시켜 생존을 이어가고 있군.
⑤ 다른 존재와의 경쟁에서 이겨내는 강한 생존 본능을 지니고 있군.

49 다음의 내용에 착안하여 '동아리 활동'에 대한 글을 쓰려고 할 때 연상되는 내용으로 적절하지 않은 것은?

오늘은 떡볶이 만드는 법을 소개하겠습니다. 이를 위해 떡볶이를 만드는 과정을 사진으로 찍어 누리집*에 올리려고 합니다. 떡볶이는 고추장 떡볶이, 간장 떡볶이, 짜장 떡볶이 등이 있는데, 개인의 기호에 따라 주된 양념장을 골라 준비합니다. 그런 다음 떡볶이에 필요한 떡, 각종 야채, 어묵 등을 손질합니다. 이 재료와 양념장의 조화에 따라 맛이 결정됩니다. 그리고 끓는 물에 양념장과 재료를 넣고 센 불에서 끓입니다. 떡이 어느 정도 익고 양념이 떡에 잘 배면 떡볶이가 완성됩니다. 완성된 떡볶이의 사진도 찍어 누리집의 '뽐내기 게시판'에 올려 솜씨를 자랑합니다.

① 어려움이 생기면 지도 교사에게 조언을 구한다.
② 자신의 흥미나 관심에 따라 동아리를 선택한다.
③ 동아리 활동 목적에 따라 활동 계획을 수립한다.
④ 동아리 발표회에 참가하여 활동 결과를 발표한다.
⑤ 구성원의 화합과 협동이 동아리의 성공을 좌우한다.

50 문맥에 가장 잘 어울리는 어휘를 고른 것으로 적절하지 않은 것은?

> 겸재 정선은 가세가 (①몰락한／전락한／타락한) 양반 가문 출신이다. 어려서부터 그림에 (특출한／탁월한／②각별한) 재주가 있었던 그는 벼슬길에 올라 화가로서는 드물게 (개혁적／③파격적／혁신적)으로 높은 벼슬을 지냈다. 또한 예술을 즐기는 당대의 문인들과도 가깝게 지냈는데, 이는 그의 작품 세계를 넓히는 (견인력／구심력／④원동력)이 되었다. 그의 작품 세계는 정선 화풍의 형성기인 50대 전반까지의 제1기, 정선 화풍의 완성기인 60대 후반까지의 제2기, 세련미의 절정을 이루는 80대까지의 제3기로 구분되는데, 말년으로 갈수록 그 깊이가 더해져 (능숙한／⑤완숙한／정숙한) 경지를 보여준다.

51 다음 글의 목적으로 알맞은 것은?

> 우리 민족의 독립이란 결코 삼천리 삼천만의 일이 아니라, 진실로 세계 전체의 운명에 관한 일이요, 그러므로 우리나라의 독립을 위하여 일하는 것이 곧 인류를 위하여 일하는 것이다.
> 만일, 우리의 오늘날 형편이 초라한 것을 보고 자굴지심(自屈之心)을 발하여, 우리가 세우는 나라가 그처럼 위대한 일을 할 것을 의심한다면, 그것은 스스로 모욕(侮辱)하는 일이다. 우리민족의 지나간 역사가 빛나지 아니함이 아니나, 그것은 아직 서곡(序曲)이었다. 우리가 주연배우(主演俳優)로 세계 역사의 무대(舞臺)에 나서는 것은 오늘 이후다. 삼천만의 우리 민족이 옛날의 그리스 민족이나 로마 민족이 한 일을 못 한다고 생각할 수 있겠는가!

① 필자의 지식이나 정보를 독자에게 전달한다.
② 독자의 생각이나 행동의 변화를 촉구한다.
③ 독자의 정서를 유발하여 감동시킨다.
④ 필자 자신의 체험을 독자에게 공감케 한다.
⑤ 독자에게 자신의 지식을 공유하도록 한다.

52 다음과 같은 표현상의 오류를 범한 것은?

> 내가 그를 만난 것은 결코 우연한 일이었다.

① 이것은 나의 책이오, 저것은 그의 연필이다.
② 도서관에서 얼굴이 예쁜 그의 누나를 만났다.
③ 그는 길을 가다가 우연치 않게 하영이를 만났다.
④ 나는 휴가 때 할머니를 데리고 온천에 가기로 했다.
⑤ 그 사람은 외모는 몰라도 성격은 별로 변한 것 같다.

53 다음 중 밑줄 친 ㉠과 같은 의미로 사용된 것은?

> 공간 이용에서 네거티비즘이 문제시 되어야 하는 또 한 가지 측면은 인간사회 안에서 일어나는 문제이다. 하나의 공간을 어떤 특정한 목적을 위해 제한해 버린다는 것은 언제나 그 제한된 공간 밖에 있는 사람들에게 저항감을 느끼게 하거나 상대적인 빈곤감을 느끼게 할 수 있다. 대도시 안에 있는 빈민촌은 그 자체가 제한된 공간이라는 인상을 주지만, 사실상은 그곳에 있는 사람들이 행동의 제한을 받는다. 그러한 특수 공간을 만든 사람은 그들이 아니라 그 공간 밖에 사는 사람들이기 때문이다. 그런 빈민촌에서 벗어나고 싶지만 바깥 공간이 제한되어 있기 때문에 못 나오는 사람들은 있으나, 바깥 공간에서 빈민촌으로 ㉠들어가고자 하는 사람은 없다는 사실이 중요하다.

① 요즘은 아주 깊은 산골 마을로도 전기가 들어간다.
② 자료 조사를 모두 마친 다음에 분석 작업으로 들어갈 예정이다.
③ 문어체와 구어체의 문제는 문체론에 들어갈 것이다.
④ 사람들 말에 의하면, 영달이 수중에 떨어지는 돈보다 실은 관에 들어가는 액수가 더 많다고도 했다.
⑤ 한참 떠들썩하던 정치인 비리 사건도 이젠 쏙 들어갔다.

54 다음 중 밑줄 친 단어와 같은 의미로 사용된 것은?

> 현대인에게 비친 환경 문제의 심각성은 인류 문화의 존속 여부와 직접 관련된 문제이므로, 왜 이것이 건축에서도 문제가 되어야 하느냐고 새삼스럽게 논할 필요가 없다. 인간이 필요로 하는 생활공간을 계획하고 설계하는 건축이 어떻게 하면 자연 환경의 균형을 파괴하지 않으면서 인간의 필요를 충족시켜 나갈 수 있느냐를 문제로 <u>삼아야</u> 한다.
> 그러면 자연 환경과 인간의 생활환경이 균형을 유지하도록 해야 하는 오늘의 건축가들에게 필요한 공간 개념이란 어떤 것인가? 공간 개념에 대한 필자의 관심은 한국적인 공간 개념의 특징을 찾는 데서 시작되었다. 공간 개념은 보편적인 것이면서도 각 문화권마다 특유의 내용을 담고 있으리라 생각했기에, 우리나라의 자연적인 조건들과 문화적인 여건들에 의해서 형성된 공간 개념이 어떤 것인가를 알아보고자 하였다.

① 나는 그런 여자를 며느리로 <u>삼았으면</u> 좋겠다.
② 친구의 딸을 며느리로 <u>삼다</u>.
③ 나는 매일 요리하는 것을 낙으로 <u>삼고</u> 지낸다.
④ 이제 와서 그것을 굳이 문제 <u>삼을</u> 것까지는 없다.
⑤ 그녀는 딸을 친구 <u>삼아</u> 이야기하곤 한다.

Q 다음 글을 읽고 물음에 답하시오. 【55~56】

소비자들은 제품을 선택할 때 여러 개의 제품 중 본인이 가장 좋다고 생각하는 제품을 선택한다. 그런데 이때 소비자는 제품을 둘러싼 상황에 영향을 받기 마련이다. 이에 대한 현상을 설명하는 것으로 맥락 효과가 있는데, 맥락 효과의 대표적 유형에는 유인 효과와 타협 효과가 있다.

유인 효과란 기존에 두 개의 경쟁하는 제품이 있을 때, 새로운 제품의 추가로 인해 기존 제품 가운데 하나는 시장점유율이 높아지고 다른 하나는 시장점유율이 떨어지는 현상이다. 예를 들어 시장에 컴퓨터 A와 B가 있는 경우 소비자는 가격과 처리 속도라는 두 가지 속성만을 고려하여 제품을 선택한다고 가정하자. 가격 면에서는 A가 저렴하여 우월하고, 처리 속도 면에서는 B가 빨라 우월하다.

이런 경우 두 제품은 상충 관계에 있다고 하며, 소비자는 제품 선택에 어려움을 겪는다. 이때 B보다 가격과 처리 속도 면에서 열등한 C를 추가하게 되면 B의 시장점유율이 상승하고 경쟁하던 A의 시장점유율이 하락하는 현상이 일어난다는 것이 유인 효과이다. 여기에서 C는 유인 대안이라 하고, 유인 대안이 추가되어서 시장점유율이 하락하는 A는 경쟁 대안, 유인 대안 때문에 시장점유율이 상승하는 B는 표적 대안이라 한다. 이런 현상이 발생하는 것은 유인 대안의 등장으로 소비자가 표적 대안과 경쟁 대안과의 가격 차이를 상대적으로 적게 느껴 표적 대안을 선택하는 것이 유리하다고 생각하게 만들기 때문이다. 결국 B를 선택한 소비자는 제품에 대한 가치 평가가 달라져 자신의 선택을 합리적인 것으로 생각하기 쉬워진다.

타협 효과는 시장에 두 가지 제품만 존재하는 상황에서 세 번째 제품이 추가될 때, 속성이 중간 수준인 제품의 시장점유율이 높아지는 현상을 말한다. 예를 들어 가격이 비싸면서 처리 속도가 우수한 컴퓨터와 가격이 저렴하면서 처리 속도가 떨어지는 컴퓨터가 있을 때, 중간 정도의 가격과 처리 속도를 지닌 컴퓨터가 등장하면 중간 수준인 새로운 제품을 선택하는 소비자가 많아진다. 이러한 현상이 발생하는 원인은 소비자의 성향에 기인한다. ㉠소비자들은 대안에 대한 평가가 어려울 때 보통 비교하고자 하는 속성의 중간 대안을 선택하여 자신의 결정을 합리화하려는 심리가 강하다.

맥락 효과는 이처럼 제품에 대한 소비자의 선택 변화 현상을 상황 맥락과 연관 지음으로써 소비 심리의 양상을 경제학적으로 밝혀냈다는 데 그 가치가 있다. 그리고 최근에는 소비자의 구매 행위를 분석하는 마케팅 분야에서 지속적으로 활용되고 있다.

55 윗글에서 다루지 않은 내용은?

① 맥락 효과의 유형
② 유인 효과의 개념
③ 유인 효과의 예시
④ 타협 효과의 한계
⑤ 맥락 효과의 의의

56 ㉠을 이용한 기업의 사례로 가장 적절한 것은?

① 의류 회사에서 유행이 지난 의류의 재고를 처리하기 위해 정가의 50%로 할인하여 판매하는 경우

② 자사 과자의 시장점유율을 경쟁 회사보다 높이기 위해 인기 캐릭터 스티커를 넣어 판매하는 경우

③ 고기능 – 고가 카메라를 출시하여 저기능 – 저가 카메라에 밀려 팔리지 않던 자사 제품을 중기능 – 중가로 만드는 경우

④ 가격이 다소 비싸더라도 향이 독특하면서도 질이 좋은 원료로 만든 커피를 판매하여 고급 커피 시장을 개척하는 경우

⑤ 음료 회사에서 새로 출시한 이온 음료의 매출을 늘리기 위해 제품 광고에 유명 영화배우를 광고 모델로 출연시키는 경우

57 다음의 '미봉(彌縫)'과 의미가 통하는 한자성어는?

> 이번 폭우로 인한 수해는 30년 된 매뉴얼에 의한 안일한 대처로 피해를 키운 인재(人災)라는 논란이 있다. 하지만 이번에도 정치권에서는 근본 대책을 세우기보다 특별재난지역을 선포하는 선에서 적당히 '미봉(彌縫)'하고 넘어갈 가능성이 크다.

① 이심전심(以心傳心) ② 괄목상대(刮目相對)
③ 임시방편(臨時方便) ④ 주도면밀(周到綿密)
⑤ 아전인수(我田引水)

58 다음은 굿에 대한 설명이다. 지은이가 가장 중시하는 굿의 의미는 무엇인가?

> 씻김굿은 죽은 사람의 한을 풀어주는 굿이다. 사람이 죽으면 다른 종교에서는 지옥이나 천국으로 간다고들 하지만, 씻김굿에서는 오직 저승으로 갈 뿐이다. 천국과 지옥이 따로 없이 저승에 가서 편안히 살게 된다는 것이다. 윤회(輪回)도 없다. 사실, 굿판을 벌이는 가장 중요한 이유는, 살아 있는 사람들이 복을 받고 싶기 때문이다. 살아 있는 사람이 복을 받느냐 아니면 재앙을 당하느냐 하는 건, 죽은 사람의 영혼이 원한을 풀고 편안히 저승에 갔는가, 아니면 아직 이승에서 떠도는가 하는 데 달렸다고 우리 조상들 생각이 그랬던 것이다.

① 내세지향적 의미   ② 형식적 의미
③ 불교적 의미   ④ 현실적 의미
⑤ 영적 의미

59 아래의 지문으로부터 알 수 없는 것은?

> '끈끈이주걱'은 물이끼가 자라면서 해가 드는 습지에 서식합니다. 끈끈이주걱은 5cm쯤 되는 잎자루 끝에 동그란 잎을 달고 있습니다. 그리고 잎 가장자리와 잎 안쪽에 털이 많이 나 있습니다. 그 털 끝에서 투명한 물엿 같은 점액이 나옵니다. 벌레가 날아와서 잎의 점액에 닿으면 '아차!'하는 순간에 곧 잎에 엉겨붙고 맙니다. 벌레가 달아나려고 꿈틀거리면 꿈틀거릴수록 끈끈이주걱에서 점액이 더 많이 나옵니다. 이렇게 털과 잎이 움직여서 벌레를 잡아 버립니다. 점액은 벌레를 붙게 할 뿐만 아니라, 벌레를 녹여 버리기도 합니다. 점액 속에 소화액이 들어 있기 때문입니다. 소화액에 녹은 벌레는 잎의 털에 흡수되어 끈끈이주걱의 양분으로 쓰입니다.

① 끈끈이주걱의 서식지   ② 끈끈이주걱의 모양
③ 끈끈이주걱의 특징   ④ 끈끈이주걱의 번식 방법
⑤ 끈끈이주걱의 소화

60 다음 글 뒤에 이어질 내용을 유추한 것으로 가장 알맞은 것은?

"한국·일본·중국의 세 나라 사람을 돼지우리에 가두면 어떻게 될까?"라는 우스갯소리가 있다. 들어가자마자 맨 먼저 울 밖으로 나오는 것은 두말할 것 없이 일본 사람이다. 성급할 뿐 아니라, 깨끗한 것을 좋아하는 민족이기 때문이다. 다음에 더 이상 못 견디겠다고 비명을 지르고 나오는 것은 그래도 뚝심과 오기가 있는 한국인이다. 그런데 아무리 기다려도 나오지 않는 것이 중국인이다. 끝내 견디지 못하고 나오는 것은 중국인이 아니라 오히려 돼지 쪽이라는 것이다. 중국 사람들이 그만큼 둔하고 더럽다는 욕이지만, 해석하기에 따라서는 끝까지 역경 속에서도 살아남을 수 있는 끈덕지고 통이 큰 대륙 사람이라는 칭찬이 될 수도 있다.

① 한국 사람들은 어느 나라 사람들보다도 뚝심과 오기가 강하다.
② 인생의 역경을 헤쳐 나가기 위해서는 인내심과 지혜가 필요하다.
③ 중국 사람들은 어떤 역경 속에서도 생존할 수 있는 끈질긴 생명력을 지녔다.
④ 같은 말이라도 그것을 받아들이는 사람에 따라서 각기 다르게 이해할 수 있다.
⑤ 한국 사람들은 역경 속에서도 살아남을 수 있는 끈기와 오기를 가지고 있다.

03 자료해석

예시문제

자료해석 검사는 주어진 통계표, 도표, 그래프 등을 이용하여 문제를 해결하는데 필요한 정보를 파악하고 분석하는 능력을 알아보기 위한 검사이다. 자료해석 문항에서는 기초적인 계산 능력과 수치자료로부터 정확한 의사결정을 내리거나 추론하는 능력을 측정하고자 한다. 도표, 그래프 등 실생활에서 접할 수 있는 수치자료를 제시하여 필요한 정보를 선별적으로 판단·분석하고, 대략적인 수치를 빠르고 정확하게 계산하는 유형으로 개발하였다.

문제 1 아래는 인플루엔자 백신 접종 이후 3종류의 바이러스에 대한 연령별 항체가 1:40 이상인 피험자 비율의 시간에 따른 변화를 나타낸 것이다. 여기에서 추론 가능한 것은?

(단위 : %)

구분		6개월-2세	3-8세	9-18세
H1N1	접종 전	4.88	61.97	63.79
	접종 후 1개월	85.37	88.73	98.28
	접종 후 6개월	58.97	90.14	92.59
	접종 후 12개월	29.63	84	95.74
H3N2	접종 전	12.20	52.11	48.28
	접종 후 1개월	73.17	90.14	94.83
	접종 후 6개월	41.03	87.32	79.63
	접종 후 12개월	44.44	76	63.83
B	접종 전	17.07	47.89	81.03
	접종 후 1개월	68.29	94.37	93.10
	접종 후 6개월	28.21	74.65	90.74
	접종 후 12개월	14.81	50	80.85

① 현존하는 백신의 종류는 모두 3가지이다.
② 청소년은 백신접종의 필요성이 낮다.
③ B형 바이러스에 대한 항체가 가장 잘 형성된다.
✔ ④ 3세 미만의 소아가 백신 면역 지속력이 가장 낮다.

> **해설** ①② 는 표에서 알 수 없다.
> ③ 시간에 따른 B형 바이러스 항체 보유율이 가장 낮다.

82 | PART 01. 지적능력평가

문제 2 다음은 국가별 수출액 지수를 나타낸 그림이다. 2000년에 비하여 2006년의 수입량이 가장 크게 증가한 국가는?

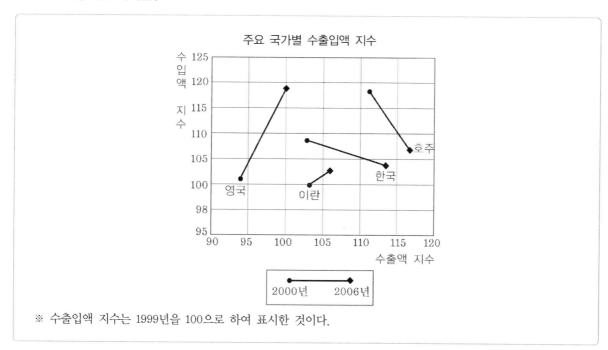

※ 수출입액 지수는 1999년을 100으로 하여 표시한 것이다.

✔ ① 영국
② 이란
③ 한국
④ 호주

해설 수입량이 증가한 나라는 영국과 이란 뿐이며, 한국과 호주는 감소하였다.
영국과 이란 중 가파른 상승세를 나타내는 것이 크게 증가한 것을 나타내므로 영국의 수입량이 가장 크게 증가한 것으로 볼 수 있다.

01 다음은 1,000명을 대상으로 실시한 미래의 에너지원(원자력, 석탄, 석유) 각각의 수요 예측에 대한 여론조사를 실시한 자료이다. 이 자료를 통해 볼 때, 미래의 에너지 수요에 대한 이론을 옳게 설명한 것은?

수요 예상 정도	미래의 에너지원(단위 : %)		
	원자력	석탄	석유
많이	50	43	27
적게	42	49	68
잘 모름	8	8	5

① 앞으로 석유를 많이 사용해야 한다.
② 앞으로 석탄을 많이 사용해야 한다.
③ 앞으로 원자력을 많이 사용해야 한다.
④ 앞으로 원자력, 석유, 석탄을 모두 많이 사용해야 한다.

Q 다음 표는 지역별 월별 평균기온을 나타낸 것이다. 물음에 답하시오. 【02~04】

도시 \ 월	1월	4월	7월	10월
서울	−2.0	13.0	28.4	10.2
경기	−1.8	9.2	26.2	6.8
강원	−7.6	5.8	23.4	5.2
호남	1.2	8.3	25.1	4.3
영남	4.1	13.4	27.8	12.3

02 1월의 경우 영남지방은 서울지방에 비하여 평균기온이 몇 도 높은가?

① 6.1℃   ② 6.6℃

③ 7℃   ④ 7.6℃

03 강원도 지역의 1월과 7월 평균기온의 차이는 몇 도인가?

① 30℃   ② 30.5℃

③ 31℃   ④ 31.5℃

04 서울지역의 경우 1월과 4월 3개월 동안 평균기온이 매월 일정하게 증가하였다면 1개월마다 몇 도씩 높아지는가?

① 3℃   ② 4℃

③ 5℃   ④ 6℃

05 다음 표는 갑, 을, 병 세 학생의 국어와 수학 과목 점수이다. ㉠~㉢의 조건에 맞는 학생 1, 2, 3의 이름을 순서대로 나열한 것은?

	학생 1	학생 2	학생 3
국어	85	75	70
수학	75	70	85

㉠ 갑은 을보다 수학점수가 높다.
㉡ 을과 병의 국어점수 평균은 갑과 병의 수학점수 평균보다 높다.
㉢ 병은 국어점수가 수학점수보다 높다.

① 갑 – 병 – 을
② 을 – 병 – 갑
③ 을 – 갑 – 병
④ 병 – 을 – 갑

06 다음은 육군간부사관 합격자 100명의 언어 논리 영역과 자료 해석 영역의 성적에 대한 상관표이다. 합격자의 두 영역 성적을 합한 값의 평균에 가장 가까운 것은?

(단위 : 명)

언어 논리 영역 \ 자료 해석 영역	55	65	75	85	95
95	–	2	2	–	–
85	6	12	10	6	–
75	2	8	12	10	2
65	–	4	6	12	–
55	–	–	2	4	–

① 120
② 130
③ 140
④ 150

07 다음은 소정이네 가정의 10월 생활비 300만 원의 항목별 비율을 나타낸 것이다. 교통비 및 식료품비의 지출 비율이 아래 표와 같을 때 다음 설명 중 가장 적절한 것은 무엇인가?

구분	교육비	식료품비	교통비	기타
비율(%)	40	40	10	10

〈표 1〉 교통비 지출 비율

교통수단	자가용	버스	지하철	기타	계
비율(%)	30	10	50	10	100

〈표 2〉 식료품비 지출 비율

항목	육류	채소	간식	기타	계
비율(%)	60	20	5	15	100

① 식료품비에서 채소 구입에 사용한 금액은 교통비에서 지하철 이용에 사용한 금액보다 적다.

② 식료품비에서 기타 사용 금액은 교통비의 기타 사용 금액의 6배이다.

③ 10월 동안 교육비에는 총 140만 원을 지출했다.

④ 교통비에서 자가용과 지하철을 이용한 금액을 합한 것은 식료품비에서 채소 구입에 지출한 금액보다 크다.

08 다음 표는 육군 간부사관들의 자대에서 사택까지의 거리를 조사한 결과이다. ㉠㉡㉢㉣㉤에 들어갈 수로 옳은 것은? (조사결과는 자대에서 사택까지의 거리가 1km 미만인 사람과 1km 이상인 사람으로 나눠서 표시된 것임)

구분	1km 미만	1km 이상	합계
남학생	[㉠](㉡ %)	168 (㉢ %)	240(100%)
여학생	[㉣](36%)	[㉤](64%)	200(100%)

① ㉠ : 72   ㉡ : 30   ㉢ : 70   ㉣ : 70   ㉤ : 128

② ㉠ : 72   ㉡ : 30   ㉢ : 70   ㉣ : 72   ㉤ : 128

③ ㉠ : 72   ㉡ : 30   ㉢ : 72   ㉣ : 70   ㉤ : 128

④ ㉠ : 70   ㉡ : 30   ㉢ : 72   ㉣ : 70   ㉤ : 128

09 다음은 A시민들이 가장 좋아하는 산 및 등산 횟수에 관한 설문조사 결과이다. 자료에 대한 설명 중 적절하지 않은 것은?

〈표 1〉 A시민이 가장 좋아하는 산

산 이름	설악산	지리산	북한산	관악산	기타
비율(%)	38.9	17.9	7.0	5.8	30.4

〈표 2〉 A시민의 등산 횟수

횟수	주1회 이상	월1회 이상	분기1회 이상	연1~2회	기타
비율(%)	16.4	23.3	13.1	29.8	17.4

① A시민들이 가장 좋아하는 산 중 선호도가 높은 2개의 산에 대한 비율은 50% 이상이다.
② 설문조사에서 설악산을 좋아한다고 답한 사람은 지리산, 북한산, 관악산을 좋아한다고 답한 사람보다 더 많다.
③ A시민의 80% 이상은 일 년에 최소한 1번 이상 등산을 한다.
④ A시민들 중 가장 많은 사람들이 월1회 정도 등산을 한다.

10 다음 표의 내용을 해석한 것 중 적절하지 않은 것은?

구분	1980년	2005년	2026년
0~14세	12,951	9,240	5,796
15~64세	23,717	34,671	33,618
65세 이상	1,456	4,383	10,357
총인구	38,124	48,294	49,771

① 1980년과 비교해서 2005년 65세 이상 인구도 늘어났지만 15~64세 인구도 늘어 났다.
② 1980년과 비교해서 2005년 총인구 증가의 주요 원인은 65세 이상의 인구 증가이다.
③ 1980년에서 2005년까지 총인구 변화보다 2005년에서 2026년까지 총인구 변화가 작을 전망이다.
④ 2005년과 비교해서 2026년에는 0~14세의 인구 감소율보다 65세 이상의 인구 증가율이 더 클 전망이다.

다음은 식품 분석표이다. 자료를 이용하여 물음에 답하시오. 【11~13】

(중량을 백분율로 표시)

영양소 \ 식품	대두	우유
수분	11.8%	88.4%
탄수환물	31.6%	4.5%
단백질	34.6%	2.8%
지방	(가)	3.5%
회분	4.8%	0.8%
합계	100.0%	100.0%

11 (가)에 들어갈 숫자로 올바른 것은?

① 17.2%
② 20.2%
③ 22.3%
④ 34.2%

12 대두에서 수분을 제거한 후, 남은 영양소에 대한 중량 백분율을 새로 구할 때, 단백질중량의 백분율은 약 얼마가 되는가? (단, 소수 셋째 자리에서 반올림한다)

① 18.09%
② 24.14%
③ 39.23%
④ 41.12%

13 우유의 회분 중에는 0.02%의 미량성분이 포함되어 있다고 할 때, 우유 속에 있는 미량성분의 중량 백분율은 얼마인가?

① 1.6×10^{-2}
② 1.6×10^{-3}
③ 1.6×10^{-4}
④ 1.6×10^{-5}

14 ○○통신회사가 A, B, C, D, E 5개의 건물에 전화선을 설치하려고 한다. 여기서 A와 B가 연결되고, B와 C가 연결되면 A와 C도 연결된 것으로 간주한다. 다음은 두 건물을 전화선으로 직접 연결하는데 드는 비용을 나타낸 표이다. A, B, C, D, E를 모두 연결하는데 드는 비용은 얼마인가?

	A	B	C	D	E
A		10억 원	8억 원	7억 원	9억 원
B	10억 원		5억 원	7억 원	8억 원
C	8억 원	5억 원		4억 원	6억 원
D	7억 원	7억 원	4억 원		4억 원
E	9억 원	8억 원	6억 원	4억 원	

① 19억 원　　　　　　　　　　② 20억 원
③ 21억 원　　　　　　　　　　④ 24억 원

Ⓠ 다음은 주유소 4곳을 경영하는 서원각에서 2015년 VIP 회원의 업종별 구성 비율을 지점별로 조사한 표이다. 표를 보고 물음에 답하시오. (단, 가장 오른쪽은 각 지점의 회원 수가 전 지점의 회원 총수에서 차지하는 비율을 나타낸다)【15~17】

구분	대학생	회사원	자영업자	주부	각 지점 / 전 지점
A	10%	20%	40%	30%	10%
B	20%	30%	30%	20%	30%
C	10%	50%	20%	20%	40%
D	30%	40%	20%	10%	20%
전 지점	20%		30%		100%

15 서원각 전 지점에서 회사원의 수는 회원 총수의 몇 %인가?

① 24%　　　　　　　　　　　② 33%
③ 39%　　　　　　　　　　　④ 51%

16 A지점의 회원 수를 5년 전과 비교했을 때 자영업자의 수가 2배 증가했고 주부회원과 회사원은 1/2로 감소하였으며 그 외는 변동이 없었다면 5년 전 대학생의 비율은? (단, A지점의 2015년 VIP회원의 수는 100명이다)

① 7.69%

② 8.53%

③ 8.67%

④ 9.12%

17 B지점의 대학생 회원 수가 300명일 때 C지점의 대학생 회원 수는?

① 100명

② 200명

③ 300명

④ 400명

18 다음은 생활용품을 주로 판매하는 소매점 A~C 를 분석한 표이다. 이에 대한 설명으로 옳은 것은?

소매점	A	B	C
매장 면적(m²)	10,000~12,000	300미만	2,000~3,000
주차 대수(대)	1,000 이상	0	50~150
개점 비용(원)	300억~500억	3억~5억	50억~60억
하루 예상 매출(원)	3억~5억	500만~1,000만	4,500만~7,000만

① A 는 소비자의 이용 빈도가 가장 높다.

② A 는 가장 많은 종류의 상품을 취급한다.

③ C 는 소비자의 평균 이동 거리가 가장 짧다.

④ 최소요구치가 큰 순서대로 나열하면 A > B > C 순이다.

19 다음은 새해 토정비결과 궁합에 관하여 사람들의 믿는 정도를 조사한 결과이다. 둘 다 가장 믿을 확률이 높은 사람들은?

대상 \ 구분		토정비결(%)	궁합(%)
나이별	20대	30.5	35.7
	30대	33.2	36.2
	40대	45.9	50.3
	50대	52.5	61.9
	60대	50.3	60.2
학력별	초등학교 졸업	81.2	83.2
	중학교 졸업	81.1	83.3
	고등학교 졸업	52.4	51.6
	대학교 졸업	32.3	30.3
	대학원 졸업	27.5	26.2
성별	남자	45.2	39.7
	여자	62.3	69.5

① 초등학교 졸업 학력의 60대 남성 ② 중학교 졸업 학력의 50대 여성
③ 고등학교 졸업 학력의 40대 남성 ④ 대학교 졸업 학력의 30대 남성

20 수능시험을 자격시험으로 전환하자는 의견에 대한 여론조사결과 다음과 같은 결과를 얻었다면 이를 통해 내릴 수 있는 결론으로 타당하지 않은 것은?

교육기준	중졸이하		고교중퇴 및 고졸		전문대중퇴 이상		전체	
조사대상지역	A	B	A	B	A	B	A	B
지지율(%)	67.9	65.4	59.2	53.8	46.5	32	59.2	56.8

① 지지율은 학력이 낮을수록 증가한다.
② 조사대상자 중 A지역주민이 B지역주민보다 저학력자의 지지율이 높다.
③ 학력의 수준이 동일한 경우 지역별 지지율에 차이가 나타난다.
④ 조사대상자 중 A지역의 주민수는 B지역의 주민수보다 많다.

다음 표는 국제결혼 건수에 관한 표이다. 물음에 답하시오. 【21~22】

(단위 : 명)

구분 연도	총 결혼건수	국제 결혼건수	외국인 아내건수	외국인 남편건수
1990	399,312	4,710	619	4,091
1994	393,121	6,616	3,072	3,544
1998	375,616	12,188	8,054	4,134
2002	306,573	15,193	11,071	4,896
2006	332,752	39,690	30,208	9,482

21 다음 중 표에 관한 설명으로 가장 적절한 것은?

① 외국인과의 결혼 비율이 점점 감소하고 있다.

② 21세기 이전에는 총 결혼건수가 증가 추세에 있었다.

③ 총 결혼건수 중 국제 결혼건수가 차지하는 비율이 증가 추세에 있다.

④ 한국 남자와 외국인 여자의 결혼건수 증가율과 한국 여자와 외국인 남자의 결혼건수 증가율이 비슷하다.

22 다음 중 총 결혼건수 중 국제 결혼건수의 비율이 가장 높았던 해는 언제인가?

① 1990년   ② 1994년

③ 1998년   ④ 2002년

Q 다음은 어느 음식점의 종류별 판매비율을 나타낸 것이다. 물음에 답하시오. 【23~24】

(단위 : %)

종류	2012년	2013년	2014년	2015년
A	17.0	26.5	31.5	36.0
B	24.0	28.0	27.0	29.5
C	38.5	30.5	23.5	15.5
D	14.0	7.0	12.0	11.5
E	6.5	8.0	6.0	7.5

23 2015년 총 판매개수가 1,500개라면 A의 판매개수는 몇 개인가?

① 500개　　　　　　　　　　② 512개
③ 535개　　　　　　　　　　④ 540개

24 다음 중 옳지 않은 것은?

① A의 판매비율은 꾸준히 증가하고 있다.
② C의 판매비율은 4년 동안 50%p 이상 감소하였다.
③ 2012년과 비교할 때 E 메뉴의 2015년 판매비율은 3%p 증가하였다.
④ 2012년 C의 판매비율이 2015년 A의 판매비율보다 높다.

25 다음은 음식가격에 따른 연령별 만족지수를 나타낸 그래프이다. 그래프에 대한 설명으로 옳은 것을 모두 고르면?

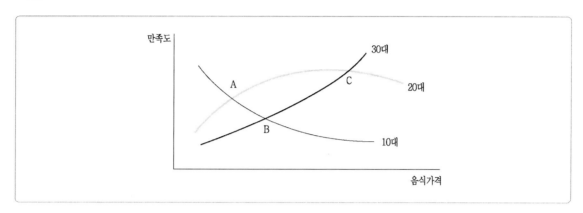

ㄱ 10대, 20대, 30대 모두 음식가격이 높을수록 만족도가 높아진다.

ㄴ 20대는 음식의 가격이 일정 가격 이상을 초과할 경우 오히려 만족도가 떨어진다.

ㄷ 20대의 언니와 10대의 동생이 외식을 할 경우 만족도가 가장 높은 음식가격은 A이다.

ㄹ 10대는 양이 많은 음식점에 대해 만족도가 높을 것이다.

① ㄱㄴ   ② ㄱㄷ

③ ㄴㄷ   ④ ㄴㄹ

다음은 최근 5년간 5개 도시의 지하철 분실물개수와 분실물 중 핸드폰 비율을 조사한 결과이다. 물음에 답하시오. 【26～27】

〈표 1〉 도시별 분실물 습득현황

(단위 : 개)

도시 \ 연도	2011	2012	2013	2014	2015
A	49	58	45	32	28
B	23	25	27	28	24
C	19	24	31	39	48
D	30	52	48	54	61
E	31	28	29	24	19

〈표 2〉 도시별 분실물 중 핸드폰 비율

(단위 : %)

도시 \ 연도	2011	2012	2013	2014	2015
A	40	41	44	49	50
B	48	60	55	71	83
C	47	45	74	58	54
D	60	61	62	61	57
E	48	39	48	50	68

26 다음 중 옳지 않은 것은?

① A 도시는 분실물 중 핸드폰의 비율이 꾸준히 증가하고 있다.

② 분실물이 매년 가장 많이 습득되는 도시는 D이다.

③ 2015년 A 도시에서 발견된 핸드폰 개수는 14개이다.

④ D도시의 2015년 분실물개수는 2011년과 비교하여 50% 이상 증가하였다.

27 다음 중 분실물로 핸드폰이 가장 많이 발견된 도시와 연도는?

① D 도시, 2015년　　　　　　　　　　② B 도시, 2015년

③ D 도시, 2014년　　　　　　　　　　④ C 도시, 2014년

28 다음은 이혼건수 통계 그래프이다. 다음 중 옳지 않은 것은?

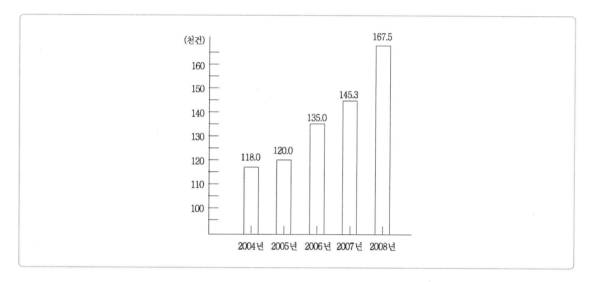

① 2004년부터 이혼건수는 꾸준히 증가하였다.

② 전년대비 이혼건수가 가장 많이 증가한 해는 2008년이다.

③ 2005년 이혼건수는 전년대비 약 1.7% 증가하였다.

④ 2008년은 전년에 비해 이혼건수가 2만 건 증가하였다.

Ⓠ 다음은 4개 대학교 학생들의 하루 평균 독서시간을 조사한 결과이다. 다음 물음에 답하시오. 【29~30】

구분	1학년	2학년	3학년	4학년
㉠	3.4	2.5	2.4	2.3
㉡	3.5	3.6	4.1	4.7
㉢	2.8	2.4	3.1	2.5
㉣	4.1	3.9	4.6	4.9
대학생평균	2.9	3.7	3.5	3.9

29 주어진 단서를 참고하였을 때, 표의 처음부터 차례대로 들어갈 대학으로 알맞은 것은?

> • A대학은 고학년이 될수록 독서시간이 증가하는 대학이다
> • B대학은 각 학년별 독서시간이 항상 평균 이상이다.
> • C대학은 3학년의 독서시간이 가장 낮다.
> • 2학년의 하루 독서시간은 C대학과 D대학이 비슷하다.

ㅤㅤ㉠ ㉡ ㉢ ㉣ㅤㅤㅤㅤㅤㅤㅤㅤㅤㅤ㉠ ㉡ ㉢ ㉣
① C A D Bㅤㅤㅤㅤㅤㅤㅤ② A B C D
③ D B A Cㅤㅤㅤㅤㅤㅤㅤ④ D C A B

30 다음 중 옳지 않은 것은?

① C대학은 학년이 높아질수록 독서시간이 줄어들었다.
② A대학은 3, 4학년부터 대학생 평균 독서시간보다 독서시간이 증가하였다.
③ B대학은 학년이 높아질수록 꾸준히 독서시간이 증가하였다.
④ D대학은 대학생 평균 독서시간보다 매 학년 독서시간이 적다.

다음은 A, B, C, D 도시의 총인구에 대한 여성의 비율과 독신여성 비율을 나타낸 표이다. 물음에 답하시오. (단, 여성 독신자 비율은 여성 수에 대한 비율을 나타낸 것이다) 【31~32】

구분	A 도시	B 도시	C 도시	D 도시
총인구(만 명)	25	39	42	56
여성비율(%)	42	53	47	57
여성 독신자비율(%)	42	31	28	32

31 올해 A 도시의 여성 독신자의 7%가 결혼을 하였다면 올해 결혼한 독신여성은 몇 명인가?

① 1,250명　　　　　　　　　　② 2,740명

③ 3,087명　　　　　　　　　　④ 8,000명

32 다음 설명으로 옳지 않은 것은?

① B 도시는 여성인구는 206,700명이다.

② 여성인구가 가장 많은 곳은 D 도시이다.

③ 여성독신인구가 가장 많은 곳은 B 도시이다.

④ D 도시의 여성독신자 인구는 102,144명이다.

33 다음은 어느 산의 5년 동안 산불 피해 현황을 나타낸 표이다. 다음 표에 대한 설명으로 옳은 것은?

(단위 : 건)

	2015년	2014년	2013년	2012년	2011년
입산자실화	185	232	250	93	217
논밭두렁 소각	63	95	83	55	110
쓰레기 소각	40	41	47	24	58
어린이 불장난	14	13	13	4	20
담배불실화	26	60	51	43	60
성묘객실화	12	24	22	31	63
기타	65	51	78	21	71
합계	405	516	544	271	599

① 2012년 산불피해건수는 전년대비 50% 이상 감소하였다.
② 산불발생건수는 해마다 꾸준히 증가하고 있다.
③ 산불발생에 가장 큰 단일 원인은 논밭두렁 소각이다.
④ 입산자실화에 의한 산불피해는 2012년에 가장 높았다.

34 다음은 서원고등학교 A반과 B반의 시험성적에 관한 표이다. 이에 대한 설명으로 옳지 않은 것은?

(단위 : 점)

분류	A반 평균		B반 평균	
	남학생(20명)	여학생(15명)	남학생(15명)	여학생(20명)
국어	6.0	6.5	6.0	6.0
영어	5.0	5.5	6.5	5.0

① 국어과목의 경우 A반 학생의 평균이 B반 학생의 평균보다 높다.
② 영어과목의 경우 A반 학생의 평균이 B반 학생의 평균보다 낮다.
③ 2과목 전체 평균의 경우 A반 여학생의 평균이 B반 남학생의 평균보다 높다.
④ 2과목 전체 평균의 경우 A반 남학생의 평균은 B반 여학생의 평균과 같다.

35 다음은 연도별 스포츠시설업 사업체 수에 관한 자료이다. 이에 대한 설명으로 옳지 않은 것은?

(단위 : 개)

구분 \ 연도	2018	2017	2016	2015
경기장 운영업	211	195	197	182
참여스포츠시설 운영업	32,349	28,999	29,390	30,067
골프장 및 스키장 운영업	466	465	473	436
수상스포츠시설 운영업	1,543	1,293	1,277	1,222
스포츠 건설업	825	661	644	803
기타 스포츠시설 운영업	2,969	2,611	2,469	2,232

① 2015년 이후 수상스포츠시설 운영업의 사업체 수는 꾸준히 증가했다.

② 2018년 전년 대비 사업체 수 증가율이 가장 높은 스포츠시설업은 스포츠 건설업이다.

③ 2018년 전체 스포츠시설업 사업체 수에서 참여스포츠시설 운영업의 사업체 수가 차지하는 비중은 80%를 넘지 않는다.

④ 골프장 및 스키장 운영업의 사업체 수는 매년 400개 이상이다.

36 다음은 지역별·연도별 콘텐츠산업 매출액 현황에 대한 자료이다. 이에 대한 설명으로 옳은 것은?

(단위 : 백만 원)

지역＼연도	2016	2017	2018
서울	64,284,051	69,859,668	72,427,557
부산	2,431,745	2,546,150	2,861,484
대구	1,809,457	1,923,517	1,977,667
인천	1,430,406	1,532,889	1,619,777
광주	867,444	975,916	1,005,745
대전	1,145,037	1,216,767	1,410,208
울산	486,044	535,203	606,924

① 2018년 대전의 전년 대비 콘텐츠산업 매출액 증가율은 15%를 넘지 않는다.
② 2016~2018년 7개 지역별 콘텐츠산업 매출액 증감 추이는 모두 다르다.
③ 매년 대구의 콘텐츠산업 매출액은 광주의 콘텐츠산업 매출액의 2배 이상이다.
④ 울산의 3개년 평균 콘텐츠산업 매출액은 542,723.6백만 원이다.

37 다음 자료는 연도별 자동차 사고 발생상황을 정리한 것이다. 다음의 자료로부터 추론하기 어려운 내용은?

(단위 : %)

연도＼구분	발생 건수(건)	사망자 수(명)	10만명당 사망자 수(명)	차 1만대당 사망자 수(명)	부상자 수(명)
1997	246,452	11,603	24.7	11	343,159
1998	239,721	9,057	13.9	9	340,564
1999	275,938	9,353	19.8	8	402,967
2000	290,481	10,236	21.3	7	426,984
2001	260,579	8,097	16.9	6	386,539

① 연도별 자동차 수의 변화
② 운전자 1만명당 사고 발생 건수
③ 자동차 1만대당 사고율
④ 자동차 1만대당 부상자 수

38 표준 업무시간이 80시간인 업무를 각 부서에 할당해 본 결과, 다음과 같은 표를 얻었다. 어느 부서의 업무효율이 가장 높은가?

부서명	투입인원(명)	개인별 업무시간(시간)	회의	
			횟수(회)	소요시간(시간/회)
A	2	41	3	1
B	3	30	2	2
C	4	22	1	4
D	3	27	2	1

① A

② B

③ C

④ D

39 다음은 월별 휴가 사용 현황에 대한 자료이다. 이에 대한 설명으로 옳지 않은 것은? (단, 복수응답은 없는 것으로 간주한다)

(단위 : %)

구분	월	1	2	3	4	5	6	7	8	9	10	11	12
성별	남성	4.6	7.2	5.6	5.8	9.6	6.0	11.8	19.4	9.1	7.5	4.7	8.7
	여성	5.4	6.9	4.8	5.1	8.7	6.4	10.2	22.0	8.8	7.3	5.1	9.3
연령	20대	5.1	7.8	5.4	4.6	9.7	5.6	10.9	19.5	9.9	7.7	4.1	9.7
	30대	5.0	7.2	5.1	5.4	9.8	6.6	11.3	19.0	8.9	8.0	5.0	8.7
	40대	4.6	6.8	6.0	5.4	8.6	6.0	12.5	20.3	8.9	6.7	4.7	9.5
	50대	5.3	6.0	4.9	6.3	7.9	5.4	8.4	27.1	8.5	6.4	5.8	8.0
	60대 이상	3.0	9.7	4.2	3.6	9.2	4.9	9.2	29.8	9.5	6.7	1.9	8.3

① 남성과 여성 모두 8월에 휴가를 사용한 비율이 가장 높다.

② 설문에 응한 20대가 총 3,500명이라면 6월에 휴가를 쓴 20대는 196명이다.

③ 5월과 8월의 휴가 사용 비율 차이는 전 연령대에서 10%p 이상이다.

④ 30대는 모든 월에서 휴가 사용 비율이 5% 이상이다.

40 7%의 소금물과 22%의 소금물을 섞은 후 물을 더 부어서 11.75%의 소금물 400g을 만들었다. 22%의 소금물의 양이 더 부은 물의 3배라면, 22%의 소금물 속 소금의 양은 몇 g인가?

① 14g   ② 20g

③ 27g   ④ 33g

41 주사위 2개를 던져서 나온 눈의 합이 8 이상, 10 이하일 확률은?

① $\dfrac{1}{3}$ ② $\dfrac{1}{4}$

③ $\dfrac{5}{6}$ ④ $\dfrac{5}{12}$

42 다음 그림에서 구분되는 다섯 개의 부분에 5가지 색을 이용하여 색을 칠하려고 한다. 서로 만나는 부분을 제외하고 같은 색을 칠할 수 있다고 하면, 색칠 가능한 방법은 몇 가지인가?

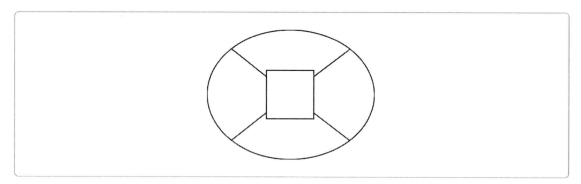

① 360가지   ② 420가지

③ 480가지   ④ 540가지

〈표 1〉은 대재 이상 학력자의 3개월간 일반도서 구입량에 대한 표이고 〈표 2〉는 20대 이하 인구의 3개월간 일반도서 구입량에 대한 표이다. 물음에 답하시오. 【43~45】

〈표 1〉 대재 이상 학력자의 3개월간 일반도서 구입량

	2012년	2013년	2014년	2015년
사례 수	255	255	244	244
없음	41%	48%	44%	45%
1권	16%	10%	17%	18%
2권	12%	14%	13%	16%
3권	10%	6%	10%	8%
4~6권	13%	13%	13%	8%
7권 이상	8%	8%	3%	5%

〈표 2〉 20대 이하 인구의 3개월간 일반도서 구입량

	2012년	2013년	2014년	2015년
사례 수	491	545	494	481
없음	31%	43%	39%	46%
1권	15%	10%	19%	16%
2권	13%	16%	15%	17%
3권	14%	10%	10%	7%
4~6권	17%	12%	13%	9%
7권 이상	10%	8%	4%	5%

43 2013년 20대 이하 인구의 3개월간 일반도서 구입량이 1권 이하인 사례는 몇 건인가? (소수 첫째 자리에서 반올림하시오)

① 268건
② 278건
③ 289건
④ 290건

44 2014년 대재 이상 학력자의 3개월간 일반도서 구입량이 7권 이상인 경우의 사례는 몇 건인가? (소수 첫째 자리에서 반올림하시오)

① 7건　　　　　　　　　　　　　　　② 8건
③ 9건　　　　　　　　　　　　　　　④ 10건

45 위 표에 대한 설명으로 옳지 않은 것은?

① 20대 이하 인구가 3개월간 1권 정도 구입한 일반도서량은 해마다 증가하고 있다.
② 20대 이하 인구가 3개월간 일반도서 7권 이상 읽은 비중이 가장 낮다.
③ 20대 이하 인구가 3권 이상 6권 이하로 일반도서 구입하는 량은 해마다 감소하고 있다.
④ 대재이상 학력자가 3개월간 일반도서 1권 구입하는 것보다 한 번도 구입한 적이 없는 경우가 더 많다.

46 아래 표는 고구려대, 백제대, 신라대의 북부, 중부, 남부지역 학생 수이다. 표의 (내)대와 3지역을 올바르게 짝 지은 것은?

	1지역	2지역	3지역	합계
(가)대	10	12	8	30
(나)대	20	5	12	37
(다)대	11	8	10	29

> ㉠ 백제대는 어느 한 지역의 학생 수도 나머지 지역 학생 수 합보다 크지 않다.
> ㉡ 중부지역 학생은 세 대학 중 백제대에 가장 많다.
> ㉢ 고구려대의 학생 중 남부지역 학생이 가장 많다.
> ㉣ 신라대 학생 중 북부지역 학생 비율은 백제대 학생 중 남부지역 학생 비율보다 높다.

① 고구려대 – 북부지역　　　　　　　② 고구려대 – 남부지역
③ 신라대 – 북부지역　　　　　　　　④ 신라대 – 남부지역

다음은 H자동차회사의 고객만족도결과이다. 물음에 답하시오. 【47~48】

분류	출고 1년 이내	출고 1년 초과 2년 이내	고객평균
애프터서비스	20%	16%	18%
정숙성	2%	1%	1.5%
연비	15%	12%	13.5%
색상	10%	12%	11%
주행편의성	12%	8%	10%
안정성	40%	50%	45%
옵션	1%	1%	1%
합계	100%	100%	100%

47 출고시기와 상관없이 조사에 참가한 전체대상자 중 2,700명이 애프터서비스를 장점으로 선택하였다면 이 설문에 응한 고객은 모두 몇 명인가?

① 5,000명
② 10,000명
③ 15,000명
④ 20,000명

48 차를 출고한지 1년 초과 2년 이내의 고객 중 120명이 연비를 만족하는 점으로 선택하였다면 옵션을 선택한 고객은 몇 명인가?

① 5명
② 10명
③ 15명
④ 20명

가사분담 실태에 대한 통계표이다. 표를 보고 물음에 답하시오. 【49~50】

〈표1〉 연령별 가사분담

(단위 : %)

	부인 전적	부인 주로	부인 주도	공평 분담	남편 주도	남편 주로	남편 전적
15~29세	40.2	12.6	27.6	17.1	1.3	0.9	0.3
30~39세	49.1	11.8	27.3	9.4	1.2	1.1	0.1
40~49세	48.8	15.2	23.5	9.1	1.9	1.6	0.3
50~59세	47.0	17.6	20.4	10.6	2.0	2.2	0.2
60세 이상	47.2	18.2	18.3	9.3	3.5	2.3	1.2
65세 이상	47.2	11.2	25.2	9.2	3.6	2.2	1.4

〈표2〉 소득형태별 가사분담

(단위 : %)

	부인 전적	부인 주로	부인 주도	공평 분담	남편 주도	남편 주로	남편 전적
맞벌이	55.9	14.3	21.5	5.2	1.9	1.0	0.2
비맞벌이	59.1	12.2	20.9	4.8	2.1	0.6	0.3

49 위 표에 대한 설명으로 옳은 것은?

① 비맞벌이 부부가 공평하게 가사 분담하는 비율이 맞벌이 부부에서 공평 가사 분담 비율보다 높다.

② 비맞벌이 부부는 가사를 부인이 전적으로 담당하는 경우가 가장 높은 비율을 차지하고 있다.

③ 60세 이상은 비맞벌이 부부가 대부분이기 때문에 부인이 가사를 주로하는 경우가 많다.

④ 대체로 부인이 가사를 주로하는 경우가 가장 높은 비율을 차지하고 있다.

50 50세에서 59세 부부의 가장 높은 비율을 차지하는 가사분담 형태는?

① 부인 주도로 가사 담당

② 부인이 전적으로 가사 담당

③ 공평하게 가사 분담

④ 남편이 주로 가사 담당

51 다음은 한별의 3학년 1학기 성적표의 일부이다. 이 중에서 다른 학생에 비해 한별의 성적이 가장 좋다고 할 수 있는 과목은 ㉠이고, 이 학급에서 성적이 가장 고른 과목은 ㉡이다. 이 때 ㉠, ㉡에 해당하는 과목을 차례대로 나타낸 것은?

성적　　　　　　　과목	국어	영어	수학
한별의 성적	79	74	78
학급 평균 성적	70	56	64
표준편차	15	18	16

① 국어, 수학 　　　　　　② 수학, 국어

③ 영어, 국어 　　　　　　④ 영어, 수학

다음은 암 발생률에 대한 통계표이다. 표를 보고 물음에 답하시오. 【52~53】

암종	발생자수(명)	상대빈도(%)
위	25,809	18.1
대장	17,625	12.4
간	14,907	10.5
쓸개 및 기타담도	4,166	2.9
췌장	3,703	2.6
후두	1,132	0.8
폐	16,949	11.9
유방	9,898	6.9
신장	2,299	1.6
방광	2,905	2.0
뇌 및 중추신경계	1,552	1.1
갑상선	12,649	8.9
백혈병	2,289	1.6
기타	26,727	18.7

52 기타 경우를 제외하고 상대적으로 발병 횟수가 높은 암 종류는?

① 위암   ② 간암

③ 폐암   ④ 유방암

53 폐암 발생자수는 백혈병 발생자수의 몇 배인가? (소수 첫째 자리에서 반올림하시오)

① 5배   ② 6배

③ 7배   ④ 8배

ⓠ 2015년 사이버 쇼핑몰 상품별 거래액에 관한 표이다. 물음에 답하시오. 【54~55】

(단위 : 백만 원)

	1월	2월	3월	4월	5월	6월	7월	8월	9월
컴퓨터	200,078	195,543	233,168	194,102	176,981	185,357	193,835	193,172	183,620
소프트웨어	13,145	11,516	13,624	11,432	10,198	10,536	45,781	44,579	42,249
가전 · 전자	231,874	226,138	251,881	228,323	239,421	255,383	266,013	253,731	248,474
서적	103,567	91,241	130,523	89,645	81,999	78,316	107,316	99,591	93,486
음반 · 비디오	12,727	11,529	14,408	13,230	12,473	10,888	12,566	12,130	12,408
여행 · 예약	286,248	239,735	231,051	241,051	288,603	293,935	345,920	344,931	245,285
아동 · 유아용	109,344	102,325	121,955	123,118	128,403	121,504	120,135	111,839	124,250
음 · 식료품	122,498	137,282	127,372	121,868	131,003	130,996	130,015	133,086	178,736

54 1월 컴퓨터 상품 거래액은 다음 달 거래액과 얼마나 차이나는가?

① 4,455백만 원 ② 4,535백만 원

③ 4,555백만 원 ④ 4,655백만 원

55 1월 서적 상품 거래액은 음반 · 비디오 상품의 몇 배인가? (소수 첫째 자리에서 반올림하시오)

① 8배 ② 9배

③ 10배 ④ 11배

Q 다음은 OECD회원국의 총부양비 및 노령화 지수(단위 : %)를 나타낸 표이다. 물음에 답하시오. 【56~57】

국가별	인구			총부양비		노령화지수
	0~14세	15~64세	65세 이상	유년	노년	
한국	16.2	72.9	11.0	22	15	67.7
일본	13.2	64.2	22.6	21	35	171.1
터키	26.4	67.6	6.0	39	9	22.6
캐나다	16.3	69.6	14.1	23	20	86.6
멕시코	27.9	65.5	6.6	43	10	23.5
미국	20.2	66.8	13.0	30	19	64.1
칠레	22.3	68.5	9.2	32	13	41.5
오스트리아	14.7	67.7	17.6	22	26	119.2
벨기에	16.7	65.8	17.4	25	26	103.9
덴마크	18.0	65.3	16.7	28	26	92.5
핀란드	16.6	66.3	17.2	25	26	103.8
프랑스	18.4	64.6	17.0	28	26	92.3
독일	13.4	66.2	20.5	20	31	153.3
그리스	14.2	67.5	18.3	21	27	128.9
아일랜드	20.8	67.9	11.4	31	17	54.7
네덜란드	17.6	67.0	15.4	26	23	87.1
폴란드	14.8	71.7	13.5	21	19	91.5
스위스	15.2	67.6	17.3	22	26	113.7
영국	17.4	66.0	16.6	26	25	95.5

56 위 표에 대한 설명으로 옳지 않은 것은?

① 장래 노년층을 부양해야 되는 부담이 가장 큰 나라는 일본이다.

② 위에서 제시된 국가 중 세 번째로 노령화 지수가 큰 나라는 그리스이다.

③ 아일랜드는 일본보다 노년층 부양 부담이 적은 나라이다.

④ 0~14세 인구 비율이 가장 낮은 나라는 독일이다.

57 65세 이상 인구 비율이 다른 나라에 비해 높은 국가를 큰 순서대로 차례로 나열한 것은?

① 일본, 독일, 그리스

② 일본, 그리스, 독일

③ 일본, 영국, 독일

④ 일본, 독일, 영국

Q 다음은 농업총수입과 농작물수입을 영농형태와 지역별로 나타낸 표이다. 표를 보고 물음에 답하시오.
【58～59】

〈표1〉 영농형태별 농업총수입과 농작물수입

(단위 : 천 원)

영농형태	농업총수입	농작물수입
논벼	20,330	18,805
과수	34,097	32,382
채소	32,778	31,728
특용작물	45,534	43,997
화훼	64,085	63,627
일반밭작물	14,733	13,776
축산	98,622	14,069
기타	28,499	26,112

〈표2〉 지역별 농업총수입과 농작물수입

(단위 : 천 원)

행정지역	농업총수입	농작물수입
경기도	24,785	17,939
강원도	27,834	15,532
충청북도	23,309	17,722
충청남도	31,583	18,552
전라북도	26,044	21,037
전라남도	23,404	19,129
경상북도	28,690	22,527
경상남도	28,478	18,206
제주도	29,606	28,141

58 위 표에 대한 설명으로 옳지 않은 것은?

① 화훼는 과수보다 약 2배의 농업총수입을 얻고 있다.
② 축산의 농업총수입은 다른 영농형태보다 월등히 많은 수입을 올리고 있다.
③ 경기도는 농업총수입과 농작물수입이 충청남도보다 높다.
④ 강원도의 농작물수입은 다른 지역에 비해 가장 낮다.

59 농업총수입이 가장 높은 영농형태와 농작물수입이 가장 낮은 영농형태를 순서대로 이은 것은?

① 일반밭작물 – 축산
② 축산 – 일반밭작물
③ 특용작물 – 축산
④ 과수 – 채소

60 다음은 연도별 출판업 사업체 수 현황에 대한 자료이다. 이에 대한 설명으로 옳지 않은 것은?

(단위 : 개)

연도 / 구분	2014	2015	2016	2017	2018
서적출판업(종이매체출판업)	1,890	1,871	1,856	1,831	1,851
교과서 및 학습서적 출판업	668	693	695	706	747
인터넷/모바일 전자출판제작업	177	167	174	181	186
신문 발행업	390	405	422	497	603
잡지 및 정기간행물 발행업	1,110	1,140	1,160	1,311	1,355
정기 광고간행물 발행업	377	378	398	387	366
기타 인쇄물 출판업	207	224	237	246	264

① 신문 발행업과 교과서 및 학습서적 출판업의 사업체 수 증감 추이는 동일하다.

② 2015년 전년 대비 사업체 수 증가율이 가장 높은 출판업은 신문 발행업이다.

③ 2018년 전체 출판업 사업체 수에서 서적 출판업(종이매체출판업) 사업체 수가 차지하는 비중은 30%를 넘는다.

④ 매년 서적출판업(종이매체출판업)의 사업체 수는 교과서 및 학습서적 출판업의 사업체 수보다 2배 이상 많다.

61 다음은 어느 여행사의 관광 상품 광고이다. 갑동이 부부가 주중에 여행을 갈 경우, 하루 평균 가격이 가장 저렴한 관광 상품은?

관광지	일정	일인당 가격	비고
백두산	5일	599,000원	
일본	6일	799,000원	주중 20% 할인
호주	10일	1,999,000원	동반자 50% 할인

① 백두산   ② 일본

③ 호주   ④ 모두 같다

62 다음은 목적별 휴가 사용 현황에 대한 자료이다. 이에 대한 설명으로 옳은 것은? (단, 복수응답은 없는 것으로 간주한다)

(단위 : %)

구분	목적	여행	여행 외 여가 활동	휴식	집안일	건강관리	자기계발	자원봉사
성별	남성	33.0	8.8	33.6	17.6	4.7	2.0	0.3
	여성	30.8	9.6	33.8	20.3	4.2	1.0	0.3
연령	20대	34.5	10.4	31.9	15.7	5.2	1.8	0.5
	30대	33.1	9.3	33.8	17.2	4.3	2.1	0.2
	40대	33.1	8.4	31.5	21.0	4.5	1.1	0.4
	50대	23.3	8.5	39.6	23.1	4.6	0.6	0.3
	60대 이상	24.9	4.6	44.6	20.4	5.2	0.0	0.3

① 집안일을 목적으로 휴가를 사용하는 비율은 여성보다 남성이 높다.

② 남성과 여성 모두 여행을 목적으로 휴가를 사용하는 비율이 가장 높다.

③ 여행을 목적으로 휴가를 사용하는 비율이 30%를 넘지 않는 연령대는 50대와 60대 이상이다.

④ 여행 외 여가 활동을 목적으로 휴가를 사용하는 여성의 수가 남성의 수보다 많다.

63 다음은 A 자치구가 관리하는 전체 13개 문화재 보수공사 추진현황을 정리한 자료이다. 이에 대한 설명 중 옳은 것은?

(단위 : 백만 원)

문화재 번호	공사내용	사업비				공사기간	공정
		국비	시비	구비	합		
1	정전 동문보수	700	300	0	1,000	2008. 1. 3 ~ 2008. 2. 15	공사완료
2	본당 구조보강	0	1,106	445	1,551	2006. 12. 16 ~ 2008. 10. 31	공사완료
3	별당 해체보수	0	256	110	366	2007. 12. 28 ~ 2008. 11. 26	공사 중
4	마감공사	0	281	49	330	2008. 3. 4 ~ 2008. 11. 28	공사 중
5	담장보수	0	100	0	100	2008. 8. 11~ 2008. 12. 18	공사 중
6	관리실 신축	0	82	0	82	계획 중	
7	대문 및 내부 담장공사	17	8	0	25	2008.11. 17 ~ 2008. 12. 27	공사 중
8	행랑채 해체보수	45	45	0	90	2008.11. 21~ 2009. 6. 19	공사 중
9	벽면보수	0	230	0	230	2008. 11. 10 ~ 2009. 9. 6	공사 중
10	방염공사	9	9	0	18	2008. 11. 23 ~ 2008. 12. 24	공사 중
11	소방·전기 공사	0	170	30	200	계획 중	
12	경관조명 설치	44	44	0	88	계획 중	
13	단청보수	67	29	0	96	계획 중	

※ 공사는 제시된 공사기간에 맞추어 완료하는 것으로 가정함.

① 이 표가 작성된 시점은 2008년 11월 10일 이전이다.

② 전체 사업비 중 시비와 구비의 합은 전체 사업비의 절반 이하이다.

③ 사업비의 80% 이상을 시비로 충당하는 문화재 수는 전체의 50% 이상이다.

④ 국비를 지원 받지 못하는 문화재 수는 구비를 지원 받지 못하는 문화재 수보다 적다.

64 자료에 대한 해석으로 옳은 것은?

소매 업태	사업체 수(개)		종사자 수(천 명)		매출액(백억 원)	
	2003년	2008년	2003년	2008년	2003년	2008년
백화점	85	82	32	19	1,738	2,011
대형 마트	265	424	57	71	2,371	3,188
중형 슈퍼	6,708	8,060	52	64	1,095	1,564
편의점	8,584	13,609	34	53	388	657
기타 소매업	107,574	109,446	181	147	773	772

① 고차 기능일수록 사업체 수가 많다.
② 저차 기능일수록 사업체당 종사자 수가 많다.
③ 백화점은 사업체당 종사자 규모가 감소하였다.
④ 대형 마트는 중형 슈퍼보다 종사자당 매출액이 적다.

65 다음은 위험물안전관리자 실무교육현황에 관한 표이다. 표를 보고 이수율을 구하면?
(단, 소수 첫째 자리에서 반올림하시오)

실무교육현황별(1)	실무교육현황별(2)	2008년
계획인원(명)	소계	5,897.0
이수인원(명)	소계	2,159.0
이수율(%)	소계	x
교육일수(일)	소계	35.02
교육회차(회)	소계	344.0
야간/휴일	교육회차(회)	4.0
교육실시현황	이수인원(명)	35.0

① 36.7
③ 52.7
② 41.9
④ 66.5

66 다음은 평일 하루 평균 여가시간에 대한 자료이다. 이에 대한 설명으로 옳은 것은? (단, 복수응답은 없는 것으로 간주한다)

(단위 : %)

구분	시간	3시간 미만	3-5시간	5-7시간	7-9시간	9시간 이상
성별	남성	36.9	42.4	15.3	2.8	2.6
	여성	35.0	38.1	18.9	4.8	3.2
연령	15-19세	45.0	36.6	16.6	1.2	0.6
	20대	31.4	47.7	17.7	2.4	0.8
	30대	42.8	42.2	12.8	1.6	0.6
	40대	44.2	41.2	12.1	2.0	0.5
	50대	38.7	42.9	14.7	2.4	1.3
	60대	31.0	39.0	19.7	5.4	4.9
	70세 이상	16.3	25.2	31.5	13.2	13.8

① 설문에 응한 40대가 총 2,800명이라고 할 때 평일 하루 평균 여가시간이 7-9시간인 40대의 수는 56명이다.

② 평일 하루 평균 여가시간이 9시간 이상인 비율은 남성이 여성보다 높다.

③ 60대는 평일 하루 평균 여가시간이 3시간 미만인 비율이 가장 높다.

④ 평일 하루 평균 여가시간이 3시간 미만인 여성보다 3-5시간인 남성의 수가 더 많다.

67 다음은 '갑'지역의 친환경농산물 인증심사에 대한 자료이다. 2011년부터 인증심사원 1인당 연간 심사할 수 있는 농가수가 상근직은 400호, 비상근직은 250호를 넘지 못하도록 규정이 바뀐다고 할 때, 조건을 근거로 예측한 내용 중 옳지 않은 것은?

(단위 : 호, 명)

인증기관	심사 농가수	승인 농가수	인증심사원		
			상근	비상근	합
A	2,540	542	4	2	6
B	2,120	704	2	3	5
C	1,570	370	4	3	7
D	1,878	840	1	2	3
계	8,108	2,456	11	10	21

※ 1) 인증심사원은 인증기관 간 이동이 불가능하고 추가고용을 제외한 인원변동은 없음.
　 2) 각 인증기관은 추가 고용 시 최소인원만 고용함.

조건
• 인증기관의 수입은 인증수수료가 전부이고, 비용은 인증심사원의 인건비가 전부라고 가정한다.
• 인증수수료 : 승인농가 1호당 10만 원
• 인증심사원의 인건비는 상근직 연 1,800만 원, 비상근직 연 1,200만 원이다.
• 인증기관별 심사 농가수, 승인 농가수, 인증심사원 인건비, 인증수수료는 2010년과 2011년에 동일하다.

---

① 2010년에 인증기관 B의 수수료 수입은 인증심사원 인건비보다 적다.
② 2011년 인증기관 A가 추가로 고용해야 하는 인증심사원은 최소 2명이다.
③ 인증기관 D가 2011년에 추가로 고용해야 하는 인증심사원을 모두 상근으로 충당한다면 적자이다.
④ 만약 정부가 '갑'지역에 2010년 추가로 필요한 인증심사원을 모두 상근으로 고용하게 하고 추가로 고용되는 상근 심사원 1인당 보조금을 연 600만 원씩 지급한다면 보조금 액수는 연간 5,000만 원 이상이다.

다음은 □□지역의 토지면적 현황을 나타낸 표이다. 이 표를 보고 물음에 알맞은 답을 고르시오. 【68~69】

(단위 : m^2)

토지유형 / 연도	삼림	초지	습지	나지	경작지	훼손지	전체 면적
2011	539,691	820,680	22,516	898,566	480,645	1	2,762,099
2012	997,114		204	677,654	555,334	1	2,783,806
2013	1,119,360	187,479	94,199	797,075	487,767	1	2,685,881
2014	1,595,409	680,760	20,678	182,424	378,634	4,825	2,862,730
2015	1,668,011	692,018	50,316	50,086	311,086	129,581	2,901,098

68 주어진 표를 보고 다음 문장의 A, B, C의 값을 바르게 구하면?

> 2012년 초지의 면적은 (A)m^2로 전체 면적의 약 (B)%를 차지하며, 예년에 비해 약 (C)% 감소하였다.

① A : 553,499   B : 20   C : 33
② A : 543,499   B : 19   C : 32
③ A : 553,499   B : 20   C : 31
④ A : 543,499   B : 20   C : 31

69 주어진 표에 대한 설명으로 옳지 않은 것은?

① 연도별 토지면적 변화폭이 가장 큰 해와 토지유형은 2013~2014년, 나지이다.
② 훼손지를 제외하고, 연도별 토지면적 변화폭이 가장 작은 해와 토지유형은 2011~2012년, 습지이다.
③ □□지역에서 삼림은 매해 그 면적이 가장 넓다.
④ 2012~2013년을 제외하고 □□지역 토지의 전체 면적은 꾸준히 증가하였다.

70 다음은 생활용품을 주로 판매하는 소매점 A~C를 분석한 표이다. 이에 대한 설명으로 옳은 것은?

소매점	A	B	C
매장 면적(㎡)	10,000~12,000	300 미만	2,000~3,000
주차 대수(대)	1,000 이상	0	50~150
개점 비용(원)	300억~500억	3억~5억	50억~60억
하루 예상 매출(원)	3억~5억	500만~1,000만	4,500만~7,000만

① A는 소비자의 이용 빈도가 가장 높다.

② A는 가장 많은 종류의 상품을 취급한다.

③ C는 소비자의 평균 이동 거리가 가장 짧다.

④ 최소요구치가 큰 순서대로 나열하면 A > B > C 순이다.

04 지각속도

예시문제

> **지각속도**검사는 암호해석능력을 묻는 유형으로 눈으로 직접 읽고 문제를 해결하는 능력을 측정하기 위한 검사로 빠른 속도와 정확성을 요구하는 문제가 출제된다. 시간을 정해 최대한 빠른 시간 안에 문제를 정확하게 풀 수 있는 연습이 필요하며 간혹 시간이 촉박하여 찍는 경우가 있는데 오답시에는 감점처리가 적용된다.
>
> 지각속도검사는 지각 속도를 측정하기 위한 검사로 틀릴 경우 감점으로 채점하고, 풀지 않은 문제는 0점으로 채점이 된다. 총 30문제로 구성이 되며 제한시간은 3분이므로 많은 연습을 통해 빠르게 푸는 요령을 습득하여야 한다.

본 검사는 지각 속도를 측정하기 위한 검사입니다.

제시된 문제를 잘 읽고 아래의 예제와 같은 방식으로 가능한 한 빠르고 정확하게 답해 주시기 바랍니다.

[유형 ①] 대응하기

> 아래의 문제 유형은 일련의 문자, 숫자, 기호의 짝을 제시한 후 특정한 문자에 해당되는 코드를 빠르게 선택하는 문제입니다.

문제 1 아래 〈보기〉의 왼쪽과 오른쪽 기호의 대응을 참고하여 각 문제의 대응이 같으면 답안지에 '① 맞음'을, 틀리면 '② 틀림'을 선택하시오.

─────── 〈보기〉 ───────

a = 강	b = 응	c = 산	d = 전
e = 남	f = 도	g = 길	h = 아

강 응 산 전 남 - a b c d e

✔ ① 맞음   ② 틀림

> 〈보기〉의 내용을 보면 강=a, 응=b, 산=c, 전=d, 남=e이므로 a b c d e이므로 맞다.

[유형 ②] 숫자세기

아래의 문제 유형은 제시된 문자군, 문장, 숫자 중 특정한 문자 혹은 숫자의 개수를 빠르게 세어 표시하는 문제입니다.

문제 2 다음의 〈보기〉에서 각 문제의 왼쪽에 표시된 굵은 글씨체의 기호, 문자, 숫자의 갯수를 모두 세어 오른쪽 개수에서 찾으시오.

──────── 〈보기〉 ────────

3   78302064206820487203873079620504067321

① 2개   ✔ ② 4개
③ 6개   ④ 8개

나열된 수에 3이 몇 번 들어 있는가를 빠르게 확인하여야 한다.
78**3**0206420682048720**3**8**73**07962050406**73**21 → 4개

──────── 〈보기〉 ────────

ㄴ   나의 살던 고향은 꽃피는 산골

① 2개   ② 4개
✔ ③ 6개   ④ 8개

나열된 문장에 ㄴ이 몇 번 들어갔는지 확인하여야 한다.
나의 살**던** 고향**은** 꽃피**는** **산**골 → 6개

Ｑ 다음 왼쪽과 오른쪽 기호, 문자, 숫자의 대응을 참고하여 각 문제의 대응이 같으면 '① 맞음'을, 틀리면 '② 틀림'을 선택하시오. 【01~03】

1 = 남	2 = 부	3 = 보	4 = 관	5 = 학
6 = 녀	7 = 생	8 = 사	9 = 교	0 = 후

01

남 녀 부 사 관 – 1 6 2 8 4

① 맞음   ② 틀림

02

사 관 후 보 생 – 8 4 0 7 3

① 맞음   ② 틀림

03

사 관 학 교 생 – 8 4 5 7 9

① 맞음   ② 틀림

Ⓠ 다음 왼쪽과 오른쪽 기호, 문자, 숫자의 대응을 참고하여 각 문제의 대응이 같으면 '① 맞음'을, 틀리면 '②
틀림'을 선택하시오. 【04~06】

㉠ = t	㉡ = e	㉢ = s	㉣ = p	㉤ = r
㉥ = o	㉦ = n	㉧ = u	㉨ = l	㉩ = h

04

telephone - ㉠ ㉡ ㉨ ㉦ ㉣ ㉩ ㉥ ㉧ ㉡

① 맞음   ② 틀림

05

spruler - ㉢ ㉣ ㉤ ㉥ ㉨ ㉦ ㉤

① 맞음   ② 틀림

06

neohstr - ㉦ ㉡ ㉥ ㉩ ㉠ ㉢ ㉤

① 맞음   ② 틀림

다음 왼쪽과 오른쪽 기호, 문자, 숫자의 대응을 참고하여 각 문제의 대응이 같으면 '① 맞음'을, 틀리면 '② 틀림'을 선택하시오. 【07~09】

Q = 2	W = 3	E = 5	R = 4	T = 6	Y = 7
U = 1	G = 8	I = 10	O = 9	P = 11	J = 16

07

39632 - WOTIQ

① 맞음　　　　　　　　　　　② 틀림

08

116541 - PTERU

① 맞음　　　　　　　　　　　② 틀림

09

872 10 7 - GYIQY

① 맞음　　　　　　　　　　　② 틀림

다음 왼쪽과 오른쪽 기호, 문자, 숫자의 대응을 참고하여 각 문제의 대응이 같으면 '① 맞음'을, 틀리면 '②
틀림'을 선택하시오. 【10~12】

a = 남	b = 동	c = 리	d = 우
e = 강	f = 산	g = 서	h = 북

10

동 서 남 북 우 산 - b g a h d f

① 맞음 　　　　　　　　　　② 틀림

11

우 리 강 산 동 북 - d c e f h b

① 맞음 　　　　　　　　　　② 틀림

12

동 산 남 산 우 산 서 산 - b f a f d f f g

① 맞음 　　　　　　　　　　② 틀림

Q 다음 왼쪽과 오른쪽 기호, 문자, 숫자의 대응을 참고하여 각 문제의 대응이 같으면 '① 맞음'을, 틀리면 '② 틀림'을 선택하시오. 【13~15】

| ㅏ = ㅜ | k = ㅍ | X = ㅗ | s = ㅇ | e = ㅛ |
| ✚ = ㅟ | t = ㅋ | m = ㅚ | ✖ = ㅕ | Ж = ㄴ |

13

ㅍ ㅚ ㄴ ㅇ ㅕ – k m Ж e ✖

① 맞음　　　　　　② 틀림

14

ㅜ ㅟ ㅋ ㅟ ㅕ – ㅏ ✚ t ✚ ✖

① 맞음　　　　　　② 틀림

15

ㅋ ㅍ ㄴ ㅍ ㅗ – t e Ж ✕ e

① 맞음　　　　　　② 틀림

다음 주어진 표의 숫자와 문자의 대응을 참고하여, 각 문제에서 주어진 문자를 만들기 위한 번호를 바르게 나타내었으면 '① 맞음'을, 그렇지 않으면 '② 틀림'을 선택하시오. 【16~20】

공=◨	대=◈	모=◖	미=▢	본=◈	부=◈	사=◇	시=◈	연=▼
원=◉	일=✖	전=◼	지=▲	참=◗	한=◐	함=◕	합=○	항=◎

16

참모본부 – ◗◖◈◈◈

① 맞음   ② 틀림

17

한미연합사 – ◐▢▼○◇

① 맞음   ② 틀림

18

지대공미사일 – ▲◈◨◖▢◇✖

① 맞음   ② 틀림

19

대전공항 – ◆▣◧○

① 맞음   ② 틀림

20

함대지시 – ◑◪▲◈

① 맞음   ② 틀림

Ⓠ 다음의 보기에서 각 문제의 왼쪽에 표시된 굵은 글씨체의 기호, 문자, 숫자의 개수를 오른쪽에서 세어 맞는 개수를 찾으시오. 【21~30】

21

S   AWGZXTSDSVSRDSQDTWQ

① 1개   ② 2개

③ 3개   ④ 4개

22

> **시**　　제시된 문제를 잘 읽고 예제와 같은 방식으로 정확하게 답하시오.

① 1개　　　　　　　　　　　　　② 2개
③ 3개　　　　　　　　　　　　　④ 4개

23

> **6**　　　　1001058762546026873217

① 1개　　　　　　　　　　　　　② 2개
③ 3개　　　　　　　　　　　　　④ 4개

24

> **火**　　　魚秋花春風南美北西冬木日火水金

① 1개　　　　　　　　　　　　　② 2개
③ 3개　　　　　　　　　　　　　④ 4개

25

| **w** | when I am down and oh my soul so weary |

① 1개　　　　　　　　　　　② 2개
③ 3개　　　　　　　　　　　④ 4개

26

| **♣** | ☺◆ㄱ☉♡☆▽◁♣◑♬♪■♣ |

① 1개　　　　　　　　　　　② 2개
③ 3개　　　　　　　　　　　④ 4개

27

| **ㅛ** | 닝 뻥 ㅅㄱ래ㅉㄷㄹㅈㅅㅿ ㄷㄷ ㅉㅅ ㅈㅣ ㅂㅌ ㅂㄷ ㅁㅿ 딩 |

① 1개　　　　　　　　　　　② 2개
③ 3개　　　　　　　　　　　④ 4개

28

<u>XII</u>	iii iv Ⅰ vi Ⅳ Ⅻ i vii x viii Ⅴ ⅦⅧⅨ Ⅹ Ⅺ ix xi ii v Ⅻ

① 0개　　　　　　　　　　② 1개
③ 2개　　　　　　　　　　④ 3개

29

<u>ß</u>	Ӿ Щ β Ψ Ξ Ҷ Ѣ Ҍ ∂ π τ φ λ μ ξ ή O Ξ M Ÿ

① 0개　　　　　　　　　　② 1개
③ 2개　　　　　　　　　　④ 3개

30

<u>**α**</u>	$\sum 4 \lim 6 \vec{A} \pi 8 \beta \dfrac{5}{9} \Delta \pm \int \dfrac{2}{3} \text{Å} \theta \gamma 8$

① 0개　　　　　　　　　　② 1개
③ 2개　　　　　　　　　　③ 3개

Q 다음 짝지은 문자 중에서 서로 같은 것을 고르시오. 【31~32】

31
① ◈◐○◒■▥▦▨ – ◈◐○◒■▥▦▨
② ¶♩♪♪∩∧∧ – ¶♩♪♪∧∧∩
③ ㅌㅋㅌㅌㄷㄱㅂ – ㅌㅋㅌㅌㅌㄷㄱㅂ
④ ♣◉▣늑∨∧▦ – ♣◉▣∨∧늑▦

32
① ㄱㅅㅈㅇㅅㅅㅈㅂㅍㅋ – ㄱㅅㅈㅇㅅㅅㅈㅁㅍㅋ
② ㅂㅋㅌㅅㄴㅇㅁㄹㅅㅈ – ㅂㅋㅌㄴㅅㅇㅁㄹㅅㅈ
③ ㅊㅈㅋㅍㅂㅅㅇㅁㄹ – ㅊㅈㅋㅍㅂㅅㅇㄹㅁ
④ ㅇㅅㄱㅋㄷㅌㅂㅎㅁㅋ – ㅇㅅㄱㅋㄷㅌㅂㅎㅁㅋ

Q 다음 짝지은 문자나 기호 중에서 다른 것을 고르시오. 【33~34】

33
① 오소누조이마요하 – 오소누조이마요하
② tkfkdgksmstkfka – tkfkdgksmstkfka
③ 1024875184356 – 1024781584356
④ ▼▽▲△■□◆◇ – ▼▽▲△■□◆◇

34
① 금융기관이나 증권회사 상호간 – 금융기관이나 증권회사 상호간
② 극단적으로 현금화폐를 선호 – 극단적으로 현금화폐를 선호
③ 저축성예금과 거주자외화예금 – 저축성예금과 거주자외화예금
④ 금융기관유동성에 국공채, 회사채 포함 – 금융기관유동성에 국공체, 회사채 포함

Q 다음 제시된 문장과 다른 것을 고르시오. 【35~36】

35

신자원 개발로 높은 이윤획득의 기회를 창출한다.

① 신자원 개발로 높은 이윤획득의 기회를 창출한다.
② 신자원 개발로 높은 이윤획득의 기회를 청출한다.
③ 신자원 개발로 높은 이윤획득의 기회를 창출한다.
④ 신자원 개발로 높은 이윤획득의 기회를 창출한다.

36

전원이 결점을 없애는 데 협력해야 한다.

① 전원이 결점을 없애는 데 협력해야 한다.
② 전원이 결점을 없애는 데 협력해야 한다.
③ 전원이 결점을 없애는 데 협력해야 한다.
④ 전원이 결점을 없애는 데 협력해야 한다.

다음 주어진 표를 참고하여 문제의 한글은 영어로, 영어는 한글로 바르게 변환한 것을 고르시오.
【37~39】

A	B	C	D	E	F	G	H	I	J
가	나	다	라	마	바	사	아	자	차

37

마차가

① EAI ② EAJ
③ EIA ④ EJA

38

CEIF

① 다자마바 ② 다마바자
③ 다마자마 ④ 다마자바

39

사라가마나바다

① GDAEBEC ② GDAFBFC
③ GDAEBFC ④ GEAEBFC

다음 왼쪽과 오른쪽 기호, 문자, 숫자의 대응을 참고하여 각 문제의 대응이 같으면 '① 맞음'을, 틀리면 '②
틀림'을 선택하시오. 【40~43】

a = 사	b = 체	c = 다	d = 정	e = 보	f = 기
g = 유	h = 이	i = 지	j = 물	k = 크	l = 용

40

이 사 정 보 체 크 - h a d e b k

① 맞음   ② 틀림

41

정 보 기 지 이 용 - d e f i h l

① 맞음   ② 틀림

42

사 유 지 이 다 - a g i b c

① 맞음   ② 틀림

43

용 지 크 기 지 정 - l i k f i c

① 맞음   ② 틀림

Ⓠ 다음 왼쪽과 오른쪽 기호, 문자, 숫자의 대응을 참고하여 각 문제의 대응이 같으면 '① 맞음'을, 틀리면 '②
틀림'을 선택하시오. 【44~46】

ㄲ = a	ㄸ = c	ㅃ = e	ㅆ = g	ㅉ = i
ㄵ = K	ㄶ = N	ㄼ = P	ㅀ = R	ㄺ = T

44

NgTiK - ㄶㅆㅃㄲㄵ

① 맞음   ② 틀림

45

KReaN - ㄵㅀㅃㄲㄶ

① 맞음   ② 틀림

46

iNaTN - ㅉㄶㄸㄺㄶ

① 맞음   ② 틀림

다음 왼쪽과 오른쪽 기호, 문자, 숫자의 대응을 참고하여 각 문제의 대응이 같으면 '① 맞음'을, 틀리면 '②
틀림'을 선택하시오. 【47~49】

韓 = 1	加 = c	有 = 5	上 = 8	德 = 11
武 = 6	下 = 3	老 = 21	無 = R	體 = Z

47

c R 11 6 3 - 加 無 德 武 下

① 맞음　　　　　　　　　　　② 틀림

48

1 21 5 3 Z - 韓 老 有 下 體

① 맞음　　　　　　　　　　　② 틀림

49

6 R 21 c 8 - 武 無 加 老 上

① 맞음　　　　　　　　　　　② 틀림

다음 왼쪽과 오른쪽 기호, 문자, 숫자의 대응을 참고하여 각 문제의 대응이 같으면 '① 맞음'을, 틀리면 '② 틀림'을 선택하시오. 【50~52】

예 = A 글 = O 도 = S 표 = G 해 = F
약 = D 높 = P 유 = Q 특 = W 활 = J

50

A P W G J - 예 높 특 표 활

① 맞음   ② 틀림

51

D S D O Q - 약 도 약 글 유

① 맞음   ② 틀림

52

F G J A S - 해 표 활 예 도

① 맞음   ② 틀림

Q 다음 왼쪽과 오른쪽 기호, 문자, 숫자의 대응을 참고하여 각 문제의 대응이 같으면 '① 맞음'을, 틀리면 '②
틀림'을 선택하시오. 【53~55】

$x^2 = 2$	$k^2 = 3$	$l = 7$	$y = 8$	$z = 4$
$x = 6$	$z^2 = 0$	$y^2 = 1$	$l^2 = 9$	$k = 5$

53

$$2\ 0\ 9\ 5\ 4 - x^2\ z^2\ l^2\ k\ z$$

① 맞음   ② 틀림

54

$$3\ 7\ 4\ 6\ 1 - k\ l\ z\ x\ y^2$$

① 맞음   ② 틀림

55

$$8\ 1\ 5\ 2\ 0 - y\ y^2\ k\ x\ z^2$$

① 맞음   ② 틀림

다음에서 각 문제의 왼쪽에 표시된 굵은 글씨체의 기호, 문자, 숫자의 개수를 모두 세어 보시오. 【56~65】

56

> **3**   851697823547593534794315971054012

① 0개   ② 4개
③ 2개   ④ 6개

57

> **₩**   ₤₵₲F£₥ℕPₜRₛ₩₥₫❶K₮₯ρ§₱

① 0개   ② 1개
③ 2개   ④ 3개

58

> **ㅁ**   머루나비먹이무리만두먼지미리메리나루무림

① 3개   ② 5개
③ 7개   ④ 9개

59

4	GcAshH748vdafo25W641981

① 1개   ② 2개
③ 3개   ④ 4개

60

ㅇ	엄마야 누나야 강변 살자 뜰에는 반짝이는 금모래 빛

① 2개   ② 4개
③ 6개   ④ 8개

61

ㅇ	軍事法院은 戒嚴法에 따른 裁判權을 가진다.

① 1개   ② 2개
③ 3개   ④ 4개

62

る	ゆよるらろくぎつであぱるれわを

① 1개   ② 2개
③ 3개   ④ 4개

63

e	Rivers of molten lava flowed down the mountain

① 1개   ② 2개
③ 3개   ④ 4개

64

≒	≦ ≢ ≻ ≇ ≙ ≺ ≠ ≒ ≗ ≙ ≒ ≑ ≒ ≶

① 1개   ② 2개
③ 3개   ④ 4개

65

⊉	∪ ∬ ∈ ∄ ⊉ ∑ ∀ ∩ ∮ ⋉ ⊤ ⋇ ⊒ ∈ ∆

① 0개   ② 1개
③ 2개   ④ 3개

Q 다음 왼쪽과 오른쪽 기호, 문자, 숫자의 대응을 참고하여 각 문제의 대응이 같으면 '① 맞음'을, 틀리면 '② 틀림'을 선택하시오. 【66~68】

➜ = Ⅰ	➡ = Ⅸ	♦ = Ⅵ	⇨ = Ⅷ	⇗ = Ⅴ
⊃ = Ⅲ	➤➜ = Ⅶ	➡➤ = Ⅹ	⇒ = Ⅳ	➤ = Ⅱ

66

Ⅰ Ⅱ Ⅲ Ⅳ Ⅴ - ➜ ➤ ⊃ ⇒ ⇗

① 맞음　　　　　　　　　　② 틀림

67

Ⅵ Ⅶ Ⅷ Ⅸ Ⅹ - ♦ ➤➜ ⇨ ➡ ➡➤

① 맞음　　　　　　　　　　② 틀림

68

Ⅹ Ⅴ Ⅰ Ⅳ Ⅷ - ➡➤ ⇗ ⇨ ⇒ ➜

① 맞음　　　　　　　　　　② 틀림

다음 왼쪽과 오른쪽 기호, 문자, 숫자의 대응을 참고하여 각 문제의 대응이 같으면 '① 맞음'을, 틀리면 '② 틀림'을 선택하시오. 【69~73】

ㄇ = (타)	ㄅ = (라)	厶 = (가)	巜 = (마)	幺 = (자)	又 = (사)
尢 = (아)	一 = (나)	ㄨ = (바)	己 = (카)	ㄋ = (다)	囗 = (차)

69

(가) (나) (다) (라) (마) — 厶 一 ㄋ 囗 巜

① 맞음 　　　　　　　　② 틀림

70

(바) (사) (아) (자) (차) — ㄨ 又 尢 ㄇ 囗

① 맞음 　　　　　　　　② 틀림

71

(카) (타) (다) (마) (아) — 己 ㄇ ㄋ 尢 巜

① 맞음 　　　　　　　　② 틀림

72

(가) (다) (마) (아) (차) - ㄊ ㄋ ㄍ ㄤ ㄇ

① 맞음　　　　　　　　　② 틀림

73

(바) (라) (타) (바) (가) - ㄨ ㄅ ㄇ ㄨ ㄊ

① 맞음　　　　　　　　　② 틀림

다음에서 각 문제의 왼쪽에 표시된 굵은 글씨체의 기호, 문자, 숫자의 개수를 모두 세어보시오. 【74~85】

74

| ㅈ | 자신의 영악함을 감출 수 없는 자는 바보이다. |

① 1개　　　　　　　　　　　② 2개
③ 3개　　　　　　　　　　　④ 4개

75

| ㎑ | ㏐ㅉㄵㄹㅎㅃㄼㅉㄵㅆ☆ㅉㅆㅃ✓ㅉㅊㅆㄵㅆㅉㅃㄵㅎㅆ |

① 1개　　　　　　　　　　　② 2개
③ 3개　　　　　　　　　　　④ 4개

76

| ㉢ | ㅊㅂㅆㅎㅆㅠㅠㅆㅆ㉣ㅖㅉㅕㅠㅆㅠㅠㅒ |

① 1개　　　　　　　　　　　② 2개
③ 3개　　　　　　　　　　　④ 4개

77

0	ⅩⒺⅩⅾⅤⅦⅾⅥⅡⅾⅨⅢⅮⅾⅤⅦⅩⒸ0Ⓒ0̂

① 1개 　　　　　　　　　　　② 2개
③ 3개 　　　　　　　　　　　④ 4개

78

Ⅻ	8ⓈⅨ東Ⅶ8ⅩⅤ3ⅩⅨ東8未东8

① 1개 　　　　　　　　　　　② 2개
③ 3개 　　　　　　　　　　　④ 4개

79

형	영형영형영8영형영형영형구누누건

① 1개 　　　　　　　　　　　② 2개
③ 3개 　　　　　　　　　　　④ 4개

80

| ㅂ | ㅅ ㅎ ㄹ ㄹ ㅈ ㅂ ㅌ ㅎ ㄹ ㅈ ㅊ ㄷ ㅈ ㅌ ㅌ ㅂ ㅎ ㄹ ㅈ ㅊ ㅌ ㄹ ㅅ |

① 1개   ② 2개
③ 3개   ④ 4개

81

| @ | @#$^&**($@%^*#$%@@^$!#$ |

① 1개   ② 2개
③ 3개   ④ 4개

82

| ✿ | ❀✳✿✳✳✳✳✳✳✿✿✿✳✳✳✳✳✳✳✿✿ |

① 1개   ② 2개
③ 3개   ④ 4개

83

♟ ♜♟♖♟♖♙♖♙♗♙♗♙♖♙♘♙♗♙♟

① 1개   ② 2개

③ 3개   ④ 4개

84

♙ ♀♃♄♅♄♆♀♇♀♈♈♀♁♉♊♋♌♍♎♏♐

① 1개   ② 2개

③ 3개   ④ 4개

85

ㅎ   삶이 있는 한 희망은 있다.

① 1개   ② 2개

③ 3개   ④ 4개

Q 좌우의 문자 또는 숫자, 기호가 서로 같으면 '① 같음', 다르면 '② 다름'에 표시하시오. 【86~90】

86

學而時習之 不亦說乎 — 學而時習之 不亦說于

① 같음   ② 다름

87

A rolling stone gathers no moss. — A rolling stone gethers no moss.

① 같음   ② 다름

88

бёйшуяагэ – бёйшуяагэ

① 같음   ② 다름

89

111011000111101011 — 11101100011011101

① 같음　　　　　　　　　　　　② 다름

90

426852452654245 — 426852452654245

① 같음　　　　　　　　　　　　② 다름

PART

02

국사

CHAPTER 01 개항기/일제강점기 독립운동사

핵심이론정리

section 01 개화정책과 열강의 이권 침탈

1 흥선대원군의 정치

(1) 19세기 후반의 정세

① **대내적 상황** : 세도 정치의 폐단이 극에 달하여 무능한 양반 지배체제에 저항하는 민중세력이 성장하고 있었다.

② **대외적 상황** : 일본과 서양 열강의 침략적 접근이 일어나고 있었다.

(2) 흥선대원군의 통치 체제 재정비 노력

① **국내외 정세**
　㉠ **국내** : 세도 정치로 지배 질서가 붕괴되고, 부정부패의 심화로 농민 봉기가 각지에서 일어나고 있었다.
　㉡ **국외** : 이양선이 출현하여 해안 측량과 통상 요구를 주장하고, 영국과 프랑스가 베이징을 점령하였다.

② **왕권 강화 정책**
　㉠ **세도정치 타파** : 과감한 인사정책으로 세도가문의 인물들을 몰아내고 인재를 고르게 등용하였다.
　㉡ **정치 기구 재정비** : 비변사를 폐지하여 의정부와 삼군부의 기능을 회복하였다.
　㉢ **통치체제 정비** : 「대전회통」과 「육전조례」 등의 법전을 정비·간행하였다.
　㉣ **서원 정리** : 붕당의 온상인 서원을 철폐·정리하여 국가 재정을 확충하고 양반과 유생들의 횡포를 막았다. 이에 만동묘 철폐와 47개소 이외의 서원은 철폐하였다.
　㉤ **경복궁 중건** : 왕권 강화를 위해 중건을 하였으나, 원납전 징수와 당백전 남발로 유통 경제의 혼란이 발생하게 되었다.

③ **민생 안정책**
　㉠ **전정 개혁** : 양전 사업을 실시하여 토지겸병을 금지하고, 은결을 찾아내었다.
　㉡ **군정 개혁** : 호포법을 실시하여 양반과, 상민의 구별 없이 군포를 징수하자 농민들은 크게 환영하였으나 양반들은 반발하였다.
　㉢ **환곡제 개혁** : 환곡의 폐단을 시정하기 위해 사창제를 실시하였다.

④ 통상 수교 거부 정책

　㉠ 병인양요(1866)

　　• 배경 : 병인박해 때 살해된 프랑스 선교사를 구실로 강화도에 침입하였다.

　　• 경과 : 프랑스 군에 맞서 양헌수 부대가 정족산성에서, 한성근 부대가 문수산성에서 분전하여 프랑스 군을 철수시켰다.

　　• 결과 : 외교장각 문서 등 많은 문화재와 금·은 등을 약탈당하였다.

　㉡ 오페르트 도굴 사건(1868) : 독일 상인 오페르트는 통상을 위해 흥선대원군 아버지인 남연군 묘를 도굴하려다 미수에 그쳤다.

　㉢ 신미양요(1871)

　　• 배경 : 대동강을 거슬러 올라온 미국 상선 제너럴셔먼호가 교역을 요구하다 거절당하자 약탈과 방화를 자행하자 평양 군민과 관군은 배를 불살라 버렸다(제너럴셔먼호 사건, 1866).

　　• 과정 : 미국의 침략에 맞서 광성보에서 어재연이 막아냈으나 막대한 피해를 입게 되었다.

　　• 결과 : 전국 각지에 척화비를 건립하고 통상수교 거부정책을 더욱 강력히 추진하였다.

(3) 개항과 불평등조약 체제

① 개항의 배경

　㉠ 흥선대원군이 하야(1873)하게 되고, 이후 민씨 정권이 들어서게 되면서 박규수, 오경석, 유홍기 등이 통상 개화론을 주장하였다.

　㉡ 일본은 조선의 문호를 강제로 개방하기 위해 운요호 사건을 일으켰다(1875).

② 강화도조약(1876)

　㉠ 최초의 근대적 조약이자 불평등 조약이다.

　㉡ 조약의 주요내용

	주요 내용	일본의 의도
1관	자주의 나라이며, 일본국과 평등한 권리를 가진다.	청과 조선의 종속적 관계 부인하고 청의 간섭을 배제하고자 하였다.
4관	조선 정부는 제5관에서 제시하는 두 항구(뒤에 인천과 원산으로 결정)를 개방하고 일본인이 자유롭게 왕래하면서 통상할 수 있게 한다.	경제적 목적을 넘어 정치적, 군사적 거점 확보(부산 = 경제적 목적, 인천 = 정치적 목적, 원산 = 러시아의 남하를 견제하는 군사적 목적)하고자 하였다.
7관	조선국 연해의 섬과 암초는 극히 위험하므로 일본국의 항해자가 자유롭게 해안을 측량하도록 허가한다.	
9관	양국 국민은 각자 임의에 따라 무역을 하며, 양국의 관리는 조금도 이에 관여하거나 금지 또는 제한하지 못한다.	조선 관리의 통제를 받지 않고 일본 상인들의 자유로운 상행위 활동을 보장하고자 하였다.
10관	일본국 국민이 조선국이 지정한 각 항구에 머무르는 동안 죄를 범한 것이 조선국 국민에게 관계되는 사건일 때는 모두 일본국 관원이 심판한다.	조선에서 활동하는 모든 일본인에 대한 치외법권을 보장하고, 일본 상인들의 약탈적 무역활동을 하고자 하였다.

ⓒ 부속조약
- 조 · 일 통상 장정 : 양곡의 무제한 유출, 일본 상품의 무관세를 허용하였다.
- 조 · 일 수호 조교 부록 : 거류지 무역(10리 이내), 일본 화폐 유통을 허용하였다.

③ 조 · 미수호통상조약(1882)
　ⓐ 배경 : 일본에 2차 수신사로 갔었던 김홍집이 「조선책략」이라는 책의 반입과, 청의 알선(러시아, 일본 견제를 위해)으로 미국과 수교가 이루어지게 되었다.
　ⓑ 내용 : 치외법권, 최혜국 대우, 협정 관세 등을 인정하는 불평등 조약이었다.

④ 각국과의 조약 체결 : 청의 알선으로 영국, 독일, 프랑스 등과 외교관계를 수립하고 러시아와는 직접 수교하였다.

❷ 개화운동과 근대적 개혁의 추진

(1) 개화 정책의 추진

① 개화운동의 두 흐름

구분	온건개화파	급진개화파
주요 인물	김홍집, 김윤식	박영효, 홍영식, 김옥균 등
개혁 방안	청의 양무운동을 바탕으로 한 동도서기론을 통한 점진적 개혁을 추구	일본의 메이지유신을 바탕으로 한 문명개화론을 통한 급진적 개혁 추구
활동	친청세력을 민씨 정권과 결탁하여 청과의 관계 중요시	정부의 청에 대한 사대 정책을 비판하고 후에 갑신정변 주도 세력

② 개항 이후 정부의 개화정책
　ⓐ 수신사 파견 : 1차 수신사(1876)로 김기수, 2차 수신사(1880)로 김홍집이 일본을 다녀왔다. 일본의 발전상과 세계 정세의 변화를 알고, 개화의 필요성을 더욱 느끼게 되었다. 이에 정부는 대외관계와 근대 문물의 수입 등 여러 가지의 과제를 해결하기 위하여 개화파 인물들을 정계에 기용하였고, 이들을 중심으로 개화정책을 추진해 나갔다.
　ⓑ 제도의 개편
- 관제의 개편 : 개화정책을 전담하기 위한 기구로 통리기무아문을 설치하고, 그 아래에 12사를 두어 외교, 군사, 산업 등의 업무를 분담하게 하였다(청의 관제 모방).
- 군제의 개혁 : 종래의 5군영을 무위영, 장어영의 2영으로 통합 · 개편했으며, 신식군대의 양성을 위하여 별도로 별기군을 창설하였고, 일본인 교관을 채용하여 근대적 군사훈련을 시키고, 사관생도를 양성하였다.
　ⓒ 근대문물 수용을 위한 시찰단 파견
- 신사유람단(조사시찰단)의 파견(1881) : 일본의 정부기관, 각종 산업시설을 시찰하였다.
- 영선사 파견(1881) : 김윤식과 유학생들을 청국의 톈진에 유학시켜 무기제조법, 근대적 군사훈련법을 배우게 하였다.

(2) 정부의 개화정책 추진에 대한 반발

① 위정척사운동

⊙ **성격** : 성리학의 화이론에 기반을 둔 강력한 반침략, 반외세 운동이다.

⊙ **1860년대(통상반대운동)** : 서양의 통상요구와 병인양요가 일어나면서 외세배척의 분위기가 팽배했으나, 통상 개화론자들은 통상을 주장하였다. 이에 이항로, 기정진 등은 척화주전론을 내세우고, 흥선대원군의 통상수교거부정책을 뒷받침하였다.

⊙ **1870년대(개항반대운동)** : 서양과 일본의 문호개방에 대한 요구가 강해지고, 운요호 사건으로 강화도조약이 맺게 되자 최익현, 유인석 등은 개항불가론을 주장하고 왜양일체론을 내세워 개항반대운동을 전개하였다.

⊙ **1880년대(개화반대운동)** : 강화도조약 이후 급격한 개화정책이 추진되고, 김홍집이 가져온 「조선책략」의 유포에 반발하여 이만손, 홍재학 등은 영남만인소를 올렸다.

⊙ **1890년대(의병투쟁)** : 을미사변과 단발령이 내려지자 유인석, 이소응 등은 무장봉기를 하였고, 이는 개항 이후 최초의 의병으로 항일의병운동으로 계승되게 된다.

⊙ **한계** : 성리학적 유일사상체제를 유지하려는 목적으로 전개되었으며 근대화 추진에 큰 어려움을 주었다.

② 임오군란(1882)

⊙ **배경** : 개화파와 보수파의 대립과 민씨 정권의 신식군대인 별기군 우대와 구식군대 차별 대우에 의해 일어나게 되었다.

⊙ **경과** : 구식군인들은 대원군에게 도움을 청하고 일본공사관을 습격한 후, 민중과 합세하여 민씨 정권 고관을 살해하자 민씨는 피란을 떠나게 되고, 이때 대원군이 재집권하여 정국이 안정이 되는 듯하였지만, 청은 군대를 파견하여 대원군을 군란의 책임자로 청에 압송하는 등의 개입을 하였다.

⊙ **결과**

• 일본은 조선 정부의 사죄와 배상금 지불, 일본 공사관의 경비병 주둔 허용의 내용을 담고 있는 제물포조약을 체결하였다.

• 청나라는 조선에 청군을 주둔시키고 재정·외교 고문을 파견하여 조선의 내정을 간섭하고 청나라 상인의 통상특권을 허용하는 조·청상민수륙무역장정을 체결하였다.

• 민씨 일파가 재집권하게 되고, 정권 유지를 위해 친청정책이 강화되어 개화정책은 후퇴하였다.

③ 갑신정변(1884)

⊙ **배경** : 친청세력의 개화당 탄압, 조선 주둔 청군의 철수, 일본 공사의 지원 약속, 청의 내정간섭과 개화정책의 후퇴 등에 대한 반발로 급진개화파들은 갑신정변을 일으켰다.

⊙ **개혁 내용** : 청에 대한 사대관계 폐지, 인민평등권의 확립, 지조법의 개혁, 모든 재정의 호조 관할(재정의 일원화), 경찰제도의 실시, 내각중심정치의 실시 등이다.

⊙ **전개과정** : 3일 천하로 끝난 이 정변은 개혁주체의 세력기반이 미약하였고, 외세에 의존해서 권력을 잡으려 했으나, 청의 무력간섭의 심화로 인해 실패하였으며, 개화세력이 도태되고 말았다.

② 결과 : 한성조약(보상금 지불과 공사금 신축비 부담)과 톈진조약(청·일 양국군의 철수와 조선 파병시 상대국에 미리 알릴 것)이 체결되었다.
⑩ 역사적 의의
• 정치적 : 중국에 대한 전통적인 외교관계를 청산하려 하였고, 전제군제를 입헌군주제로 바꾸려는 정치개혁을 최초로 시도하였다.
• 사회적 : 문벌을 폐지하고 인민평등권을 확립하여 봉건적 신분제도를 타파하려 하였다.
• 근대국가 수립을 목표로 하는 최초의 정치개혁운동이었고, 역사 발전에 합치되는 민족운동의 방향을 제시하였다.

④ 조선을 둘러싼 열강의 대립
㉠ 열강의 세력 경쟁 : 갑신정변 이후 청의 내정간섭과 일본의 경제적 침략이 본격화되고, 러시아의 한반도 진출을 견제하기 위해 영국이 거문도를 불법적으로 점령하였다.
㉡ 부들러, 유길준은 조선의 중립화론을 대두시켰다(1885).

(3) 동학농민운동

① 등장 배경
㉠ 정치적 부패와 경제 파탄으로 농민들 새로운 사상이 필요하였다.
㉡ 천주교의 확산이 민족종교 탄생을 가속화시켰고, 1860년 최제우가 동학을 창시하였다.

② 성격
㉠ 전통적 민족 신앙을 바탕으로 유교·불교·도교·천주교 교리를 결합하여 종합적인 성격을 가졌다.
㉡ 기존 성리학과 부패한 불교를 비판하고, 천주교를 배격하였다.

③ 확산 및 탄압
㉠ 삼남지방(경상도·전라도·경상도) 농촌사회에 널리 보급 및 전파하였다.
㉡ 정부는 세상을 어지럽히고 백성을 속이는 혹세무민죄로 최제우를 처형하였다.

④ 동학의 확대
㉠ 2대 교주 최시형 등의 노력으로 삼남지방 중심으로 교세 확대하였다.
㉡ 포접제 조직(각 지방에 접주(接主)가 각 지방에 설치된 포(包), 장(帳), 접(接)의 교단 통솔)으로 교단조직을 형성하였다.

⑤ 교조신원 운동
㉠ 의미 : 최제우의 명예 회복 운동 및 동학 인정을 요구하였다.
㉡ 삼례집회(1차 신원운동, 1892.11) : 교조 최제우 죽음에 대한 신원과 동학의 인정 및 탐관오리 처벌을 요구하였다.
㉢ 복합상소(2차 신원운동, 1893.2) : 교조의 신원과 외국인 철수를 요구하였다.

② 보은집회(3차 신원운동, 1893.3) : 동학교도와 농민이 참가한 대규모 집회로 탐관오리 숙청 및 척왜양창의 (斥倭洋倡義, 일본과 서양을 물리치고 대의를 세운다)결의를 내세웠다.

⑥ 동학농민운동의 전개

　ㄱ 고부민란(1894.1.10) : 고부 군수 조병갑의 횡포에 전봉준이 사발통문을 돌려 농민을 모아 고부 관아를 습격하였고, 정부는 조병갑 탄핵하고 안핵사 이용태를 파견하였다.

　ㄴ 1차 봉기(반봉건 투쟁, 1894.4) : 안핵사 이용태는 봉기 관련자를 역적으로 몰아 탄압하자, 전봉준, 김개남 등 재봉기(백산봉기, 보국안민 · 제폭구민)하였고, 황토현, 황룡촌 전투에서 승리하고 전주성을 점령(4.27)하였다. 정부는 전주성 함락 후 청군에 원군을 요청하자 청군은 아산만에 상륙(5.5)하였고, 톈진조약을 명분으로 일본군은 인천에 상륙(5.9)하였다. 동학농민군은 외국 군대 철수, 폐정개혁안을 조건으로 정부와 전주화약을 체결(5.8)하였다.

　ㄷ 집강소 시기 : 전라도 각 고을에 동학농민군 자치기구를 설치(폐정개혁안 실천)하였다.

폐정개혁안	
내용	의미
1. 동학도는 정부와의 원한을 씻고 서정에 협력한다.	왕조 자체는 인정
2. 탐관오리는 그 죄상을 조사하여 엄징한다.	봉건적 지배세력 타파
3. 횡포한 부호를 엄징한다.	봉건적 지배세력 타파
4. 불량한 유림과 양반의 무리를 징벌한다.	봉건적 지배세력 타파
5. 노비문서를 소각한다.	봉건적 신분제 폐지
6. 7종의 천인차별을 개선하고 백정이 쓰는 평량갓을 없앤다.	봉건적 신분제 폐지
7. 청상과부의 개과를 허용한다.	여성 지위의 개선(봉건적 폐습 개선)
8. 무명의 잡세는 일체 폐지한다.	조세 제도의 개혁
9. 관리 채용에는 지벌을 타파하고 인재를 등용한다.	능력별 인재 등용
10. 왜와 통하는 자는 엄징한다.	반외세 · 반침략적 성격
11. 공 · 사채는 물론이고 기왕의 것은 무효로 한다.	농민의 부채 탕감
12. 토지는 평균하여 분작한다.	토지 제도의 개혁

　ㄹ 2차 봉기(반외세 투쟁, 1894.9) : 일본이 경복궁을 점령(1894.7)하여 내정간섭 및 개혁 강요하자 동학농민군은 재봉기하여 대일 항쟁을 전개하였지만, 공주 우금치 전투에서 전봉준의 동학농민군은 관군(=정부군)과 일본군 등으로 구성된 진압군에 패배(1894.11)하였다. 패배 이후 진압군과 양반, 부호들로 조직된 민보군의 무차별 공격으로 전봉준 등의 지도자들은 체포(1894.12)되었다.

　ㅁ 동학농민운동 실패 이후
　· 농민군의 잔여 세력 가운데 일부는 이후 활빈당 등과 반(反)봉건적, 반(反)침략적 민족운동을 지속하기도 하였다.
　· 갑오개혁에 영향을 주었으며, 항일 의병 투쟁으로 계승되었다.

⑦ 동학농민운동의 의의 및 한계

　㉠ 의의

　　• 반봉건 운동 : 반봉건 성격은 갑오개혁에 영향을 주었고, 성리학적 전통질서의 붕괴가 촉진되었다.

　　• 반침략 운동 : 잔여세력이 의병운동에 계승되어 구국무장투쟁이 강화되었다.

　　• 민중 주체의 아래로부터의 개혁 운동이었다.

　㉡ 한계 : 근대국가 건설을 위한 구체적 방안의 제시가 없었으며, 농민층 이외의 지지기반이 없었다.

(4) 근대적 개혁의 추진

① 배경 : 일본은 내정개혁을 강요하였고, 군대를 동원하여 경복궁을 점령하였으며, 친일 내각과 군국기무처를 설치하였고, 갑오개혁을 추진하였다.

② 갑오 · 을미개혁의 전개과정 및 특징

구분	특징	내용	한계
제1차 갑오개혁 (1894.7.27~1894.12.17)	• 온건개화파가 주도한 김홍집 내각이 군국기무처를 중심으로 자주적으로 추진되었다. • 갑신정변의 정강, 동학농민군의 개혁 요구가 많이 반영되었다.	• 정치 : 왕실과 정부 사무 분리, 6조를 8아문으로 바꾸고, 개국기원을 사용, 경무청 신설, 과거제를 폐지하였다. • 경제 : 재정일원화, 은본위제, 도량형 통일, 조세 금납제를 실시하였다. • 사회 : 신분제 철폐, 고문과 연좌법 폐지, 조혼 금지, 과부 재가를 허용하였다.	조세제도에 대한 근본적 개혁이 없었다.
제2차 갑오개혁 (1894.12.17~1895.7.7)	• 박영효, 김홍집 연립내각이 주도하였고, 군국기무처를 폐지하고, 홍범14조를 발표하였다. • 삼국간섭으로 일본세력이 약화되었다.	내각제도 실시, 지방관 권한 축소(사법권, 군사권 배제), 지방제도 개편(8도→23부), 사법권 독립(재판소 설립), 한성사범학교 설립, 외국어학교관제 공포를 하였다.	일본의 견제로 군제개혁을 시도하였으나 성과가 없었다.
배일정책	• 삼국간섭 이후 일본 세력이 약화되자, 박영효는 실각되고, 온건개화파와 친러파의 연립내각이 성립(3차 김홍집내각)되었다. • 일본의 내정 간섭을 배제하고 배일정책을 강화하지만 을미사변으로 중단된다.		
을미개혁 (1895.8~1896.2)	• 을미사변 이후 친일적 성격이 강화된 김홍집내각(4차)이 급진적 개혁을 실시하였다. • 아관파천으로 개혁이 중단되었다.	'건양' 연호 사용, 친위대 · 진위대 설치, 단발령 실시, 태양력 사용, 종두법 실시, 소학교 설치, 우편 사무 실시	을미사변과 단발령으로 인해 반일 · 반정부, 반개혁 감정이 고조되었으며, 을미의병의 계기가 되었다.

③ 개항 이후의 경제화 사회

(1) 열강의 경제 침탈

① 개항 초기 : 부산, 인천, 원산(일본의 거류지 무역)에서 약탈무역이 행해졌으며, 쌀, 콩, 금 등이 반출되었다.

② 임오군란 이후 : 상민수륙무역장정(청), 수호조규속약(일본)으로 내륙진출이 행해지면서 청나라와 일본 상인간의 경쟁이 치열해졌다.

③ 갑신정변 이후 : 일본 상인은 곡물 수매에 주력하여 미면교환체제가 성립되었고, 이에 방곡령을 선포하였다.

④ 청·일 전쟁 이후 : 일본 상인이 조선 시장을 독점적으로 지배하였다.

⑤ 아관파천 시기 : 열강의 이권 침탈이 극심하였다(철도 부설권, 광산 채굴권, 삼림 채벌권).

⑥ 러·일 전쟁 이후 : 일본의 토지 침탈이 강화되고 철도 부지와 군용지를 확보하였다.

(2) 일본의 이권 침탈

① 철도 부설권 독점
    ㉠ 경인선(1899) : 미국 부설권을 받아 완공하였다.
    ㉡ 경부선·경의선(1904) : 프랑스 부설권을 일본이 받아 완공하였다.
    ㉢ 결과 : 일본은 침략 목적으로 대한 제국의 철도 운송을 독점하였다.

② 금융 지배 : 일본 은행이 경제침략의 첨병 역할을 하였고, 재정 고문 메가타의 화폐정리사업은 국내 상공업자들에게 큰 타격을 주었다.

③ 차관 제공 : 청·일 전쟁 이후 내정 간섭과 이권 획득을 목적으로 차관을 도입하고, 러·일 전쟁 이후 화폐정리와 시설 개선을 명목으로 차관을 강요하였다.

④ 토지 약탈 : 개항 직후 개항장 안의 일부 토지를 차용, 고리대업 등으로 농토를 차압하였고, 러·일 전쟁 이후 철도 부지와 군용지 확보를 구실로 황무지 개간권을 요구하였고, 동양척식주식회사(1908)을 설립하여 국유 미개간지와 역둔토를 계획적으로 약탈하였다.

(3) 경제적 구국 운동의 전개

① **방곡령(1889)** : 일본 상인의 농촌 침투와 곡물 반출로 인해 함경도, 황해도 등지의 지방관의 직권으로 곡물 반출 금지를 하였으나, 조·일통상장정 규정에 의거한 일본 측 항의로 방곡령을 철회하고 배상금을 지불하였다.

② **경제 자주권 수호 운동**
  ㉠ **시전 상인** : 황국중앙총상회(외국인 불법적 상업 활동 엄단 요구)를 설립하였다.
  ㉡ **독립협회** : 러시아, 프랑스 등의 이권 침탈 저지 투쟁을 전개하였다.
  ㉢ **농광회사(1904)** : 황무지의 자체 개간을 추진하였다.
  ㉣ **보안회(1904)** : 일본의 황무지 개간 요구를 반대하고, 철회시켰다.
  ㉤ **국채보상운동(1907)** : 일제의 차관 제공에 의한 경제적 예속화 정책이 강화되자, 대구에서 서상돈의 주도하여 언론의 참여와 대중적 모금 운동(금연 운동, 부녀자들의 참여)을 통해 국채보상운동이 전개되었으나 일제의 탄압으로 중지되었다.

---

section 02 일제의 국권침탈과 국권수호 운동

① 주권수호운동의 전개

(1) 독립협회

① **배경** : 아관파천 이후 열강의 이권침략이 가속화되었다.

② **창립**
  ㉠ 갑신정변의 주동자인 서재필이 자주독립국가를 수립하고자 독립협회를 창립하였다.
  ㉡ 서재필, 윤치호, 이상재 등의 진보적 지식인들과 도서서민층이 주요 구성원이었으며 광범위한 사회 계층의 지지를 받았다.

③ **활동**
  ㉠ 독립협회는 자주국권사상, 자유민권사상, 자강개혁사상을 바탕으로 활동하였다.
  ㉡ 청나라의 사신을 영접하던 장소인 모화관의 명칭을 고쳐서 독립정신을 고취하는 독립관으로 명명하고, 그 건물을 독립협회 회관으로 사용하고, 모화관 옆에 세운 영은문(迎恩門)자리에 독립문을 건립하였다.
  ㉢ 외세의 내정 간섭과 이권요구를 맞아 구국운동상소문을 작성하고, 독립신문을 발간하였다.
  ㉣ 민중에 기반을 둔 사회단체로 발전하여 강연회와 토론회를 개최하였다.

ⓜ 최초의 근대적 민중대회인 만민공동회를 개최(1898.3)하고 후에 관민공동회를 개최(1898.10)하여 헌의 6조를 결의함으로써 중추원을 개편한 의회를 만들려고 하였다.

④ 해산 : 서구식 입헌군주제의 실현을 추구하여 보수 세력의 반발을 샀으며 보수 세력은 황국협회를 이용하여 독립협회를 탄압하였고, 독립협회는 3년 만에 해산되었다.

⑤ 의의 및 한계
    ㉠ 의의 : 근대적 민족주의 사상과 자유민권의 민주주의 이념을 알렸으며, 후에 애국계몽운동에 영향을 주게 되었다.
    ㉡ 한계 : 외세 배척이 러시아에만 치중되어 있었고, 미·영·일에 대해서는 비교적 우호적이었으며, 의병활동이나 동학농민운동에 대해서는 부정적인 태도를 가지고 있었다.

(2) 대한제국(1897)

① 배경 : 아관파천으로 국가의 권위가 떨어지고, 환궁운동이 전개되면서 고종이 환궁하게 되었다.

② 광무개혁
    ㉠ 국호를 대한제국, 연호를 '광무'라 부르며 왕의 명칭을 황제로 바꾸면서 대한국 국제(大韓國 國制)를 공포하고 대한제국의 성립을 선포하였다.
    ㉡ 개혁의 원칙은 구제도를 바탕으로 새로운 제도를 참작하는 구본신참이었다.
    ㉢ 전제군주체제를 강화하고 교정소라는 특별입법기구를 설치하였다.
    ㉣ 양전사업 실시를 위해 양지아문을 설치하고, 근대적 토지소유권 제도라 할 수 있는 지계를 발급하였다.
    ㉤ 상공업 진흥책으로 섬유·철도·광업 등의 분야에 공장과 회사를 설립하고, 근대 산업기술 습득을 위해 외국에 유학생을 파견하였다.
    ㉥ 간도와 연해주에 있는 교민 보호를 위해 북간도에 간도관리사(이범윤)를 파견하였다.

③ 의의 및 한계
    ㉠ 자주적 입장에서 근대적 개혁을 추진하였다.
    ㉡ 집권층의 보수성과 열강의 간섭으로 실패로 돌아갔다.

(3) 일제의 국권 침탈 과정

① 한·일 의정서(1904.2)
    ㉠ 과정
       • 러·일 전쟁 발발에 앞서 대한제국은 중립화 선언을 하였다.
       • 일본은 대한제국의 독점적 지배권을 명문화하기 위해 전국의 군사적 요지를 점령한 후 한·일의정서를 강요하였다.

ⓛ 내용
- 일본 정부는 군사 전략상 필요한 지점을 임의로 사용하였고, 일본 동의 없이 제3국과 조약 체결이 불가하였다.
- 대한제국 영토와 황제에 위험이 있을 때 필요한 조치를 취하고, 시정개선에 관한 충고를 받아들이게 하였다.

② 제1차 한일협약(1904.8)

ㄱ 과정(고문정치) : 일본이 러·일 전쟁에서 승리가 확실시되자 재차 조선정부에 조약을 강요하였다.

ⓛ 내용 : 일본 정부가 추천하는 일본인 1명을 재정고문으로 초빙하고, 외국인 1명을 외교고문으로 초빙하였고, 외국과의 조약 체결이나 그 외 중요 안건은 일본과 협의하여 시행하게 하였다.

제1조 대한 정부는 대일본 정부가 추천한 일본인 1명을 재정 고문으로 하여 대한 정부에 용빙하고, 재무에 관한 사항은 일체 그 의견을 물어 시행할 것

제2조 대한 정부는 대일본 정부가 추천한 외국인 1명을 외무 고문으로 하여 외부에 용빙하고, 외교에 관한 중요한 업무는 일체 그 의견을 물어 시행할 것

제3조 대한 정부는 외국과의 조약 체결, 기타 중요한 외교 안건, 즉 외국인에 대한 특권 양여와 계약 등의 처리에 관하여는 미리 일본 정부와 협의할 것

* 제시된 자료는 1차 한일협약 조약의 내용이다. 고문 정치를 실시하여 조선의 내정을 마음대로 간섭하려는 의도를 알 수 있다.

ⓒ 영향 : 재정고문에 일본인 메가타와 외교고문에 미국인 스티븐슨이 임명되었고, 협약에 없는 각 부에 일본인 고문을 두어 조선 내정을 마음대로 간섭하였다.

ⓓ 화폐정리사업(1905) : 재정고문 메가타가 한국의 화폐 발행권을 빼앗기 위해서 실시한 것으로 구 백동화와 상평통보를 제일은행권으로 바꿔주는 정책으로 일본제일은행이 한국의 중앙은행역할을 하였다. 실제 교환 기간이 짧았으며, 일부는 교환을 거부하여 국내 상공업자들이 많은 피해를 입었다.

《 국제적으로 일본의 한국지배를 묵인한 조약 》

가쓰라·태프트 밀약(1905.7)	일본은 조선에 대한 지배권을, 미국은 필리핀에 대한 지배권을 상호 인정하였다.
제2차 영·일동맹(1905.8)	일본은 영국으로부터 조선의 지배를 인정받았다.
포츠머스 강화조약(1905.9)	영국의 미국의 지원을 통해 일본은 러·일전쟁에서 승리하고 조선에 대한 지배권을 인정받았다.

③ 을사조약(제2차 한일협약, 1905.11)

ㄱ 과정 (통감정치) : 고종의 거부에도 일제가 강제로 위협하여 조약을 강요하였다.

ⓛ 내용 : 일제는 대한제국의 외교권을 완전히 피탈(사실상 주권 상실)하고, 통감부를 설치(1906)하고 통감정치 실시하여 모든 내정에 간섭을 하였다.

제1조 일본국정부는 도쿄의 외무성을 통해 한국의 외국에 대한 관계 및 사무를 감리, 지휘하며, 일본국의 외교대표
　　　자 및 영사는 외국에 재류하는 한국의 신민 및 이익을 보호한다.
제2조 일본국정부는 한국과 타국 사이에 현존하는 조약의 실행을 완수할 임무가 있으며, 한국정부는 일본국정부의
　　　승인 없이는 국제적 성질을 가진 어떤 조약이나 약속도 하지 않는다.
제3조 일본국정부는 그 대표자로 한국 황제폐하의 궐하에 1명의 통감을 두게 하며, 통감은 오로지 외교에 관한 사항
　　　을 관리하기 위하여 경성(서울)에 주재하고 한국 황제폐하를 친히 내알할 권리를 가진다.
제4조 일본국과 한국 사이에 현존하는 조약 및 약속은 본 협약에 저촉되지 않는 한 모두 그 효력이 계속되는 것으
　　　로 한다.
제5조 일본국정부는 한국 황실의 안녕과 존엄의 유지를 보증한다.

＊ 제시된 자료는 을사조약의 내용이다. 일본이 외교권 박탈을 위하여 강제로 체결한 조약으로 원명은 한·일 협상조약이며, 제2차 한·
　일 협약, 을사보호조약, 을사5조약이라고도 한다.

④ 정미7조약(한·일신협약, 1907)

ㄱ 과정 : 초대 통감 이토 히로부미가 고종을 강제 퇴위시키고 순종을 즉위시킨 후 한·일신협약의 체결을 강
　　요하였다.

ㄴ 내용 (차관정치) : 고등관리의 임용은 통감의 동의 필요하고, 정책 결정과 행정 실권 장악을 위해 고문 대신
　　일본인 차관을 임명하고, 사법권·경찰권을 통감에 위임하였다.

제1조 한국정부는 시정개선에 통감의 지도를 받을 것
제2조 한국정부의 법령제정 및 중요 행정상 처분은 통감의 승인 거칠 것
제3조 한국의 사법사무는 보통 행정사무와 이를 구분할 것
제4조 한국 고등관리의 임면은 통감의 동의로써 이를 행할 것
제5조 한국정부는 통감이 추천하는 일본인을 한국 관리에 임명할 것
제6조 한국정부는 통감의 동의 없이 외국인을 한국 관리에 임명하지 말 것
제7조 1904년 8월 22일 조인한 한일외국인 고문 용빙에 관한 협정서 제1항은 폐지할 것

＊ 제시된 자료는 정미7조약의 내용이다. 이 조약은 일본이 고종을 강제 퇴위시킨 직후에 강압적인 분위기로 체결되었기 때문에 국제조
　약으로 법적 유효성에 의문이 있다.

ㄷ 군대해산(1907.8) : 정미7조약의 부수조항에 포함된 것으로, 일본 활동 제약, 재정 곤란을 이유로 해산시켰
　　고, 해산된 군인들 지방 각지의 의병에 합류하자 의병의 무장 투쟁화가 되었다.

⑤ 기유각서(1909) : 조선의 언론·집회·결사·출판의 자유 유린하고, 사법권 및 감옥사무를 강탈하고, 한국재판
　소를 폐지하여 통감부에 사법청을 설치하였다.

⑥ 한·일병합조약(국권 피탈, 경술국치, 1910.8) : 데라우치 통감은 경찰권을 박탈하고, 황성신문·대한매일신보
　등을 강제 폐간하고, 이완용 내각과 합병조약을 체결하여 국권 강탈하였다.

POINT 간도협약(1909) : 대한제국은 간도를 함경도의 행정구역으로 편입(1902)하였으나, 일제는 청과 간도협약(1909)을 체
　　　결하여 만주의 철도 부설권과 탄광 채굴권을 획득하고, 간도를 청의 영토를 인정하였다.

② 애국계몽운동과 항일의병운동

(1) 애국계몽운동의 전개

① 초기 : 개화 · 자강계열 단체들이 설립되어 구국민족운동을 전개하였다.
  ㉠ 보안회(1904) : 일본의 황무지 개간권 철회를 요구하였다.
  ㉡ 헌정 연구회(1905) : 입헌정체 수립을 목적으로 설립되었다.

② 1905년 이후 : 국권회복을 위한 애국계몽운동을 전개하였다.
  ㉠ 대한자강회 : 교육과 산업을 진흥시켜 독립의 기초를 만들 것을 목적으로 국권회복을 위한 실력양성운동을 전개하였으나, 고종의 강제퇴위 반대 운동으로 해산되었다.
  ㉡ 대한협회 : 교육의 보급, 산업개발 및 민권신장 등을 강령으로 내걸고 실력양성운동을 전개하였다.
  ㉢ 신민회
    • 성격 : 비밀결사조직으로 국권회복과 공화정체의 국민국가 건설을 목표로 하였다.
    • 활동 : 국내적으로 문화적(대성학교, 오산학교 설립) · 경제적(태극서관, 자기회사)실력양성운동을 펼쳤으며, 국외로 독립군기지 건설에 의한 군사적인 실력양성운동에 힘쓰다가 105인 사건으로 해체되었다.

(2) 항일의병운동의 전개

① 을사의병(1905~1906)
  ㉠ 배경 : 을사조약 체결 이후 전국 각지에서 의병운동이 전개되었다.
  ㉡ 활동 : 국권회복을 위한 무장투쟁을 전개하였고, 평민 출신의 의병장과(신돌석 · 홍범도) 민종식(충남 홍주), 최익현(전북 태인 · 순창, 전라도 의병 활발 계기) 등이 활약하였다.

② 을사조약 반대 투쟁
  ㉠ 언론활동 : 황성신문에 장지연의 '시일야방성대곡'을 게재하였고, 대한매일신보에 고종의 '을사조약 부인 친서'를 게재하였다.
  ㉡ 자결순국 : 이한응, 민영환, 홍만식, 조병세 등이 자결로서 항거하였다.
  ㉢ 조약의 무효 주장 및 매국노를 규탄하는 상소운동을 조병세, 이상설, 안병찬 등이 전개하였다.
  ㉣ 의열투쟁 : 장인환 · 전명운은 스티븐슨을 저격(1908)하였고, 안중근의 하얼빈에서 이토 히로부미를 살해(1909)하였고, 나철 · 오기호 등은 5적 암살단 조직하여 조약에 찬성한 일진회 및 매국노를 공격하였다.
  ㉤ 외교활동 :고종은 헤이그특사(이상설 · 이준 · 이위종 등)파견하여 을사조약 무효와 일본의 만행을 알리려고 하였으나 고종 강제퇴위의 계기가 되었다.

③ 정미의병(1907)
  ㉠ 배경 : 고종의 강제 퇴위와 군대 해산으로 인해 의병 전쟁이 전국적으로 확산되었다.
  ㉡ 전개 : 해산 군인들이 의병에 가담하여 의병부대 전투력이 강화되었다.

④ 서울진공작전(1908)

　　㉠ 총대장 이인영, 군사장 허위 등 유생 의병장 주도로 13도 창의군이 결성되었다.

　　㉡ 경기도 양주에 집결하여 서울 진공작전을 실시하였다. 총대장 이인영은 부친상을 당하자 서울 진공 작전 지휘를 포기하고 고향으로 내려갔었다.

　　㉢ 평민 의병장 제외(신돌석, 홍범도 등)와 일본의 우세한 화력 등의 이유로 서울 진공작전은 실패하였다.

⑤ 일본의 남한대토벌작전(1909) : 일본은 조선을 식민지로 만들기 위해 대대적인 의병 토벌을 하였고, 이에 의병들은 만주, 연해주 등지로 이동하여 무장독립군을 편성하였다.

③ 일제의 침략과 민족의 수난

(1) 무단통치(헌병경찰통치, 1910~1919)

① 의미 : 헌병과 경찰을 동원하여 우리 민족을 무력적으로 탄압하는 공포 정치이다.

② 내용

　　㉠ 총독부 체제 : 일제 식민통치의 중추기구로 조선총독부 설치(1910)하였고, 총독은 한국에서 입법·사법·행정·군통수권을 장악(무관 출신만 임명)하였다.

　　㉡ 중추원 : 총독부의 자문기구로 조선인 회유를 목적으로 형식적인 기구인 중추원을 만들었다.

　　㉢ 헌병 경찰제도 : 헌병경찰은 태형령(지시불이행 및 잘못할 경우 매로 때림)·즉결처분권(즉 시 법절차 없이 처벌)행사하였고, 교사 및 관리까지도 제복 착용과 대검 휴대를 하였다.

　　㉣ 기본권 박탈 : 구한말 제정한 보안법, 출판법, 신문지법, 사립학교령 등 4대 악법 존속하였고, 언론, 출판, 집회, 결사의 자유를 허용하지 않았다.

　　㉤ 토지조사사업 시행(1912~1918)

목적	• 근대적 토지 소유제도 확립 및 정리를 명분으로 시작하였다. • 실제로는 토지의 약탈 및 안정적인 토지세 확보를 위해 실시하였다.
과정	• 기한부 신고제와 복잡한 절차를 통해 토지 소유권 인정 → 미신고 토지, 국유지, 공동 소유 토지, 마을·문중의 토지를 약탈하였다.
결과	• 소작농의 관습적인 경작권·개간권 등을 부정하고 기한부 계약제로 전환하였다. • 지주 권한이 강화되고, 농민의 권리가 약화하였다. • 탈취한 토지를 동양척식주식회사 등의 토지회사나 일본인에게 헐값에 불하하였다. • 소작쟁의 발생의 배경이 되었다. • 몰락한 농민들은 만주, 연해주 등의 국외로 이주하였다.

　　㉥ 회사령(1910) : 회사 설립을 허가제로 하여 한국인 회사 설립과 민족자본의 성장을 억제하였다.

　　㉦ 광업령(1915) : 광업권을 허가제로 하여 일본인이 광산을 독점하였다.

　　㉧ 전매사업실시 : 소금, 담배, 아편, 인삼 등을 독점하였다.

　　㉨ 각종 시설 설치 : 대륙 침략 위해 철도(경원선, 호남선)·통신·항만 시설을 설치하였다.

(2) 문화통치(보통경찰통치, 민족분열통치 1919~1931)

① 의미 : 3·1운동 이후 조선을 문화민족으로 대우한다는 기만적 회유정책을 통해 민족의 분열 및 이간을 유도하여 친일파를 양성하였다. 이에 일제의 지도하에 자치권을 얻자는 자치론을 주장하는 타협적민족주의자들이 등장(이광수, 최린 등)하였다.

② 내용

　　㉠ 총독 임용체제 변경 : 총독에 문관도 임명 가능하였으나 실제로 문관 임명 사례는 없었다.

　　㉡ 보통 경찰제도 : 교사 및 관리의 제복 착용과 대검휴대을 폐지하였고, 보통경찰로 바뀌나 경찰의 인원·장비·유지비는 3배 이상 증가하였다.

　　㉢ 언론 및 교육 정책 : 조선일보와 동아일보 창간을 허용하였으나, 검열 강화를 통한 정간·폐지가 반복되어 정상적 발행이 어려웠고, 조선학제를 일본학제와 동등하게 하여 교육열을 무마시키고자 하였다.

　　㉣ 치안유지법 제정(1925) : 사회주의 세력 탄압을 위한 조치로 제정하였으나, 실제로는 민족해방·독립운동을 억압하기 위한 수단으로 이용하였다.

　　㉤ 회사령 폐지(1920) : 일본 자본의 조선 침입을 쉽게 하기 위해 기존의 허가제를 폐지하고, 신고제로 전환하였다.

　　㉥ 지방정책 : 도평회의·부면협의회를 설치하여 지방자치를 일부지역만 허용하였다.

　　㉦ 산미증식계획(1920~1934)

목적	• 일본의 산업자본주의 발달에 따른 식량 부족을 해결(쌀 수요 증가 → 쌀값 폭등)하였다.
과정	• 산미증식을 위해 종자 개선, 비료, 수리시설 개선 시도 → 모든 비용을 농민이 부담하였다. • 증산량보다 목표한 수탈량이 더 많았으나 계획대로 수탈하였다.
결과	• 각종 비용을 부담으로 농민층 몰락 → 도시 빈민, 화전민, 국외 이주민이 증가하였다. • 소작쟁의를 전개하였다. • 국내 쌀 부족으로 만주에서 잡곡을 수입하였다. • 쌀 상품화 현상 → 쌀 중심의 단작화 현상이 심화되었다.

　　㉧ 각종 시설 설치 : 함경선 설치로 한반도에 철도선 X축을 완성하여 수탈 라인을 완성하였다.

(3) 민족말살통치(1931~1945)

① 의미 : 병참기지화 정책과 강력한 무력 탄압을 통해 조선인을 일본인으로 동화시키려고 하였다.

② 내용

　　㉠ 병참기지화 정책 : 만주사변(1931), 중·일전쟁(1937), 태평양전쟁(1941)이 배경이 되어 북부 지역에 많은 군수 관련 중공업 공장을 설치하였다.

　　㉡ 남면북양 정책 : 방직 제품 원료를 저렴하게 확보하기 위해 남쪽에 면제품, 북쪽에 양을 키웠다.

　　㉢ 국가총동원령(1937) : 학도병·징병·징용 등으로 노동력 착취하고, 여성 노동자를 정신대로, 일부는 전쟁터에 위안부로 끌고 갔으며, 군량미 공출, 식량미 배급제도, 가축증식계획, 금속제 물품을 강제 공출하였다.

② 황국신민화정책

- 내선일체(일본과 조선은 한 몸), 일선동조론(일본인과 조선인 조상이 같음)을 주장하였다.
- 신사참배, 황국신민 서사 암송 강요, 궁성요배(일왕 궁성을 향해 절)를 강요하였다.
- 우리말 사용 금지, 우리역사 교육 금지, 학술·언론단체 해산(조선일보, 동아일보 폐간)하였다.
- 일본식 성과 이름의 사용을 강요(창씨개명)하였다.

    ⑩ 농촌진흥운동(1932~1940) : 주로 생활 개선 사업을 하였으나, 고율 소작료, 수리 조합비, 비료 비용 부담에 의한 농민 반발을 줄이고, 농촌 통제 강화를 위한 미봉책에 불과하였다.(국가총동원령 이전의 사업으로 실제로 1935년까지 시행)

4 국·내외 독립운동 기지 건설

(1) 3·1운동의 전개

① 배경

    ㉠ 국내 : 무단통치에 의한 분노(극소수 친일파를 제외한 모든 계층 피해)와 고종황제의 죽음이 계기(일제의 독살이라는 소문 확산)가 되었다.

    ㉡ 국외(국내 민족지도자에 자극) : 미국의 윌슨은 민족 자결주의 제창하였고, 소련의 레닌은 약소국 지원을 주장하였고, 신한청년당은 파리강화회의에 김규식을 파견하여 조선의 독립을 주장하였고, 일본 도쿄 유학생을 중심으로 2·8독립선언서를 발표하였다.

② 전개

    ㉠ 서울 태화관에서 종교계 인사들 중심의 민족대표자들이 독립선언서를 낭독하였으나, 스스로 체포되어 운동을 주도하지는 못하였다.

    ㉡ 학생들이 탑골공원에서 독립선언서를 낭독하면서 군중 시위를 주도하였다.

    ㉢ 학생·시민이 만세시위를 전개하여 주요 도시에서 전국·도시로, 그리고 농촌·해외로 확산되었다.

    ㉣ 일본은 군대까지 동원하여 무력 탄압을 하였다(제암리 학살 사건, 유관순의 순국 등).

③ 의의 및 영향

    ㉠ 민족의 저력을 보여주었으며, 대한민국 임시정부 수립의 계기가 되었다.

    ㉡ 일제 식민통치 방식이 무단통치에서 기만적 문화통치로 전환되었고, 아시아의 반제국주의 민족해방운동에 영향을 주었다(중국 5·4운동, 인도 비폭력 투쟁 등).

④ 한계 : 일제의 강력한 탄압과 민족지도자들의 지도력 부족 및 국제정세의 불리로 실패하였다.

(2) 3 · 1운동 이전의 민족운동(1910년대)

① 국내 항일비밀결사의 활동

  ㉠ 대한광복회(1915) : 군대식 조직을 갖추고 독립전쟁을 통한 국권회복을 최종목표로 군자금 마련을 위해 각 지의 부호에게 의연금을 납부케하고, 친일파를 색출하여 처단하였다.

  ㉡ 송죽회(1913) : 평양 숭의여학교 교사와 학생이 결성한 비밀결사단체였다.

  ㉢ 조국권회복단(1915) : 상해 임시정부에서 군자금을 모집하고, 파리강화회의에 보낼 독립청원서를 작성하였다.

② 국외 독립운동기지 건설

  ㉠ 북간도 : 용정촌, 명동촌을 중심으로, 독립운동단체(중광단, 북로군정서)과 학교(서전서숙, 명동학교)가 있었다.

  ㉡ 남만주 : 삼원보를 중심으로, 독립운동단체(경학사 → 부민단 → 한족회)와 학교(신흥학교 → 신흥무관학교)가 있었다.

  ㉢ 연해주 : 신한촌(블라디보스트크)를 중심으로, 독립운동단체(성명회, 권업회, 대한국민의회)가 있었다.

  ㉣ 기타 : 밀산부의 한흥동(이상설), 상하이의 신한청년당(김규식), 미주의 대한인국민회(이승만)가 있었다.

01 밑줄 친 '이 정책'에 대한 설명으로 옳은 것은?

> 민란을 경험하고 집권한 흥선 대원군은 삼정 가운데 폐단이 가장 심했던 환곡 문제를 해결하고자 하였다. 농민 진휼과 밀접한 관련이 있기 때문에 제도 자체를 폐지할 수는 없었다. 따라서 모곡을 계속 징수하며 수탈을 방지하는 방향에서 <u>이 정책</u>을 실시하였다.

① 사창을 설치하여 자치적으로 운영하게 하였다.
② 지방 세력의 근거지인 서원을 대폭 정리하였다.
③ 부족한 재정을 충당하기 위해 당백전을 발행하였다.
④ 토지 대장에 빠져 있는 농지를 찾아 조세를 거두었다.

02 밑줄 친 부분에 대한 흥선대원군의 대응으로 옳지 않은 것은?

> 19세기에 들어 세도 정치가 전개되는 가운데 <u>왕실의 권위가 실추</u>되고 국가 기강이 해이해졌다. 이에 지방관의 수탈이 가중되었고 <u>국가 재정이 바닥을 드러냈으며</u>, 부정 부패의 시정과 <u>문란해진 삼정의 개혁을 요구</u>하는 민란이 잇따랐다. 한편, 이양선이 출몰하여 통상을 요구하는 가운데, <u>러시아가 연해주를 차지함</u>에 따라 우리나라는 서양 열강과 국경을 마주하는 새로운 상황에 직면하였다.

① 왕실의 권위가 실추 – 경복궁 중건
② 국가 재정이 바닥을 드러냈으며 – 양전 사업 실시
③ 문란해진 삼정의 개혁을 요구 – 사창제 시행
④ 러시아가 연해주를 차지 – 조 · 러 통상 조약 체결

03 다음 (가), (나) 조약의 공통점으로 적절한 것은?

> (가) 조선국 부산의 초량은 일본 공관이 있어 다년간 양국 인민의 통상지였다. 지금부터는 이전의 관례와 세견선 등의 일을 개혁하고 새로 맺은 조약을 바탕으로 무역 사무를 처리할 것이다. 그리고 그 외에 조선국 정부는 추가로 두 항구를 개방하고 일본인이 왕래 통상함을 허가한다.
>
> (나) 양 국은 이후에 조선국이 어느 때든지 어느 나라나 어느 나라 상인 또는 인민에 대하여 본 조약에 의하여 부여되지 않은 어떤 권리나 특혜를 허가할 때에는 미국의 관민상인(官民商人)에게도 무조건 균점된다.

① 영사 재판권 규정　　　　　　　　② 무관세 조항 규정

③ 해안 측량권 규정　　　　　　　　④ 최혜국 대우 규정

04 다음 중 동학농민운동에 관한 설명으로 옳은 것을 모두 고르면?

> ㉠ 1894년 전라북도 전주에서 시작되었다.
> ㉡ 정부는 동학농민군을 무력 진압하기 위해 일본에 파병을 요청하였다.
> ㉢ 일본은 톈진조약에 의해 군사를 파병하였다.
> ㉣ 전통적 지배체제를 부정하는 반봉건적 성격을 지닌다.
> ㉤ 동학농민운동의 주장은 후에 갑오개혁 때 일부 반영되었다.

① ㉠㉡㉢　　　　　　　　　　　② ㉡㉢㉤

③ ㉡㉣㉤　　　　　　　　　　　④ ㉢㉣㉤

05 다음의 단체에 대한 설명으로 옳은 것은?

> • 1907년 안창호 · 양기탁 등이 주도하여 국권 회복을 목표로 조직되었다.
> • 서간도에 신한민촌을 건설하고 경학사를 조직하였다.

① 1920년대 무장투쟁을 주도하였다.
② 해외 독립운동기지 건설을 주도하였다.
③ 광주 항일학생운동을 지원하였다.
④ 소수결사로 일제와 매국노에 대한 암살과 파괴활동을 수행하였다.

06 동학 농민군의 진압을 위해 일본군이 청나라와 동일하게 파병할 수 있는 계기가 된 조약은?

① 을사조약
② 강화도조약
③ 톈진조약
④ 포츠머스조약

07 다음 보기와 같은 개혁이 추진될 당시의 정황으로 가장 적절한 것은?

> ㉠ 단발령 실시 ㉡ 태양력 사용
> ㉢ 우편사무 시작 ㉣ 소학교 설립
> ㉤ '건양'연호 사용 ㉥ 종두법 실시

① 청은 군대를 상주시키고 조선의 내정에 간섭하였다.
② 개화당 요인들이 우정국 개국 축하연 때에 정변을 일으켰다.
③ 일제는 명성황후를 시해한 후 친일내각을 수립하였다.
④ 통감부가 설치되어 조선의 모든 내정에 간섭하였다.

08 대한제국에 대한 설명으로 가장 옳지 않은 것은?

① 양지아문을 설치하고 양전 사업을 실시하였다.
② 궁내부 내장원에서 관리하던 수입을 탁지아문에서 관장하게 하여 국가재정을 건전하게 운영하였다.
③ 대한국 국제는 황제에게 육해군의 통수권, 입법권, 행정권 등 모든 권한을 집중시켰다.
④ 블라디보스토크와 간도 지방에 해삼위통상사무관과 북변도 관리를 설치하였다.

09 다음 사건 중 시간적 선후가 바른 것은?

① 강화도조약 – 갑신정변 – 임오군란 – 갑오개혁 – 아관파천
② 강화도조약 – 임오군란 – 갑신정변 – 갑오개혁 – 아관파천
③ 임오군란 – 강화도조약 – 갑오개혁 – 갑신정변 – 아관파천
④ 임오군란 – 갑신정변 – 강화도조약 – 갑오개혁 – 아관파천

10 신민회에 대한 설명으로 가장 옳지 않은 것은?

① 일제의 탄압을 피해 비밀결사 조직의 형태를 유지하였다.
② 신교육과 신사상 보급 등 교육운동에서 활발한 활동을 하였다.
③ 이동휘는 의병운동에 고무되어 무장투쟁론을 주장하였다.
④ 원산 노동자의 총파업과 단천의 농민운동 그리고 광주학생 항일운동을 지원하였다.

11 다음은 어떤 사건의 배경에 관한 자료이다. 이 사건에 관한 설명으로 옳은 것은?

> • 김옥균이 일본과의 차관 교섭에 실패하자 집권 온건 개화파와 대립하고 있던 급진 개화파의 입지는 더욱 좁아졌다.
> • 청과 프랑스 사이에 베트남 문제를 둘러싸고 청·프 전쟁의 기운이 보이자, 청은 이에 대한 대비로 서울에 주둔시킨 청군 병력 중에서 절반을 빼내어 베트남 전선에 이동시켰다. 서울에는 이제 청군 1,500여 명만 남게 되었다.

① 개혁 추진 기구로 집강소를 설치하였다.
② 고종이 러시아 공사관으로 거처를 옮겼다.
③ 구식 군인들이 일본 공사관을 습격하였다.
④ 최초로 근대 국민 국가를 건설하려 하였다.

12 다음은 항일 의병에 대한 설명이다. 밑줄 친 ㉠, ㉡에 들어갈 내용으로 옳은 것은?

> 항일 의병 투쟁은 을사조약과 일본의 침략에 항거하는 을사의병으로 다시 불타올랐다. 이어서 ㉠ 와 ㉡ 을 계기로 정미의병이 거세게 일어나 항일 의병 전쟁이 전국적으로 전개되었다. 그러나 일본군의 무자비한 진압 작전과 남한 대토벌 작전 등으로 의병 투쟁의 기세가 꺾였으며, 많은 의병들이 만주와 연해주로 이동하여 훗날 독립군으로 전환하였다.

① ㉠ 고종 황제의 강제퇴위   ㉡ 단발령
② ㉠ 명성 황후의 시해   ㉡ 단발령
③ ㉠ 명성 황후의 시해   ㉡ 군대 해산
④ ㉠ 고종 황제의 강제퇴위   ㉡ 군대 해산

13 다음 시기에 대두된 것은?

> 영국이 러시아의 남하를 견제하기 위해 불법적으로 거문도를 점령하였다.

① 고종이 러시아 공사관으로 거처를 옮겼다.
② 청의 파병에 따라 일본도 파병하였다.
③ 열강들의 조선 침략이 격화되면서 한반도중립화론이 대두되었다.
④ 일본은 청으로부터 할양 받은 요동반도를 반환하였다.

14 다음 중 ㉠의 시기에 해당하는 것은?

> 1860년대 – 1870년대 – ㉠ <u>1880년대</u> – 1890년대

① 최익현이 왜양일체론을 주장하면서 개항을 반대하였다.
② 이항로의 어양척사론을 통해 위정척사사상이 집대성되었다.
③ 보수 유생층에 의해 항일의병운동이 처음으로 발생하였다.
④ 이만손은 영남만인소를 통해 조선책략에 소개된 외교책을 비판하였다.

15 다음은 항일 의병 운동의 시기별 특징을 설명한 것이다. ㉡시기에 일어난 역사적 사실이 아닌 것은?

> ㉠ 존왕양이를 내세우며 지방관아를 습격하여 단발을 강요하는 친일 수령들을 처단하였다.
> ㉡ 일본의 외교권 박탈을 계기로 국권 회복을 위한 무장항전을 전개하였다.
> ㉢ 유생과 군인, 농민, 광부 등 각계각층을 포함하여 전력이 향상된 의병은 일본군과 직접 전투를 벌였다.

① 민종식은 1천여 의병을 이끌고 홍주성을 점령하였다.
② 평민 출신 의병장 신돌석이 처음으로 등장하여 강원도와 경상도의 접경지대에서 크게 활약하였다.
③ 의병 지도자들은 서울 진공 작전을 시도하여 경기도 양주에서 13도 창의군을 결성하였다.
④ 최익현은 정부 진위대와의 전투에 임해서 스스로 부대를 해산시키고 체포당하였다.

16 다음의 조약이 체결될 당시 우리의 저항으로 옳은 것은?

> • 일본 정부는 한국이 외국과의 사이에 맺어진 모든 조약의 시행을 맡아보고 한국은 일본정부를 통하지 않고는 어떠한 국제적 조약이나 약속을 맺을 수 없다.
> • 일본 정부는 대표자로 통감을 서울에 두되, 통감은 오직 외교를 관리하고 또 한국의 각 항구를 비롯하여 일본이 필요로 하는 지역에 이사관을 두어 사무일체를 지휘·관리하게 한다.

① 평민 의병장 신돌석이 일월산을 거점으로 활약하였다.
② 의병들이 연합전선을 형성하여 서울진공작전을 시도하였다.
③ 유인석은 격고팔도열읍이라는 격문을 통해 지구전에 대비하고자 하였다.
④ 강제해산된 군인들이 의병활동에 참여하였다.

17 다음에서 설명하는 근대적 개혁은?

> • 과거제 폐지   • 신분제 폐지   • 과부의 재가 허용

① 갑오개혁   ② 임오군란
③ 을사조약   ④ 시무 28조

18 다음 중 독립협회의 설명으로 옳지 않은 것은?
① 만민공동회를 개최하여 자주민권운동을 전개하였다.
② 고종의 비협조와 황국협회의 방해로 해산하였다.
③ 독립신문을 발간하였으며 국민계몽을 위해 애썼다.
④ 구본신참의 원칙에 따른 개혁을 추진하였다.

19 다음 인물들의 공통점으로 알맞은 것은?

> • 박규수
> • 오경석
> • 유홍기

① 통상 수교를 거부하였다.
② 통상 개화를 주장하였다.
③ 토지 제도를 개혁하였다.
④ 신분 제도를 폐지하였다.

20 다음 조약 체결 직후 일제가 취한 조치로 옳은 것은?

> 제4조 제3국의 침해 혹은 내란으로 인하여 대한 제국 황제와 영토의 안녕이 위험해질 경우, 대일본 제국 정부는 이에 필요한 조치를 취하고 이 목적을 위하여 군사 전략상 필요한 요충지를 사용할 수 있다.
> 제5조 대한 제국 정부와 대일본 제국 정부는 상호 간의 승인 없이는 본 협정의 취지에 반하는 협약을 제3국과 체결하지 않는다.

① 용암포 조차를 시도하였다.
② 경의 철도 부설권을 차지하였다.
③ 운산 금광 채굴권을 확보하였다.
④ 울릉도 삼림 벌채권을 차지하였다.

임시정부 수립과 광복군 창설의 의의

CHAPTER

02

핵심이론정리

---

section **01** 대한민국 임시정부

(1) 대한민국 임시정부의 수립과 활동

① 3.1운동 이후 정부 수립 운동
- ㉠ 한성정부(서울, 1919.4.23)
- ㉡ 대한국민의회(연해주, 1919.3.17) : 한반도 접경지역에 위치하여 무장투쟁에 중점을 두었으며, 국내 진공작전을 고려하였다.
- ㉢ 대한민국임시정부(상하이, 1919.4.13) : 외교독립론을 주장하였다.

② 통합 임시정부 수립 : 한성정부의 법통성을 계승하고, 대한국민의회를 흡수하고, 상하이에 위치한 대한민국 임시정부를 수립하였다.

③ 정부의 체제
- ㉠ 3권 분립에 입각한 최초의 민주공화정제 정부 : 국무원(행정), 임시의정원(입법), 법원(사법)으로 구성되었다.
- ㉡ 다양한 노선(무장투쟁론·외교독립론·실력양성론 등)과 민족주의·사회주의 이념이 결합되었다.

④ 정부의 활동
- ㉠ 연통제 조직 및 교통국 설치(임시정부~국내외를 연결하는 비밀조직)

연통제(행정조직)	교통국(정보조직)
• 정부 명령을 기획 및 집행의 역할을 담당하였다. • 각 도·군·면 단위별로 설치하였다.	• 정보의 수집 및 분석 연락의 업무를 담당하였다. • 각 군에 교통국, 각 면에 교통소를 설치하였다.

- ㉡ 애국공채 발행, 국민의연금을 통해 군자금을 마련하였다.
- ㉢ 이륭양행(만주)과 백산상회(부산) : 각종 정보 전달 경로 및 임시정부의 자금줄 역할을 하였다.
- ㉣ 독립신문 발행 : 임시정부 기관지를 발행하였다.(독립협회 독립신문과는 다른 신문이다.)
- ㉤ 사료편찬소 설립 : 독립운동 관련 역사 및 자랑스러운 역사와 관련된 자료를 정리하였다.
- ㉥ 외교 활동 : 미주 지역 외교를 위해 구미위원부 설치하고, 김규식 등이 파리강화회의에 참석하고, 워싱턴회의 등 각종 국제회의 참여하였으나, 성과는 미비하였다.

⑤ 정부의 위기 : 연통제·지부국들이 거의 다 발각되고, 이승만의 국제연맹청원사건으로 임시정부가 흔들리게 되었다.

(2) 대한민국 임시정부 재정비 : 국민대표회의(1923)의 소집과 결렬

① 배경 : 임시정부의 침체와 사상적 대립이 격화되었다.

② 전개 : 국내, 연해주, 만주, 미주 등의 독립운동 단체 대표 상하이에 소집되었으며, 임시정부 활동 및 독립운동 방법을 놓고 토의하였다. 개조파 · 창조파 · 현상유지파 분열되었으나, 성과는 미비하였다.

개조파	임시정부 조직만 개조 주장(실력양성 + 외교활동 강조, 안창호 등)
창조파	완전 해체 후 새로운 정부 구성 주장(무장투쟁 강조, 신해호 등)
현상유지파	임시정부 유지 주장(김구 · 이동녕 등)

③ 결과 : 임시정부의 활동이 침체되었고, 김구 등에 의해 명맥만 유지하였다.

(3) 대한민국 임시정부 활기

① 한인애국단의 활동(1926)

　㉠ 배경 : 임시정부 침체를 극복하기 위해 김구를 중심으로 조직되었다.

　㉡ 활동

　　• 이봉창 의거(1932) : 도쿄에서 일본 천황의 마차에 폭탄 던졌으나 폭탄은 불발하였다. 하지만 상하이사변의 계기가 되었으며 중 · 일 감정이 악화되었다.

　　• 윤봉길 의거(1932) : 상하이 홍커우 공원 승전기념식에 폭탄을 투척하여 성공을 거두었으며, 장제스(장개석)의 중국국민당이 중국 영토 내 무장독립투쟁 승인하고, 임시정부를 지원하는 계기가 되었다.

② 충칭시기의 임시정부(1940)

　㉠ 배경 : 중국 정부의 주선으로 중국 충칭에 임시정부가 자리잡았다.

　㉡ 활동

　　• 집행력 강화를 위해 김구가 단일 지도자(주석제)로 임시정부를 이끌었다.

　　• 한국광복군 창설을 하였고, 조소앙의 삼균주의(정치, 경제, 교육 균등)바탕을 둔 대한민국 건국 강령을 발표(1941)하였다.

③ 한국광복군의 창설(1940)

　㉠ 배경 : 중국 정부의 지원으로 충칭에서 창설(1940)되어 총사령관 지청천, 참모장 이범석을 임명하였다.

　㉡ 활동

　　• 대일 선전포고(1941) : 태평양 전쟁 발발에 대일선전포고 후 연합군 일원으로 참전하였다.

　　• 조선 의용대의 일부 병력이 편입(1942) : 김원봉의 조선의용대 가세로 전투력이 증강하였다.

　　• 연합작전의 전개(1943) : 연합군 일원으로 미얀마 · 인도전선에 광복군을 파견하였으며, 직접 전투 외에 정보 수집, 포로 심문, 대적 방송 등에 종사하였다.

　　• 국내진공작전계획(OSS,1945) : 미국의 도움으로 국내 정진군 구성을 하였으나, 일본 패망으로 무산되었다.

section 02 국내의 다양한 민족운동

(1) 실력 양성 운동의 전개

① 배경 : 즉각 독립에 대한 회의(선 실력 양성, 후 독립 주장), 문화 정치에 대한 기대, 사회진화론의 영향이 원인이 되었다.

② 물산장려운동

    ㉠ 배경 : 일본 자본의 한국 진출 확대로 민족 자본의 위기가 강화되자, 민족 자립 경제를 추구하고자 하였다.

    ㉡ 과정 : 평양에서 조만식의 주도로 조선물산장려회가 발기(1920)되어 전국으로 확산되었으며, 국산 애용, 근검저축, 생활 개선, 금주·단연 운동 등을 전개하였다.

    ㉢ 한계 : 민족기업의 생산력 부족, 일제의 방해 및 자본가들의 이기적인 이윤 추구를 비난, 민중의 외면 등으로 실패하게 된다.

③ 민립대학설립운동(1920년대 초) : 조선교육회는 조선총독부에 고등교육기관 설립을 촉구하였고, 이상재, 조만식, 이승훈 등이 중심이 되어 민립대학기성회를 조직하여 1천만원 기금조성운동을 전개하였다. 하지만 일제는 민립대학설립운동에 대항하여 경성제국대학 설립(1924) 등의 방해를 하여 실패하게 만들었다.

(2) 6·10만세운동

① 배경 : 일제의 수탈정책과 식민지 교육정책에 대한 반발과 순종의 인산일(장례식)이 계기가 되었다.

② 전개 : 사회주의 세력이 기획하고, 민족주의 세력들이 지원한 운동으로 사회주의계의 기획은 일제의 사전 감시와 탄압으로 사전에 발각되었지만, 이후 학생들 주도로 순종의 장례 행렬을 따라가며 만세시위운동을 전개하였고, 서울에서 시작하여 전국으로 확산되면서 전국의 많은 학생들과 사회주의계열 단체들이 참여하였지만 일제의 탄압으로 실패하였다.

③ 의의 : 민족주의계·사회주의계의 대립과 갈등 극복 계기를 마련하여 신간회 결성에 기초 마련의 계기가 되었고, 민족유일당운동으로 발전하였다.

(3) 광주학생항일운동(1929.11.3)

① 배경 : 일제의 민족차별과 식민지 차별교육(민족 차별 교육)과 한국인 학생과 일본인 학생간의 충돌이 계기가 되었다.

② **전개** : 전라도 광주에서 일본인 남학생의 조선인 여학생을 희롱하자, 한국 남학생이 일본 남학생을 구타하였고, 일제의 일방적 일본학생 편들기에 광주의 모든 학생들이 운동에 참여(식민지 탄압정치, 제국주의 타도 등 주장)하여 항일운동을 전개하였고, 신간회는 진상 조사단 파견 등의 지원을 하며, 조직적이고 전국적 규모로 항일투쟁이 확대되었다.

③ **의의** : 3 · 1운동 이후 최대의 항일민족운동으로 전국적 규모로 발전하여 국외로 확산(만주 · 일본)되었으며, 신간회 해체(1931)의 계기가 되었다.

(4) 신간회

① **창립(1927)** : 비타협적 민족주의계와 사회주의계 인사가 조직하여 이상재 · 홍명희 · 조병옥 · 안재홍 등의 지식인 계층이 주도한 합법단체이다.

② **활동**
  ㉠ 소작쟁의, 동맹휴학, 노동쟁의 등의 대중운동을 지원을 지원하고, 광주학생항일운동에 진상 조사단을 파견(1929)하였다.
  ㉡ 지방 순회 강연 실시(민족의식 고취)하고, 동양척식주식회사 폐지, 한국인 본위의 교육제도 실시 등을 정책으로 삼으면서 청년 · 여성 · 형평운동 등과 연계하여 활동하였다.
  ㉢ **해체(1931)** : 일제의 철저한 탄압과 내부의 이념 대립(민족주의 계열에서 타협적 노선 등장)에 코민테른(국제공산당 지도단체)의 민족주의자와 분리투쟁 중용 지시로 해산되게 되었다.

(5) 문화 · 사회적 민족운동

① **청년운동** : 조선청년연합회(1920), 조선청년총동맹(1924) 등은 지식향상을 위해 강연회, 토론회 등의 개최 및 학교, 야학 등을 설치하고, 심신의 단련 도모 및 사회교화와 생활개선에 힘썼다.

② **소년운동** : 천도교소년회(1921.5.1)는 방정환, 조철호 등의 주도로 어린이를 어른과 동등한 인격체로 대우하려는 운동을 전개하였다.

③ **형평운동**
  ㉠ **배경** : 갑오개혁 때 신분제 폐지되었지만, 사회적 불평등이 계속 지속되었다.
  ㉡ **과정** : 초기에는 백정의 지위향상운동으로 시작하여 민족운동 · 계급운동으로 발전하였다. 백정 이학찬이 경남 진주에서 조선형평사를 조직(1923.4)하여 1925년 본부를 서울로 옮긴 후 1927년에 전국 조직으로 발전하였다.
  ㉢ **활동** : 백정에 대한 사회적 차별과 백정 자녀의 교육문제 등의 인권운동 전개하고, 여러 사회운동단체들과 협력하면서 각종 파업이나 소작쟁의에 참가하여 '백정도 똑같은 인간이다'라는 구호를 사용하였다.

④ 농민운동(소작쟁의)

　　㉠ 원인 : 일제의 토지 조사 사업과 산미증식계획이 계기가 되었다.

　　㉡ 활동

　　　• 1920년대는 소작권 이전 및 고율 소작료 반대 투쟁 등 생존권 투쟁이었지만, 1930년대는 일제의 식민 지배를 부정하는 항일민족운동으로 변모하였다. ('토지를 농민에게로'라는 구호)

　　　• 황해도 흑교농장 소작쟁의(1919, 최초의 소작쟁의), 암태도 소작쟁의(1923~1924) 등이 대표적인 농민운동이다.

　　　• 일제의 대륙 침략 이후 농민운동을 탄압하자 비합법적, 혁명적 조합이 주도를 하였다.

⑤ 노동운동

　　㉠ 원인 : 일제의 식민지 공업화정책으로 일본 기업 진출과 노동자 수의 증가와, 사회주의 운동의 대두로 노동자 각성과 단결이 강화되었다.

　　㉡ 내용

　　　• 1920년대는 노동자의 생존권 투쟁(임금 인상 및 근로조건 개선 등)에서 1930년대는 반제국주의 항일민족운동을 전개(일본 제국주의 타도)하였다.

　　　• 원산 노동자 총파업(1928~1929), 서울 고무여공들의 파업(1922) 등이 대표적이며, 일제 대륙 침략 이후 노동운동 탄압으로 비합법적, 혁명적 조합이 주도하였다.

⑥ **교육활동(문맹퇴치운동)** : 일제의 우민화정책으로 지식인층의 문맹문제가 심각하자, 1920년대 전국 각지에서 야학이 설립되고, 조선일보, 동아일보가 적극적으로 지원하였다. 조선일보는 '아는 것이 힘, 배워야 한다.'라는 표어로 전국 각지에서 문자보급운동을 전개하였고, 동아일보는 브나로드 운동(1931~1934)을 전개하여 우리글을 가르치고 근검절약, 미신타파 등의 생활개선에 노력하였다.

⑦ **여성운동** : 근우회(신간회의 자매단체)

　　㉠ 창립(1927) : 신간회가 조직되자, 여성운동계에도 통합론 일어나게 되면서 여성계 민족유일당(근우회)이 조직되었다.

　　㉡ 활동 : 신간회와 연계하여 활동하면서, 여성 문제 토론회와 강연회를 개최(여성 노동자 권익, 여성의 단결, 남녀평등 등을 전개)하였고, 광주학생운동 및 각종 항일학생운동 지도와 지원을 하였다.

　　㉢ 해체(1931) : 신간회 해체를 전후하여 내부의 이념대립(사회주의계열·민족주의계열 사상 차이 심화)으로 해산하였다.

(6) 민족문화 수호운동

① 식민사관의 날조

　　㉠ 목적 : 일제강점기 한국인에 대한 통치를 용이하게 하기 위해서 일제에 의해 정책적·조직적으로 조작된 역사관으로서, 일제의 한국 식민 지배를 정당화하기 위한 목적이었다.

ⓛ 내용
- **타율성론** : 일제는 타율성론을 통하여 한국사의 발전 과정이 자주적 역량에 의해서가 아니라 외세에 영향 하에 이루어졌다고 주장하였다. 또한, 한국사의 발전은 일제식민지 지배를 통해서 가능하다고 보았다(임나일본부설, 반도성격론, 만선사관).
- **정체성론** : 한국의 역사는 오랫동안 발전하지 못하였으므로 일본의 도움이 필요하다는 주장이다.
- **당파성론** : 우리 민족성은 분열성이 강하여 항상 내분하여 싸웠다고 주장하였다(당쟁론).
- **조선사편수회(1925)** : 일제시대 조선 총독부가 조선 민족사를 편찬하기 위해 설립한 단체로 민족사를 왜곡하고 식민지 지배의 정당성을 부여하기 위한 역사서 편찬을 주요 업무로 하였으며,「조선사」,「조선사료총간」,「조선사료전집」 등을 간행하였다.

② 민족사학의 전개
- ㉠ 민족주의 사학
  - **박은식** : 19세기 이후 일본의 침략과정을 통해 민족의 수난을 밝힌「한국통사」와 우리의 항일투쟁을 다룬「한국독립운동지혈사」를 저술하였고, 민족정신을 '혼'으로 파악하여 혼이 담겨 있는 민족사를 강조하였다. "국가는 멸할 수 있어도 역사는 멸할 수 없다."고 하면서 역사를 국혼(國魂)과 국백(國魄)의 기록이라고 주장하였다.
  - **신채호** :「조선상고사」에서 "인류사회의 아(我)와 비아(非我)의 투쟁"이라고 주장하고,「조선사연구초」 등을 저술하여 민족주의 역사학의 기반을 확립하였고, 낭가사상을 강조하였다.
  - **정인보** : 고대사 연구에 치중하였고, '오천년간 조선의 얼'을 신문에 연재하고 일제 식민사관에 대항하였고 '얼 사상'을 강조하였다.
  - **문일평** : 민족문화의 근본으로 세종을 대표자로 하는 '조선심' 또는 조선사상을 강조였다.
- ㉡ **사회경제사학** : 백남운은 유물사관에 바탕을 두고 한국사가 세계사의 보편법칙에 따라 발전하였음을 강조하여 식민사관의 정체성론을 비판하였다.
- ㉢ **실증사학** : 청구학회를 중심으로 한 일본 어용학자들의 왜곡된 한국학 연구에 반발하여 이윤재, 이병도, 손진태, 조윤제 등이 진단학회를 조직하고 한국학 연구에 힘썼다.
- ㉣ **신민족주의사학** : 문헌고증을 토대로 사회경제사학의 세계사적 발전 법칙을 수용하여 민족주의사학을 계승, 발전 시켰으며 손진태, 안재홍, 홍이섭 등이 중심인물이다.

③ **국어연구와 한글 보급** : 국문연구소(대한제국) → 조선어연구회(1921) → 조선어학회(1931) → 한글학회(현재)순으로 발전해왔다.
- ㉠ **조선어연구회(1921)** : 한글의 연구와 강연회 등을 통해 한글을 보급하였고, 한글 기념일 '가갸날'을 정하여 한글 대중화에 기여하였다.
- ㉡ **조선어학회(1931)** : 조선어연구회가 조선어학회로 개편하여, 1932년 한글맞춤법 통일안의 제정, 한글날 제정, 표준어 제정하였고, 1929년부터 〈우리말 큰사전〉 편찬을 추진(일제 탄압으로 중지)하였다.

[section] **03** 국외의 무장 투쟁

(1) 의열단의 활약

① **배경** : 김원봉·윤세주 등이 중심이 되어 1919년 만주 길림에서 비밀결사를 조직하였다.

② **목적** : 동포들 애국심 고취와 민중봉기를 유발하여 민중의 직접 혁명을 통한 일제 타도를 추구하였다.

③ **활동**
- ㉠ 무정부주의의 영향으로 본부를 일정한 곳에 두지 않고 옮겼다.
- ㉡ 김익상(1921)은 조선총독부에 폭탄을 던졌고, 김상옥(1923)은 종로 경찰서에 폭탄을 던지고, 일본 경찰과 교전하여 여러 명을 사살하였고, 나석주(1926)는 동양척식주식회사와 조선식산은행에 폭탄을 던지고 일본인을 사살하였다.
- ㉢ 신채호의 '조선혁명선언'을 활동지침으로 삼아 활발한 투쟁을 벌였다.

④ **활동의 변화**
- ㉠ 개별적인 폭력투쟁의 한계를 인지하고 1920년대 후반부터 조직적인 무장투쟁을 준비하였고, 중국국민당 정부의 지원으로 조선혁명 간부학교를 세웠다.
- ㉡ 중국 지역 내 민족유일당 성립운동을 전개하여 민족혁명당(1935) 결성을 주도하였다.

(2) 1920년대 만주와 연해주 독립군 부대들의 활약

① **무장독립투쟁**
- ㉠ 봉오동 전투(1920.06)
  - 배경 : 일본군은 독립군의 국내진입작전 및 활발한 활동에 위기감을 느꼈다.
  - 전개과정 : 독립군의 국내진입작전 활발해지자 일본은 정규군을 투입하였지만, 패배하고 만다. 이에 대대적인 섬멸작전을 추진하자 독립군(홍범도의 대한독립군, 안무의 국민회군, 최진동의 군무도독부군 등)은 연합부대를 결성하고 일본군의 추격에 대비한 매복작전을 통해 일본군 수백 명을 살상하였다.
- ㉡ 청산리 전투(1920.10)
  - 배경 : 독립군의 국내진압작전과 봉오동전투에서의 참패를 계기로 일제는 훈춘사건(1920)을 조작하여 일본군을 만주에 투입하였다.
  - 전개과정 : 일본군 공격을 피해 독립군은 근거지를 떠나 화룡현 이도구와 삼도구에 집결하여 김좌진이 인솔하는 북로군정서를 포함한 여러 독립군 부대(홍범도의 대한 독립군, 안무의 국민회군 등)는 청산리 일대에서 일본군과 6일간 10차례 전투(백운평 전투→완루구 전투→천수평 전투→어량촌 전투→천보산 전투→고동하 전투)를 통해 일본군 1,200여 명을 사살하는 대승을 거두었다.

ⓒ 간도 참변(경신참변, 1920)
- 배경 : 봉오동 전투와 청산리 대첩 대패 이후 간도지방 한인촌을 일본군이 무차별 습격 및 보복 살해하였다.
- 결과 : 일본군의 초토화 작전으로 독립군의 기반인 한인촌이 폐허가 되었다.

ⓔ 자유시참변 (흑하사변, 1921)
- 배경 : 일본은 청산리 등에서 독립군이 승리하자 만주의 조선인 독립군 운동기지 파괴공작이 시작(간도 참변)되었다.
- 전개과정 : 독립군의 주력부대가 밀산부에 집결하여 서일을 총재로 대한독립군을 조직 후 소련 영내로 이동하였으나, 적색군(소련군)의 한국 독립운동 지원에 속아 자유시로 이동하여 적색군을 도와 백군(러시아군)과의 내전에 참여하게 된다. 적색군은 승리 후 독립군의 무장을 강제해제하고, 이에 저항하는 독립군을 공격하여 많은 사상자가 발생하였다.

② 독립군 재정비와 통합운동
ⓐ 3부의 성립 : 만주 지역의 독립단체들의 활발한 통합운동으로 3개의 군정부가 성립되었다.(1923~1925)
ⓑ 참의부 : 임시정부의 직할 부대를 표방하였다.
ⓒ 정의부 : 봉천 일대를 중심으로 활동하였다.
ⓓ 신민부 : 자유시참변을 겪고 돌아온 독립군을 중심으로 결성하였다.
ⓔ 3부의 성격 : 민주적 민정기관과 군정기관을 갖추고 무장독립군을 편성한 3개 자치정부로서 독립전쟁을 전개하였다.

③ 미쓰야 협정(1925) : 일제가 독립군 탄압을 위해 만주군벌과 맺은 협정으로 독립군에 대한 현상금을 걸었다.

(3) 1930년대 독립전쟁

① 한 · 중 연합작전 (1930년대 전반)
ⓐ 배경 : 일본이 만주 침략 이후 본격적인 군사 진출을 하면서, 만주 대부분의 독립운동 단체는 중국 관내로 이주하였고, 민족주의적 독립운동단체의 일부는 1930년대 중반까지 중국 공산당의 지도 아래 한 · 중 연합작전을 전개하였다.
ⓑ 조선혁명군(총사령관 양세봉) : 남만주 일대에서 중국 의용군과 연합하여 영릉가 전투, 흥경성 전투 등에서 일본군을 격파하였다.
ⓒ 한국독립군(총사령관 지청천) : 북만주 일대에서 중국 호로군과 연합하여 쌍성보 전투, 대전자령 전투, 사도하자 전투 등에서 일본군을 격파하였다.
ⓓ 중 · 일 전쟁(1937)이후 : 독립군의 대부분은 임시정부의 요청으로 중국 본토로 이동하여 한국광복군 창설에 참여하거나, 일부는 만주에 잔류하여 중국항일군과 같이 항일연군을 편성하여 항전을 계속하였다.

② 만주지역 항일유격대 및 중국 관내의 무장투쟁(1930년대 후반)
ⓐ 조선의용대(1938) : 김원봉을 중심으로 조선민족혁명당이 중 · 일 전쟁(1937)직후 중국 국민당 정부의 협조를 얻어 편성하여 중국 국민당의 정부군과 합세하여 양쯔강 중류 일대에서 일본군의 진격을 막았다. 중국 각 지역에서 항일 투쟁을 전개하여 충칭에 남은 조선의용대의 일부와 그 지도부는 임시정부의 한국광복군에 합류하였다(1942).

ⓛ **조국광복회**(1936) : 항일연군의 보천보 전투 및 국내진공작전을 지원하였다.

ⓒ **민족혁명당**(1935) : 중국 난징에서 의열단과 한국독립당 등 5개 단체가 결합한 것으로 민족주의 진영과 사회주의 진영의 통일전선 정당으로 결성되었다.

01 자료와 관련된 민족 운동에 대한 설명으로 옳은 것은?

> 경기도 검찰부에서 발표하기를, "작년부터 시내의 각 학교에 격문이 많이 배포되었다. 배포한 방법이 지극히 교묘하고 통일적이며 계획적인 것으로 보아 평소 감시 대상이던 단체 소속원의 소행이었다고 여겨 조사한 결과, 추측이 사실로 밝혀졌다. …(중략)… 엄밀히 취조한 결과, 순수한 학생 운동이 아니라 배후에 신간회 소속원들이 포함되어 있음을 밝혀냈다."라고 하였다.

① 순종의 인산일을 기해 일어났다.
② 민립 대학 설립 운동에 영향을 주었다.
③ 민족 말살 통치를 배경으로 발생하였다.
④ 광주에서 시작되어 전국으로 확산되었다.

02 다음과 같은 체제 개편 이후 대한민국 임시정부가 전개한 활동으로 옳은 것은?

> 7당 통일 대회가 개최되었다. 그러나 민족 혁명당, 조선 민족 전위 동맹 등 4개 당이 통일 방법에 이견을 보이면서 이탈하였다. 결국 한국 국민당, 한국 독립당, 조선 혁명당이 통일을 위한 회의를 계속 열어 새로이 한국 독립당이 탄생되었다. 임시 의정원에서는 임시 정부 국무 위원을 개선하고, 주석에게 대내외의 책임을 지는 권한을 부여하였다. 나는 국무회의 주석으로 선출되었다.

① 한인 애국단 조직   ② 연통제, 교통국 설치
③ 국민 대표 회의 개최   ④ 대한민국 건국 강령 발표

03 다음 중 3 · 1운동에 대한 설명으로 옳지 않은 것은?

① 윌슨의 민족자결주의에 영향을 받았다.
② 대한민국 임시정부의 지원을 받았다.
③ 3 · 1운동 이후 일제의 통치방식에 변화가 생겼다.
④ 중국의 5 · 4운동, 베트남의 독립운동 등에 영향을 미쳤다.

04 다음 중 상해에 있었던 대한민국 임시정부에 대한 설명으로 옳지 않은 것은?

① 국가체제에 민주공화정을 내세웠다.
② 독립신문을 발행하였고 연통제를 실시하였다.
③ 무장투쟁을 강조하여 광복군을 조직하였다.
④ 국내외에 세워진 여러 임시정부를 통합하여 대한민국 임시정부를 수립하였다.

05 다음 중 3 · 1운동의 대내외적 배경에 대한 설명으로 가장 적절하지 않은 것은?

① 1910년대 일제의 경제적 약탈과 사회적 · 정치적 억압으로 인해 일제에 대한 분노와 저항은 전 민족적으로 고조되었다.
② 1917년 러시아 혁명 직후 레닌은 자국 내 100여 개 이상의 소수민족에 대해 민족자결의 원칙을 선언하였다.
③ 1918년 미국 대통령 윌슨은 제1차 세계대전 후 지구상의 모든 식민지 처리에 민족자결주의를 적용하자고 주창하였다.
④ 1919년 신한청년당에서는 독립청원서를 작성하여 김규식을 파리강화회의에 대표로 파견하였다.

06 해외 독립운동 기지와 관련되어 다음에서 설명하고 있는 지역은?

- 대한광복군정부가 수립되었다.
- 권업회(勸業會)가 조직되어 항일투쟁을 전개하였다.
- 3 · 1운동 이후 대한국민의회가 결성되어 독립운동의 새로운 방향을 모색하였다.

① 연해주　　　　　　　　　　　② 북간도
③ 밀산부　　　　　　　　　　　④ 미주

07 다음 독립운동과 관련된 설명으로 가장 적절하지 않은 것은?

　ⓐ 3 · 1운동
　ⓑ 6 · 10운동
　ⓒ 광주학생항일운동

① ⓐ은 비폭력적 시위에서 무력적인 저항운동으로 확대되어갔다.
② ⓑ은 일제의 수탈정책과 식민지 교육에 대한 반발로 발생하였다.
③ ⓒ은 3 · 1운동 이후 최대의 민족운동으로 신간회 설립에 영향을 주었다.
④ ⓐ으로 인해 일제는 식민통치방식을 무단통치에서 문화통치로 바꾸었다.

08 다음의 강령을 내세운 단체의 활동으로 가장 적절한 것은?

> • 우리는 정치적, 경제적 각성을 촉진한다.
> • 우리는 단결을 공고히 한다.
> • 우리는 기회주의를 일체 부인한다.

① 1929년 광주학생운동이 일어나자 '민중대회'를 열어 항일(抗日) 열기를 확산시키려고 하였다.
② 국민대표기관으로서 임시의정원을 두고, 기관지 「독립신문」을 발간하였다.
③ 홍범도가 이끄는 대한독립군은 봉오동에서 일본군 1개 대대를 격파하였다.
④ 김좌진이 이끄는 북로군정서는 청산리에서 일본군 1200여명을 사살하는 큰 승리를 거두었다.

09 다음은 국외에서 일어난 항일운동과 관련된 사건들이다. 일어난 순서대로 바르게 나열한 것은?

> ㉠ 봉오동 전투　　　　　　　　　㉡ 간도 참변
> ㉢ 청산리 전투　　　　　　　　　㉣ 자유시 참변

① ㉠㉡㉢㉣　　　　　　　　　　② ㉠㉢㉡㉣
③ ㉢㉠㉡㉣　　　　　　　　　　④ ㉢㉠㉣㉡

10 다음과 같은 주장과 관계가 깊은 사건은?

> • 이번 국장(國葬)*은 우리 사회주의 운동자에게는 절호의 기회다. 이때 선전 삐라를 살포하여 대대적으로 소요를 일으키자.
> • 우리는 이때를 이용하여 일본 제국주의를 몰아내는 투쟁력을 키우고 … 금일의 통곡, 복상(服喪)의 충성과 의분을 돌려 우리들의 해방 투쟁에 바치자.

① 2·8독립선언　　　　　　　　　② 3·1운동
③ 6·10만세운동　　　　　　　　　④ 광주학생항일운동

11 다음 중 신간회에 대한 설명으로 옳지 않은 것은

① 신간회의 영향으로 근우회가 만들어졌다.
② 기회주의자를 배격하였다.
③ 민립대학설립운동을 추진하였다.
④ 광주 항일학생운동 때 진상 조사단을 파견하였다.

12 다음 중 실력양성론에 해당하지 않는 것은?

① 물산장려운동
② 수리조합반대운동
③ 문맹퇴치운동
④ 민립대학설립운동

13 다음 독립운동 단체들이 활동하던 시기에 나타난 일제의 식민통치 정책은?

- 독립의군부
- 조선국권회복단
- 대한광복회
- 송죽회

① 한국인의 회유를 위해 형식적으로 중추원을 설치하였다.
② 총동원령을 내려 징병, 징용의 명목으로 한국인을 끌고 갔다.
③ 치안유지법을 제정하고 사회주의 활동을 억압하였다.
④ 회사령을 폐지하여 일본 기업의 한국 진출을 추진하였다.

14 다음은 일제의 식민 통치에 대한 서술이다. 시대 순으로 바르게 나열된 것은?

> ㉠ 재판없이 태형을 가할 수 있는 즉결 처분권을 헌병경찰에게 부여하였다.
> ㉡ 한반도를 대륙침략을 위한 병참기지로 삼았다.
> ㉢ 국가총동원령을 발표하여 인적 · 물적자원의 수탈을 강화하였다.
> ㉣ 사상통제와 탄압을 위하여 고등경찰제도를 실시하였다.

① ㉠㉡㉢㉣　　　　　　　　　② ㉠㉣㉡㉢
③ ㉣㉠㉡㉢　　　　　　　　　④ ㉣㉠㉢㉡

15 다음 중 1920년대 민족운동에 대한 설명으로 옳지 않은 것은?

① 의열단은 무정부주의와 무장투쟁론을 지향하는 테러조직이다.
② 신간회는 민족주의 진영과 사회주의 진영의 연합으로 결성된 민족운동단체이다.
③ 임시정부 내 개조파와 창조파의 갈등은 국민대표회의에서 해소되었다.
④ 물산장려운동, 민립대학설립운동 등 실력양성운동을 전개하였다.

16 일제 시기의 경제정책에 관한 설명으로 옳지 않은 것은?

① 일제는 산미증산계획을 이루기 위해 지주제를 철폐하였다.
② 일제는 1930년대 이후에 조선의 공업구조를 군수공업체제로 바꾸었다.
③ 일제의 토지조사사업으로 많은 양의 토지가 총독부 소유지로 편입되었다.
④ 일제는 1910년에 회사령을 공포하여 조선인의 회사설립을 통제하였다.

17 일제하에 일어났던 농민 · 노동운동에 대한 설명으로 옳지 않은 것은?

① 1920년대 소작쟁의는 주로 소작인 조합을 중심으로 전개되었다.

② 1920년대 노동운동 중에서 가장 규모가 큰 투쟁은 원산총파업이었다.

③ 1920년대 농민운동으로 암태도 소작쟁의가 일어났다.

④ 1920년대에 이르러 농민 · 노동자의 쟁의가 절정에 달하였다.

18 다음 내용의 직접적 계기가 된 사건으로 옳은 것은?

> 한국의 독립운동에 냉담하던 중국인이 한국독립운동을 주목하게 되었고, 이후 중국 정부는 대한민국임시정부에 대한 지원을 강화하였다. 이 사건을 계기로 중국 정부가 중국 영토 내에서 우리 민족의 무장독립활동을 승인함으로써 한국광복군이 탄생할 수 있었다.

① 파리강화회의에서 김규식의 활동

② 윤봉길의 상하이 홍커우 공원 의거

③ 홍범도, 최진동 연합부대의 봉오동 전투

④ 만주사변 이후 한 · 중연합작전의 전개

19 일제의 식민지 정책을 시기 순으로 바르게 나열한 것은?

> ㉠ 농촌경제의 안정화를 명분으로 농촌진흥운동을 전개하였다.
> ㉡ 학도지원병 제도를 강행하여 학생들을 전쟁터로 내몰았다.
> ㉢ 회사령을 철폐하여 일본 자본이 조선에 자유롭게 유입될 수 있게 하였다.
> ㉣ 토지의 소유권과 가격에 대한 대대적인 조사를 진행하였다.

① ㉢㉣㉠㉡

② ㉢㉣㉡㉠

③ ㉣㉢㉠㉡

④ ㉣㉢㉡㉠

20 다음에서 설명하는 운동에 대한 내용으로 옳지 않은 것은?

> 기자가 보내 온 통보에 의하면 조선에서 일어난 소요 사태는 일본이 공표한 것보다 한층 더 격렬하였다고 한다. 조선 전역에서 모든 계층이 독립 운동에 참가했다. 그러나 일본은 강경한 진압에 나서 수천의 시위자들을 체포하여 조선 전 국민을 격분하게 만들었다. 우리는 파리 강화 회의에서 일본이 일정한 조건으로 조선에게 독립을 부여할 것을 절실히 바란다.

① 시위가 확산되면서 폭력적인 양상이 나타났다.
② 해외에서도 동포들이 만세 시위를 전개하였다.
③ 아시아 여러 국가의 민족 운동에 영향을 끼쳤다.
④ 연통제 조직을 통해 전국적인 시위로 확산되었다.

03 대한민국의 역사적 정통성

핵심이론정리

section 01 광복과 대한민국 정부 수립

(1) 광복(1945.8.15)

① 내적 요인 : 지속적인 독립운동의 결과이다.

② 외적 요인 : 연합군의 제2차 세계 대전 승리, 일본의 항복이 외적요인이다.
   ㉠ 카이로회담(1943.11) : 카이로 회담 제2차 세계 대전 중 이집트 카이로에서 미국·영국·중국의 연합국 지도 자들이 모여 이루어진 회담으로 "적당한 시기에 한국을 자유 독립국가로 해방"을 약속하였다.
   ㉡ 얄타회담(1945.2) : 미국 영국 소련 등 연합국 정상들이 제2차 세계대전 종전을 앞두고 독일의 관리 문제 등 을 논의하기 위해 흑해 연안 얄타에서 개최한 회담으로 소련의 대일전 참전을 승인되었다.
   ㉢ 포츠담선언(1945.7) : 제2차 세계대전 종전 직전인 1945년 7월 26일 독일의 포츠담에서 열린 미국·영국· 중국 3개국 수뇌회담의 결과로 발표된 공동선언으로 카이로 회담(한국의 독립)을 재확인하였다.

(2) 광복 직전·후의 건국준비활동

① 국외
   ㉠ 대한민국 임시정부(중국 충칭) : 민족주의 계열의 한국 독립당이 주도하였으며, 조소앙의 삼균주의에 따른 건 국 강령을 제정하였다.
   ㉡ 조선독립동맹 : 김두봉 등의 사회주의 계열의 독립 운동가들이 결성하였으며, 조선의용군이 군사적 기반이었다.

② 국내
   ㉠ 조선건국동맹 : 여운형이 중심이 되어 국내에서 조직되었으며, 광복 후 조선건국준비위원회로 개편되었다.
   ㉡ 조선건국준비위원회(1945.8.15)
     • 광복과 동시에 여운형은 조선건국동맹을 확대 개편하였다.
     • 치안유지와 함께 건국준비작업에 착수하였다.
     • 미군의 남한 진주가 결정되자 좌익세력의 주도로 조선인민공화국을 선포하고, 인민위원회를 설치하나, 미군정은 인정하지 않았다.

③ 38도선 합의와 미·소 점령군 주둔

    ㉠ 38도선 합의 과정 : 미국의 원폭투하(1945.8.6) → 소련군의 참전(1945.8.9) → 미국의 38도선 분할 제의(소련 수용) → 일본의 항복 → 남북에 미·소 점령군이 진주(1945.9.8)하는 과정을 통해 국토가 분단되었다.

    ㉡ 남한을 점령한 미 군정청 정책

       • 임시정부와 공산주의 활동을 인정하지 않았으므로 한국인의 자치 행정·치안 활동을 불인정 하였다.

       • 일제하에 일했던 친일관리와 경찰을 그대로 기용하여 친일세력의 득세 기회를 제공하였다.

    ㉢ 북한을 점령한 소련군 사령부 정책

       • 인민 위원회의 활동을 인정(행정권·치안권 인정)하였다.

       • 김일성의 공산주의 세력을 지원하여 민족주의 세력을 억압하였다.

(3) 남북한 정부의 수립과 좌절

① 모스크바 3국 외상 회의(1945.12)

    ㉠ 모스크바에서 미국·영국·소련의 3개국이 제2차 세계대전 전후 문제처리를 위한 외상회의였다.

    ㉡ 한국에 임시민주정부 수립 및 미국·영국·중국·소련에 의한 최고 5년간 한반도 신탁통치 규정하였다.

    ㉢ 우익의 신탁통치 반대와 좌익의 신탁통치 지지는 좌우대립의 계기가 되었다.

② 찬탁과 반탁의 대립

    ㉠ 찬탁 운동(좌익세력)과 반탁 운동(우익세력)의 대립이 격화되었다.

    ㉡ 미·소 공동 위원회(1946~47)

1차 미·소 공동위원회(1946.3)	• 임시정부 협의 대상 범위를 놓고 대립하였고, 결국 결렬되었다. • 미국은 반탁 운동을 펼치는 우익 세력까지 포함시키고자 하였으나, 소련은 반탁 운동을 펼치는 우익 세력은 배제시키고자 하였다.
2차 미·소 공동위원회(1947.5)	• 소련의 계속된 반탁 단체 배제 주장으로 결렬되고 말았다.

    ㉢ 미·소간의 갈등과 냉전으로 1·2차 미·소 공동위원회는 결렬될 수밖에 없었으며, 이에 미국은 UN에 한반도 문제를 이관하였다.

③ 이승만의 정읍연설(1946.6)

    ㉠ 단독정부 수립 주장 : 미·소 공동위원회가 결렬되자, 이승만은 정읍발언에서 단독정부수립을 주장하였다. 이에 미국과 한국민주당은 지지를 하였지만, 대다수의 단체들은 부정적인 반응을 보였다.

    ㉡ 이승만의 「정읍 발언」 (1946.6.3)

> 이제 우리는 무기 휴회된 미·소 공동 위원회가 재개될 기색도 보이지 않으며, 통일 정부를 고대하나 여의치 않게 되었으니, 우리는 남쪽만이라도 임시 정부, 혹은 위원회 같은 것을 조직하여 38도선 이북에서 소련이 철퇴하도록 세계 공론에 호소하여야 될 것이니 여러분도 결심하여야 될 것이다.
>
> -정읍발언-

④ 좌 · 우 합작 운동(1946.10)

　㉠ 배경 : 1946년 5월 1차 미 · 소 공동 위원회가 결렬되었다.

　㉡ 전개과정

　　• 좌 · 우 대립을 극복 및 통일 정부 수립을 위해 중도 우파(김규식)와 중도 좌파(여운형)가 연합하였다.

　　• 좌 · 우 합작 위원회 결성하였고, 좌 · 우 합작 7원칙 발표(1946.10)하였다.

　　• 좌우합작 위원회가 제시한 7원칙에 좌 · 우익 핵심 정치 세력이 합작 조건의 차이로 동의하지 않았다.

　㉢ 결과 : 제2차 미 · 소 공동위원회(1947.5)결렬되자, 미 군정청은 단독정부수립을 지지하고 우익을 지원하였고, 여운형이 암살(1947.7)당하자 좌우합작은 결렬되었다.

(4) 대한민국 정부의 수립

① 유엔총회의 결의

　㉠ 유엔은 남북한 총선거 결정하였다(1947.11).

　㉡ 유엔 한국임시위원단의 내한(1948.1)하였으나 소련은 총선거가 실시될 경우 인구가 적은 북한에게 불리하다고 판단하여 북한 방문을 거부하였다.

　㉢ 유엔 한국임시위원단은 접근 가능한 남한만의 단독선거를 결의하였다(1948.2).

② 남북협상의 추진(1948.4)

　㉠ 배경 : 남 · 북한 총선거 무산으로 남한만의 단독선거를 결정하였다.

　㉡ 전개과정 : 김구, 김규식 등이 북한을 방문하여 남북협상 개최하고, 공동성명을 발표하였다.

　㉢ 결과 : 김구, 김규식 등은 5 · 10 총 선거에 불참하며 통일정부 수립운동을 전개하였으나, 김구 암살(1949.6) 등으로 실패하고 말았다.

> POINT▶ 김구의 '삼천만 동포에게 읍고함'
>
> 우리는 통일 정부가 가망 없다고 단독 정부를 주장할 수는 없는 것이다. …… 마음속의 38도선이 무너지고야 땅 위의 38도선도 철폐될 수 있다. …… 나는 통일된 조국을 건설하려 38도선을 베고 쓰러질지언정 일신의 구차한 안일을 취하여 단독 정부를 세우는 데는 협력하지 않겠다.
>
> * 김구는 1948년 2월 10일「삼천만 동포에게 읍고함」이라는 성명서를 발표하고 통일정부수립을 위한 마지막 몸부림으로 남북협상의 길에 오른다. 1948년에 접어들며 남북 양쪽에 단독 정부가 들어설 준비가 진행되고 있어서 분단은 이미 기정사실화되어 가고 있었다.

③ 제주도 4 · 3사건(1948.4.3)

　㉠ 배경 : 단독 선거 반대 시위의 발생에 경찰의 발포가 이어지자 주민들은 총파업을 전개하였고, 미 군정청은 경찰과 우익단체 등을 동원하여 무력 탄압을 하였다.

　㉡ 전개과정 : 좌익 세력은 남한만의 단독선거에 반대하여 무장 봉기를 일으키자, 제주도 일부 지역에서 5 · 10 총선거가 무산되고, 좌익 세력의 유격전이 전개되었다.

　㉢ 결과 : 군대 · 경찰의 초토화 작전으로 많은 양민이 희생되었다.

④ 대한민국 정부 수립(1948.8.15)

　㉠ 우리나라 최초의 보통선거로 총선거를 통해 제헌국회의원을 선출하였다. 선거에 김구의 한국독립당, 김규
　　식 등의 중도파와 공산주의자들은 불참하였다.

　㉡ 제헌국회를 구성(임기2년, 제헌의원 선출)하고 민주공화국체제의 헌법을 제정ㆍ공포하였다(7.17).

　㉢ 대통령에 이승만, 부통령에 이시형 선출하고, 대한민국의 수립을 선포하였다(1948.8.15).

⑤ 여수ㆍ순천 10ㆍ19사건(1948.10.19)

　㉠ 배경 : 제주도 4ㆍ3사건 진압 위해 여수 주둔 군부대 출동 명령을 지시하였다.

　㉡ 전개과정 : 좌익세력이 제주도 출동에 반대해 통일 정부 수립을 주장하며 봉기를 일으키고, 여수ㆍ순천을 점
　　령하였다.

　㉢ 결과 : 이승만 정부의 진압으로 군대 내 좌익세력 숙청되고, 군ㆍ민의 막대한 인명이 살상되었다.

(5) 친일파 청산과 농지개혁

① 반민족 행위 처벌법 제정(1948.9)

　㉠ 배경 : 민족정기와 사회정의를 바로 세우려는 목적으로 제정하였다.

　㉡ 내용 : 일제 강점기에 친일 행위를 한 사람들의 처벌 및 공민권을 제한하였다.

　㉢ 전개과정 : 제헌국회는 반민족행위처벌법 제정ㆍ공포(형벌불소급의 원칙 적용하지 않음)하여 반민족행위특별
　　조사위원 구성하였고, 대다수 국민들이 지지를 하였다.

　㉣ 결과 : 박흥식, 최린, 이광수, 최남선 등에게 실형을 선고하였지만, 형집행 정지 등으로 전원 석방되었고,
　　이승만 정부는 특위위원이 공산당과 내통했다는 것을 구실로 반민특위를 해체하였다(1949.8.31).

　㉤ 한계 : 이승만 정부의 비협조와 경찰 요직에 자리 잡은 친일파의 방해로 실패하였다.

② 농지개혁법(1950.3)

　㉠ 배경 : 국민의 개혁 요구 및 북한의 토지개혁 단행과 산업화 토대 마련을 하고자 하였다.

　㉡ 전개과정 : 농지 개혁법을 공포(1946.6)하고, 개정 시행(1950.3)을 하여 1957년에 완료하였다.

　㉢ 내용

　　• 1가구당 농지 소유 면적을 3정보로 제한한 것으로 농지 소유의 상한선을 설정하였다.

　　• 3정보 이상의 농지나 직접 경작하지 않는 사람의 농지 등을 정부가 유상매수ㆍ유상분배(자유전의 원칙 지향)하였다.
　　　북한이 전 토지가 대상인 것과는 달리 남한은 산림과 임야를 제외한 토지를 대상으로 하였다.

　　• 미 군정청은 귀속 농지를 유상으로 분배하였고, 북한과 달리 지주들은 자기 소유의 토지를 임의로 처분이 가능하
　　　였다.

　㉣ 결과

　　• 지주중심의 토지 소유에서 농민 중심의 토지 소유로 전환되었지만, 지주층의 입장이 많이 반영되었고, 지주에게
　　　유리하게 진행되었다.

　　• 남한의 공산화 방지에 기여하였다.

- 유상분배의 부담으로 일부 농민은 농지를 되팔고 다시 소작농이 되기도 하고, 중소 지주층은 유상매수를 위해 발행한 지가 증권이 현금화가 잘 안되어, 산업자본가가 되기에는 어려움이 있었다.

③ **귀속재산 처리법**(1949.12.19)
  ㉠ **배경** : 귀속재산을 유효적절하게 처리함으로써 산업부흥과 국민경제의 안정을 도모하기 위한 목적으로 제정되었다.
  ㉡ **전개** : 신한 공사에서 귀속재산을 접수하였으나, 처리가 미비하였으며 1950년대 독점 자본 형성에 영향을 주었다.

section 02 민주주의 정착과 발전

(1) 제1공화국(1948~1960) : 이승만 정부

① **정책** : 반공, 독재 정치로 국민의 기본권을 제한하였다.

② **장기 집권 체제 확립 및 반민주적 개헌**
  ㉠ **발췌개헌**(1952.5.7)
    - **배경** : 재선 가능성의 희박함을 알고 국회를 통한 간접선거를 피하고, 대통령 직선제로 개헌을 추진하고자 하였다.
    - **과정** : 대통령 계엄령을 선포하고 국회 해산을 요구하였다. 국회의원을 압박하여 군경이 국회의사당을 포위한 가운데 국회의원들이 기립 방식으로 투표를 하였다.
    - **결과** : 대통령 직선제와 내각 책임을 발췌·절충하여 개헌안(국회 양원제)을 통과시켜 이승만은 대통령에 재선되었다.
  ㉡ **사사오입 개헌**(1954.11.29)
    - **배경** : 이승만은 종신 집권을 도모하고자 하였다.
    - **과정** : 초대 대통령에 대한 3선 금지 조항 폐지 개헌안을 통과시키려고 하였다.
    - **결과** : 초대 대통령에 한하여 연임 제한 규정이 철폐되고, 이후 대통령에 자유당의 이승만이 부통령에 민주당의 장면이 당선되었다.
  ㉢ **진보당 사건**(1958.1) : 위원장 조봉암을 비롯한 진보당의 전간부가 북한의 간첩과 내통하고, 북한의 통일방안을 주장했다는 혐의로 구속 기소된 사건으로 이를 통해 야당 지도자인 조봉암을 사형시키고 진보당을 해체시켰다.
  ㉣ **3·15부정 선거**(1960) : 대리 투표, 투표함 바꿔치기 등의 비리를 자행하였다.

㉤ 4·19 혁명(1960)
　　　• 배경 : 독재정치와 3·15부정 선거가 직접적인 원인이 되었다.
　　　• 과정 : 마산의 항의 시위(김주열 사망)를 계기로 전국적으로 시위가 확산되자 경찰의 발표가 이어지고, 교수단마
　　　　저 시위에 참여하자 이승만은 사임(4.25)하였다.
　　　• 의의 : 학생과 시민이 중심이 되어 독재 정권을 무너뜨린 민주혁명이다.

③ 이승만 정부의 전후 복구와 경제 정책
　　㉠ 전후 복구 사업 : 미국 등의 원조를 받아 사회 기간시설을 보수하였고, 1950년대 후반부터 제분(밀가루), 제
　　　당(설탕), 섬유(면방직)산업인 삼백산업이 발달하였다.
　　㉡ 미국의 경제 원조
　　　• 배경 : 한국의 정치적 안정과 미국 내 과잉 생산 농산물을 처리하기 위한 목적이었다.
　　　• 내용 : 주로 생활필수품과 면화, 밀가루, 설탕 등 소비재 산업 원료에 집중되었고, 1958년에는 미국의 경제 불황
　　　　으로 무상원조에서 유상차관으로 전환되었다.
　　　• 영향 : 식량 문제 해결에 크게 기여하였으나, 밀가루, 면화 등의 대량 수입으로 농업 기반이 붕괴되었다.

(2) 제2공화국(1960~1961) : 장면 내각

① 성격 : 장면을 행정수반으로 하여 민주당 내각을 성립하고(대통령 윤보선, 국무총리 윤보선), 내각 책임제와 양
　　원제를 채택하였다.

② 정책 : 경제 제일주의 정책을 내세워 경제개발 5개년 계획을 수립하였으나 5·16군사정변으로 실행하지 못하였다.

③ 한계 : 지속되는 경기 침체와 독재정권 붕괴에 따른 국민들의 요구 수용에 소극적으로 대처하여 많은 지지를
　　얻지 못하였다.

section 03 5·16군사정변과 유신 체제

(1) 5·16군사정변

① 배경 : 사회 혼란과 장면 내각의 무능 등을 명분으로 박정희 중심의 일부 군부 세력이 쿠데타를 통해 권력을
　　장악하였다.

② 경과 : 정치군인 박정희는 국가재건최고회의를 구성하고 군정을 실시하였으며 내각책임제를 대통령제와 단원제
　　로 바꾸고, 제5대 대통령 선거에서 군복을 벗은 박정희가 윤보선을 누르고 당선되었다(1963).

(2) 박정희 정부의 출범(1963~1972)

① 성격 : 대통령 직선제, 국회 단원제

② 정책

경제 · 성장 제일주의 정책(정부 주도)	• 제1 · 2차 경제 개발 5개년 계획 추진(1962~1971)하였다. • 경공업 육성과 수출 주도형 성장 전략(섬유산업, 가발 등)을 전개하면서 낮은 임금(저임금 정책)을 이용한 노동 집약적 산업 발달하였다. • 경부고속도로 건설(1970), 포항제철 건설이 시작되었다.
한일국교 정상화 (1965.6)	• 미국의 수교 요구와 경제 개발에 필요한 자본 확보 위해 추진하였다. • 학생을 중심으로 6 · 3시위 발생하자 계엄령을 선포하고, 한 · 일 협정을 체결(1965.6.22)하였다.
베트남 파병 (1965~1973)	• 국군의 베트남 파견을 대가로 미국은 한국군 현대화를 위한 장비와 경제원조의 제공을 약속하였다. • 베트남 특수로 경제 발달을 이루었지만, 고엽제와 인명 피해가 발생하였다.
새마을 운동(1970)	• 정부 주도로 진행(근면 · 자조 · 협동을 바탕)되어 농어촌 근대화 운동과 소득 증대 사업을 중심으로 진행되었다. • 초기는 단순한 농가의 소득배가운동에서 시작되어 점차 도시 · 직장 · 공장에 확산되면서 근면 · 자조 · 협동을 생활화하는 의식개혁운동으로 발전하였다.
3선 개헌(1969)	• 경제성장을 바탕으로 제6대 대통령 선거에 재선하였다. • 대통령의 3선 연임을 허용하는 개헌안을 통과시켜 장기 집권 기반 마련하고, 제7대 대통령 선거에서 신민당 김대중 후보를 누르고 당선되었다.
통일 정책	• 반공을 국시로 강력한 반공정책 시행하였다. • 7 · 4남북공동성명(1972) : 남북 모두 독재 권력 계기로 삼았다. • 6 · 23평화통일선언(1973) : 남 · 북한 UN동시가입 제의, 호혜평등의 원칙하에 모든 국가에 문호개방을 개방하였다.

POINT 7 · 4남북 공동성명*

> 첫째, 통일은 외세에 의존하거나 외세에 간섭을 받음이 없이 자주적으로 해결하여야 한다.
> 둘째, 통일은 서로 상대방을 반대하는 무력행사에 의거하지 않고 평화적 방법으로 실현하여야 한다.
> 셋째, 사상과 이념, 제도의 차이를 초월하여 우선 하나의 민족으로서 민족 대단결을 도모하여야 한다.
>
> * 제시문은 7 · 4남북공동성명이다. 통일에 관한 최초의 남북 합의로써 서울과 평양에서 동시에 발표되었다. 자주, 평화, 민족대단결을 통일 3대 원칙으로 삼고, 남북조절위원회 설치를 결의하였다. 발표 이후 남한은 10월 유신을 단행하였고, 북한은 사회주의 헌법 제정을 통해 남북 모두 정치적으로 이용하여 독재 권력을 강화하는 계기로 삼았다.

(3) 박정희 정부의 유신체제(1972~1979)

① 배경 : 대내외적인 위기감(냉전체제 완화, 경제 불황에 의한 국민 불만)을 극복하고 독재기반을 강화하여 영구 집권을 도모하고자 하였다.

② 성립 : 국가 비상사태를 선언(1971)하고, 국회 해산과 동시에 정당 및 정치 활동을 금지하고 유신헌법을 공포하였다(1972.10).

③ 유신체제의 성격 및 내용
　㉠ 한국적 민주주의를 표방하였다.
　㉡ 대통령의 권한을 비정상적으로 강화하고, 의회주의와 삼권분립을 무시(의회, 사법부 장악)하였다. 대통령에게 초법적 긴급조치권과 국회의원의 1/3을 임명할 수 있는 권한과 국회해산권, 법관인사권을 부여하였다.
　㉢ 대통령 통제의 통일주체국민회의 설립(1972.12)하고, 대통령을 간접선거에 의하여 선출(대통령 간선제, 임기 6년, 대통령 연임 철폐)하였다.
　㉣ 유신체제 사회상 : 국가가 국민의 일상을 통제하고 억압(장발과 미니스커트 단속, 통금령)하였으며, 이에 정권에 대한 저항 문화가 확산되었다.

④ 경제정책 : 제3·4차 경제개발 5개년 계획(1972~1981)
　㉠ 중화학공업 육성(재벌 중심의 수출주도형)으로 산업구조의 고도화가 이루어졌다.
　㉡ 1차 석유파동(1973년)으로 경제위기에 빠졌으나, 건설업의 중동 진출 등으로 극복하였다.
　㉢ 2차 석유파동(1978년)으로 경제 불황에 빠져 큰 어려움을 겪었다.

(4) 유신체제의 몰락

① 붕괴
　㉠ 독재체제에 대한 국민적 저항이 발생하고 국제 사회의 비판 여론이 이어졌다.
　㉡ 석유파동에 의한 경제위기(1978)와 장기집권에 대한 국민적 비판은 치열한 노동운동의 전개와 반독재운동(김대중 납치사건, 유신 반대 시위, 3.1민주 구국 운동)으로 이어졌다.

전태일 분신자살사건 (1970.11.13)	• 1970년 11월 13일 서울 동대문 평화시장 재단사로 일하던 전태일이 열악한 노동환경 개선을 외치며 온 몸에 휘발유를 붓고 분신자살한 사건(근로기준법 준수, 작업환경 개선, 임금인상, 건강진단 실시 등 주장)이다.
YH무역사건 (1979.8.9)	• 가발제조업체인 YH무역 부당한 폐업을 공고하자, 이 회사 노동조합원들이 회사 정상화와 생존권 보장을 요구하며 농성하던 중 강제 진압과정에서 여성 노동자가 사망하게 된 사건이다.
부·마 민주화 운동 (1979.10.16.~20)	• 경상남도 부산 및 마산 지역을 중심으로 일어난 반정부 항쟁사건으로, 박정희의 유신독재에 반대한 시위사건이다.

② 종말 : 10·26사태(김재규의 박정희 살해)로 유신체제는 종말을 고하였다.

section 04 5 · 18 민주화 운동과 6월 민주 항쟁

(1) 5 · 18 민주화 운동(1980)

① 배경 : 12 · 12쿠데타로 신군부 세력이 권력을 장악하자, 계엄령 해제와 민주화를 요구하는 대규모 시위가 전개되자 신군부는 계엄령을 전국 확대 실시(1980.5.17)를 하였다.

② 경과 : 1980년 5월 18일에서 27일까지 전라남도 및 광주 시민들이 계엄령 철폐와 전두환 퇴진, 김대중 석방 등을 요구하여 민주화 운동을 벌였으나, 계엄군이 무력으로 시민군을 진압하였다.

③ 의의 : 1980년대 반독재, 민주화 운동, 반미 운동의 계기가 되었다.

(2) 제5공화국(1981~1987) : 전두환 정부

① 집권 과정
  ㉠ 5 · 18민주화 운동을 무력으로 진압 후 신군부는 국가보위비상대책위원회(1980.5.31)를 발족하여 권력을 장악하였다.
  ㉡ 헌법을 대통령 7년 단임, 대통령 간선제로 개정하고, 민주 정의당을 창당하여 대통령에 취임하였다(1981).

② 정책

강압통치	• 민주화 운동 탄압, 인권 유린 및 언론 통폐합을 하였다.
유화통치	• 민주화인사를 복권시키고, 야간 통행금지를 해제하였다. • 해외여행 자유화 및 중고생 교복 자율화를 시행하였다. • 컬러텔레비전 방송이 시작되고, 프로야구, 프로축구가 출범하였다.
경제정책	• 1980년대 중반 이후 3저 호황(저유가 · 저금리 · 저달러)에 힘입어 빠른 경제성장을 달성하였다. • 반도체, 자동차, 산업용 전자 등 기술집약형 산업이 성장을 주도하기 시작하였다.
통일정책	• 비정치적 교류에 중점을 두었다. • 북한의 수재물자 제공(1984) → 남북 경제회담, 적십자회담 등 개최, 남북한 이산가족 고향 방문 및 예술공연단 교환 방문(1985) → 정치 · 군사적 갈등은 여전히 지속되었다. • 남북한의 이산가족이 각각 서울과 평양을 처음으로 방문(1985)하였다.

(3) 6월 민주항쟁(1987)

① 배경 : 5 · 18민주화운동의 진상 규명과 민주화 요구가 활성화되고, 군부 독재 종식을 위한 대통령 직선제 쟁취 운동이 본격화되었다.

② **전개과정** : 야당과 재야 세력 중심으로 대통령 직선제 개헌 추진→박종철 고문치사 사건 (1.14)으로 국민 저항 고조→4 · 13호헌조치(전두환 대통령이 국민들의 민주화 요구를 거부하고, 일체의 개헌 논의를 중단시킨 조치) 와 박종철 고문치사 사건 규탄 대회(5.18)로 고문정권 규탄 및 민주화 투쟁이 거세지는 와중에 이한열 사망 사건(6.9)을 계기로 국민들의 불신감이 커지고, 이에 분노한 국민들의 항쟁은 걷잡을 수 없게 됨→전국적 범국 민적 반독재 민주화 투쟁이 전개(1987.6.10)되었다.

③ **결과** : 6 · 29민주화선언으로 국민들의 민주화와 직선제 개헌요구가 받아들여졌다.

> **POINT** 6 · 29선언(일부)
>
> ① 여야 합의하에 조속히 대통령 직선제 개헌을 하고, 새 헌법에 의한 대통령 선거를 통해 1988년 2월 평화
> 적으로 정권을 이양하며, ② 자유로운 출마와 공정한 경쟁이 보장되는 대통령 선거법의 개정, ③ 국민적 화해
> 와 대단결을 도모하기 위해 김대중(金大中) 씨 등의 사면복권과 극소수를 제외한 시국사범 석방, ④ 인간존엄
> 성을 존중하기 위해 개헌안에 기본권 강화조항 보완 등
>
> * 6 · 29선언을 통해 5년 단임의 대통령 직선제 개헌(현행 헌법)과 민주개혁 조치를 약속하였다.

④ **의의** : 4 · 19혁명 이후 최대의 민주화 운동으로 민주주의 발전에 기여하였다.

(4) 제6공화국(1988~1993) : 노태우 정부

① 서울 올림픽 대회를 개최하였다(1988).

② 북방 외교를 추진하여 소련(1990), 중국(1992)과 수교하였다.

③ 자주 · 평화 · 민주의 통일 3원칙을 기반으로 하여 한민족공동체 통일방안(1989)을 제시하였다.

④ **남 · 북한 정치적 교류의 활성화** : 남북한 총리회담(1990) → 남북 고위급회담 → 남북 유엔 동시 가입(1991.9) → 남북기본합의서 채택(1991.12) → 한반도 비핵화에 관한 공동선언(1991.1)

03 출제예상문제

≫ 정답 및 해설 **p.420**

01 다음 글이 작성된 시기로 알맞은 것은?

> 한반도의 운명을 가르는 새해의 아침이 밝았다. 일주일 후로 다가온 유엔 한국 임시 위원단의 내한을 앞
> 두고 이승만 박사는 연두사에서 "다시 없이 좋은 이 기회를 놓치지 말고 우리의 이념인 민족 자결주의를
> 선양, 국권 수립에 매진하자."라고 호소하였고, 김구 선생은 "우리의 정당한 주장인 자주 독립의 통일 정
> 부 수립을 모색하자."라고 역설하였다. 미군정 수뇌부도 '금년도 한국인의 자유 의사에 의해 통일 국가가
> 수립되는 역사적인 해'라고 강조하였다.

① 모스크바 3국 외상 회의 개최 　　　　② 1차 미·소 공동 위원회 개최

③ 2차 미·소 공동 위원회 개최 　　　　④ 8·15 광복

02 다음은 어떤 인물이 발표한 신년사의 일부이다. 이를 통해 이 인물의 활동을 옳게 추론한 것은?

> 과거 1년간 우리 민족 내부의 정치 운동은 민족적 자주성을 망각한 채 편파적인 노선을 걸어왔습니다.
> 즉, 일부 노선은 친소·반미의 행동이라고, 또 일부 노선은 친미·반소의 행동이라며 서로 비판하면서 편
> 을 가르고 민족상잔의 투쟁을 계속하여 왔습니다. 이 두 노선은 우리 민족의 자주적 입장을 망각한 것으
> 로 민족의 통일 단결을 파괴하는 것입니다. 또한 좌우 양익의 협조에 의한 민주주의 임시 정부의 수립을
> 저지하는 것이며, 미·소 양국의 조선 문제에 관한 진정한 협조를 방해하는 것입니다. 이러한 편파적인
> 노선이 있다면 우리는 이를 철저히 청산하는 데서 비로소 민족의 자주 독립을 목표로 한 민주 단결 노선
> 을 확립할 수가 있다고 생각합니다.

① 모스크바에서 열린 3국 외상 회의의 결정에 반대하였다.

② 남한만의 단독 정부 수립 필요성을 처음으로 제기하였다.

③ 통일 정부 수립을 위하여 좌우 합작 위원회를 조직하였다.

④ 조선 공산당을 재건하여 이를 남조선 노동당으로 개칭하였다.

03 다음 (가), (나)의 주장에 대한 옳은 설명을 모두 고른 것은?

> (가) 신탁 관리제를 배격하는 국민 운동을 전개하여 자주 독립을 완전히 획득하기까지 3천만 전 민족이 최후의 피 한 방울까지라도 흘려서 싸우는 항쟁 개시를 선언한다.
>
> (나) 이러한 국제적 결정은 금일 조선을 위하여 가장 정당한 것이라고 우리는 인정한다. 문제의 5년 기한은 그 책임이 3국 외상 회의에 있는 것이 아니라 장구한 일본 지배의 해독과 민족의 분열에 있다.

> ㉠ (가) – 미 · 소 공동 위원회 개최를 촉구하였다.
> ㉡ (가) – 우리 민족의 즉각적인 독립을 주장하였다.
> ㉢ (나) – 임시 민주주의 정부 수립 결정을 지지하였다.
> ㉣ (나) – 대한민국 임시정부 계열 인사들의 견해였다.

① ㉠, ㉡
② ㉠, ㉢
③ ㉡, ㉢
④ ㉡, ㉣

04 다음에서 밑줄 친 '위원회'의 활동으로 옳은 것은?

> 새 정권이 확립되기까지의 일시적 과도기에 있어 본 <u>위원회</u>는 조선의 치안을 자주적으로 유지하며, 한 걸음 더 나아가 조선의 완전한 독립 국가 조직을 실현하기 위하여 새 정권을 수립하는 한 개의 잠정적 임무를 다하려는 의도에서 아래와 같은 강령을 내세운다.
> 1. 우리는 완전한 자주독립 국가의 건설을 기함.
> 1. 우리는 전 민족의 정치적 · 경제적 · 사회적 기본 요구를 실현할 수 있는 민주주의 정권의 수립을 기함.
> 1. 우리는 일시적 과도기에 있어서 국내 질서를 자주적으로 유지하며 대중 생활의 확보를 기함.

① 조선 인민 공화국을 선포하였다.
② 좌 · 우 합작 7원칙을 발표하였다.
③ 신탁 통치 반대 운동을 주도하였다.
④ 삼균주의를 바탕으로 건국 강령을 발표하였다.

05 다음 중 1945년 12월에 열린 모스크바 3상 회의에서 결의된 내용으로 옳지 않은 것은?

① 조선의 정당 및 사회 단체와 협의하여 임시조선민주주의 정부를 수립한다.

② 조선 임시정부수립을 원조하기 위해 미·소 공동위원회를 설치한다.

③ 2주일 이내에 미·소 양군 대표회의를 소집한다.

④ 친일파 및 민족반역자를 처벌하기 위한 관련 조례를 만든다.

06 밑줄 친 '이번 회의'에 대한 설명으로 옳은 것은?

> 카이로 회담에서 적당한 시기에 조선을 독립시켜 준다고 하였다. 그런데 이 적당한 시기라는 것이 <u>이번 회의</u>에서 5년 이내로 규정되었다. 이것은 우리가 5년 이내에 통일되고 우리의 발전이 상당히 이루어질 때에는 단축될 수 있으니 우리의 역량 발전에 달려 있다. …(중략)… 민족의 통일이 우리의 가장 급선무임을 깨닫고 속히 민주주의 원칙을 내세워 조선 민족 통일 전선을 완성함에 전력을 집중해야 한다.

① 단독 정부 구성에 반대하여 평양에서 개최되었다.

② 임시정부 수립에 참여할 단체의 자격을 논의하였다.

③ 두 차례에 걸쳐 미국과 소련의 대표 간에 진행되었다.

④ 조선에 임시 민주주의 정부를 수립한다는 내용을 결정하였다.

07 다음 중 장면내각에 대한 설명으로 옳지 않은 것은?

① 민간차원의 통일운동을 진행하였다.

② 경제정책으로는 3개년 경제발전계획이 국무회의를 통해 승인되었다.

③ 국토개발계획에 착수하였다.

④ 4·19혁명을 통해 성립된 장면 정권은 국민투표를 통해 윤보선을 대통령으로 선출하였다.

08 토지개혁에 대한 설명으로 옳지 않은 것은?

① 토지개혁은 이승만 정부가 지주의 경제력을 약화시키는 데 목적이 있었다.

② 일반 대지는 물론 비경작지인 산림과 임야도 모두 포함되었다.

③ 1농가당 3정보를 초과하는 소유 농지는 정부가 매수하여 분배한다.

④ 6 · 25를 거치면서 가치가 떨어져 지주들이 대거 몰락했다.

09 다음 중 1945년 광복 이후 우리나라의 정치변화에 대한 설명으로 옳은 것은?

① 이승만은 장기집권을 위하여 대통령간선제의 발췌개헌안을 강압적인 방법으로 통과시켰다.

② 이승만 정권이 붕괴된 후 수립된 과도정부시기에 헌법은 내각책임제와 양원제 국회로 개정되었다.

③ 유신체제로 인하여 우리나라는 의회주의와 삼권분립을 존중하는 민주적 헌정체제가 완성되었다.

④ 10 · 26사태(1979) 직후 민주화를 요구하는 국민들의 요구로 대통령직선제가 실시되었다.

10 다음 활동이 실패로 끝난 이유로 옳은 것은?

> 민족적 과제인 일제의 잔재를 청산하기 위하여 반민족행위처벌법이 제정된 후, 이 법에 따라 국회의원 10명으로 구성된 반민족행위특별군사위원회에서 친일혐의를 받았던 주요 인사들을 조사하였다.

① 반공을 우선시하던 이승만 정부의 소극적인 태도 때문에

② 분단을 우려한 인사들이 추진한 남북협상이 실패했기 때문에

③ 갑작스런 6 · 25전쟁의 발발 때문에

④ 자유당 정권이 장기집권을 노리고 부정선거를 자행했기 때문에

11 다음은 대한민국 정부수립을 전후하여 있었던 주요 사건이다. 시기 순으로 배열된 것은?

> ㉠ 여운형 암살　　　　　　　　㉡ 조선민주주의 인민공화국 성립
> ㉢ 제주 4 · 3사건 발발　　　　　㉣ 대한민국 정부수립 반포
> ㉤ 농지개혁법 공포

① ㉠-㉡-㉣-㉢-㉤　　　　　　② ㉠-㉢-㉡-㉣-㉤
③ ㉠-㉢-㉣-㉡-㉤　　　　　　④ ㉢-㉠-㉣-㉡-㉤

12 남한과 북한의 농지개혁법에 대한 설명 중 옳지 않은 것은?

① 남한의 지주들은 산업자본가로 성장하였다.
② 북한은 무상몰수 무상분배의 원칙으로 개혁을 진행하였다.
③ 북한 농민의 생산의욕이 높아졌다.
④ 국민들은 지지하지 않았다.

13 다음 대한민국 정부수립과정 중 ( ) 안에 들어갈 사실로 옳지 않은 것은?

> 광복→미 · 소군정실시→( )→남한 단독 선거→정부 수립

① 모스크바 3국 외상 회의　　　　② 건국준비위원회
③ 미 · 소 공동 위원회　　　　　　④ 좌우합작위원회

14 다음 중 제헌국회에 대한 설명으로 옳지 않은 것은?

① 남한만의 단독 총선거에 반대한 김구, 김규식은 불참했다.
② 국회의원의 임기는 4년으로 정하였다.
③ 일제시대의 반민족 행위자를 처벌하기 위해 반민족행위처벌법을 제정했다.
④ 1948년 5월 10일 남한만의 단독 총선거로 구성되었다.

15 다음 회의들의 공통점으로 알맞은 것은?

> • 카이로 선언   • 포츠담 선언

① 한반도의 남과 북에 각각 군대를 주둔시켰다.
② 최대 5년간 한반도를 신탁 통치하기로 하였다.
③ 건국 강령을 발표하고 정부 수립을 준비하였다.
④ 연합국 대표들이 우리 민족의 독립을 약속하였다.

16 빈칸에 들어갈 단체와 그 단체를 조직한 중심인물을 바르게 연결한 것은?

> 광복에 대비하기 위해 국내에서 조선 건국 동맹이 결성되었는데, 이 단체는 광복 이후 (   )(으)로 발전하였다.

① 신간회 – 안창호
② 한인애국단 – 김구
③ 조선의용대 – 김원봉
④ 조선건국준비위원회 – 여운형

17 다음 중 (개의 시기에 일어난 일로 옳은 것은?

> 모스크바 3국 외상 회의 → 1차 미·소 공동 위원회 → (개) → 2차 미·소 공동 위원회 → 대한민국 건립

① 제주도 4·3사건　　　　　　　　② 신탁통치반대운동의 범국민적 통합단체 발족
③ 5·10 총선거　　　　　　　　　④ 좌우합작운동

18 모스크바 3국 외상 회의의 결과로 옳은 것은?

① 임시 민주 정부 수립과 신탁 통치를 결정하였다.
② 미군과 소련군을 즉시 철수시키기로 결정하였다.
③ 유엔 한국 임시 위원단을 파견하기로 결정하였다.
④ 38도선을 경계로 미군과 소련군이 주둔하기로 결정하였다.

19 4·19혁명에 대한 설명으로 옳지 않은 것은?

① 이승만 대통령의 독재정치와 장기집권이 배경이 되었다.
② 3·15 부정선거가 도화선이 되었다.
③ 대학교수단의 시국선언은 4월 19일 학생 시위를 촉발시켰다.
④ 학생이 앞장서고 시민이 참여한 민주혁명이었다.

20 4·19혁명의 영향으로 볼 수 없는 것은?

① 내각책임제 정부와 양원제 의회가 출범하였다.
② 반민족행위자에 대한 처벌법이 제정되었다.
③ 부정축재자에 대한 처벌 요구가 높아졌다.
④ 통일에 관한 논의가 활발하게 제기되었다.

CHAPTER

6 · 25 전쟁의 원인과 책임

핵심이론정리

---

section 01 6 · 25 전쟁의 배경 및 과정

(1) 해방 이후 한반도 내부의 불안정

① 38도선의 설정과 미군정과 소련군이 진주하였다.

② 좌 · 우의 대립과 남북 분단이 되었다.

③ 대한민국(1948.8)과 조선민주주의인민공화국(1948.9)이 수립되었다.

(2) 북한의 전쟁 준비

① 위장 평화 공세와 대남 적화 전략
  ㉠ 표면적으로 평화통일을 주장하고 통일 정부 수립 제안 등을 하였다.
  ㉡ 유격대 남파 등 사회 환란을 유도하고, 38도선에서 군사적 충돌을 유도하였다.

② 소련에서 최신 무기를 도입하고, 중국에서 조선의용군을 편입하였다.

③ 전쟁 직전 북한은 지상군 20여 만명 보유(남한 군사력의 약 2배에 해당)하고, 소련과 중국의 지원으로 남한보다 우세한 장비 및 무기체계를 보유하였다.

(3) 국제 정세의 변화

① 주한미군이 철수(1949)하고, 중국이 공산화(1949)가 되었다.

② 미국의 애치슨선언(1950) : 1950년 1월 10일 당시 미 국무 장관 애치슨은 미국의 태평양방위선을 알래스카 – 일본 – 오키나와 – 필리핀 선으로 한다고 언명하였던 것으로, 북한은 이것을 '미국이 한국을 태평양 방위권 내에서 제외하였으므로 한국에 침공하여도 미국의 무력 지원은 없을 것'이라고 판단하였던 것이다. '애치슨라인'은 북한이 남침 가능성을 오판하게 하는 요인이 되고 말았다.

(4) 전쟁의 발발 및 경과

① 북한군의 진격(1950.6.25) : 1950년 6월 25일 새벽 4시, 북한은 38 도선 전 지역에서 총 공격을 시작하였다. 전투가 시작된 지 사흘 만에 서울이 북한군에게 점령되었다.

② 한강대교 폭파(1950.6.28) → 서울 함락, 낙동강 전선까지 후퇴 → 유엔군 참전(1950.7)
  ㉠ 마음이 다급해진 이승만은 미국에 도움을 요청하자, 미국은 빠르게 남한에 군대를 보냈고, 유엔을 움직여 유엔군을 보낸다.
  ㉡ 미군이 개입했지만 남한 군과 미군은 낙동강까지 밀리게 되었다.

③ 국군과 유엔군의 반격(인천상륙작전, 1950.9) → 서울탈환, 38도선 돌파, 평양 수복, 압록강까지 진출
  ㉠ 9월 15일 새벽, 미군이 '인천 상륙 작전'에 성공하면서 9월 28일에는 서울을 되찾게 되었다.
  ㉡ 1950년 10월 1일 북진을 시작한 남한 군과 유엔군은 10월 20일 평양을 점령하고, 10월 26일 압록강에 이르렀다.

④ 중공군 개입(1950.10.25) → 1·4후퇴 → 서울 재수복
  ㉠ 압록강까지 밀린 북한군이 중국에 도움을 요청하자, 중국은 18만 명의 중공군을 이끌고 압록강을 넘자, 중공군의 개입으로 전세는 다시 역전되었다.
  ㉡ 12월 10일 평양이 다시 중공군의 손에 들어갔고, 1951년 1월에는 서울이 다시 북한군의 손에 들어갔지만, 남한군과 미군은 우월한 무기를 앞세워 다시 북한군을 몰아붙였고, 3월 5일에 서울을 되찾았다.

⑤ 38선 일대에서 전선 교착상태(1951.3~1953.7.27) : 1951년 3월, 38도선을 중심으로 밀고 밀리는 치열한 전투가 계속되었다. 1953년 7월 27일 휴전 협정이 맺어졌고, 맞서 싸우던 전선은 휴전선이 되었다.

⑥ 소련이 유엔에 휴전 제의(1951.6) → 우리 정부와 국민은 반대 → 이승만은 반공포로 석방(1953.6.18)하여 휴전 협상 방해 → 한국, 유엔, 북한, 중국 대표가 휴전 협정에 서명 → 휴전협정체결(1953.7.27)

section 02 전쟁의 결과

① **인명 피해** : 사상자가 수백만 명, 이산가족이 1천만 명, 수많은 전쟁 고아가 발생하였다.

② **경제적 피해** : 국토는 황폐화되고 많은 산업 시설이 잿더미가 되었다. 전쟁으로 농업 생산이 어려워져 식량이 모자라고, 수많은 공장과 도로, 철도의 파괴로 공업 생산량은 크게 줄어들었다.

③ **적대감과 보복** : 남한군은 북한과 관련된 자들을 '빨갱이'로 몰아 죽였고, 북한군은 남한과 관련된 자들을 '반동 분자'로 몰아 죽였다. 전선이 바뀔 때마다 서로에 대한 보복이 계속되었다.

④ **분단이 굳어짐** : 임시로 나뉜 38도선은 휴전선으로 굳어지고, 남북한의 적대 감정이 높아져 대결로 치달았으며 남북 분단은 현실로 굳어져 갔다.

⑤ 휴전협정 후 안보보장을 위해 한 · 미 상호방위조약 체결하였다(1953.12).

제1조 당사국 중 일국의 정치적 독립 또는 안전이 외부의 무력공격에 의하여 위협받고 있다고 인정될 경우 언제든지 양 국은 서로 협의한다.

제2조 각 당사국은 상대 당사국에 대한 무력공격을 자국의 평화와 안전을 위태롭게 하는 것이라고 인정하고, 공동의 위 험에 대처하기 위하여 각자의 헌법상의 절차에 따라 행동한다.

제3조 이에 따라 미국은 자국의 육 · 해 · 공군을 대한민국 영토 내와 그 부근에 배비(配備)할 수 있는 권리를 갖고 대한 민국은 이를 허락한다. 이 조약은 어느 한 당사국이 상대 당사국에게 1년 전에 미리 폐기 통고하기 이전까지 무기 한 유효하다.

* 이 조약은 1953년 7월 27일 휴전협정 이후 한 · 미 양국이 한반도의 군사적 긴장 상황에 공동 대처하기 위하여 체결한 것으로, 이 조약에 따라 한반도에 무력 충돌이 발생할 경우 미국은 국제 연합의 토의와 결정을 거치지 않고도 즉각 개입할 수 있다.

≫ 정답 및 해설 **p.424**

01 다음에서 설명하는 ㈎, ㈏ 시기 사이의 사실로 옳은 것은?

> ㈎ 무서운 추진력으로 발진한 '코세어' 전투기가 바다 위로 떠올랐다. 이렇게 '90 특공 편대'의 첫 비행기가 막 이륙했다. 인천 앞 서해 위에 떠 있는 수많은 함정 위에 흩어져 있던 유엔군의 첫 번째 공격이었다.
> ㈏ 전세가 많이 달라져 있었다. 최전방이었던 청천강가의 신안주 비행장은 이미 적의 수중에 떨어져 있었고, 평양이 최북단 기착지가 되었다. 공세 초기의 낙관은 침울한 비관론으로 기울었다.

① 한국 정부가 반공 포로 석방을 단행하였다.
② 국군과 유엔군이 38도선 이북으로 진격하였다.
③ 소련의 제의로 첫 번째 휴전 회담이 개최되었다.
④ 중국군과 북한군이 공격하여 서울을 다시 점령하였다.

02 다음은 6 · 25 전쟁 중에 일어난 사건들이다. 시기 순으로 옳게 나열한 것은?

> ㈎ 국군과 유엔군이 평양을 탈환하였다.
> ㈏ 북한군이 낙동강까지 밀고 내려왔다.
> ㈐ 전쟁에 중국군이 개입하면서 서울을 빼앗기고 후퇴하였다.
> ㈑ 국군과 유엔군이 인천상륙작전으로 전세를 뒤집고 서울을 되찾았다.

① ㈎ − ㈏ − ㈐ − ㈑
② ㈎ − ㈏ − ㈑ − ㈐
③ ㈏ − ㈑ − ㈎ − ㈐
④ ㈐ − ㈏ − ㈎ − ㈑

03 (가)~(라) 사진을 보고 학생들이 나눈 대화의 내용으로 옳은 것을 〈보기〉에서 고른 것은?

(가)	(나)	(다)	(라)
인천 상륙 작전	중국군 참전	반공 포로 석방	한·미 상호 방위 조약 체결

〈보기〉

㉠ (가) – 서울 수복의 발판을 마련하였어.

㉡ (나) – 1 · 4 후퇴의 계기가 되었지.

㉢ (다) – 미국의 동의로 이루어졌어.

㉣ (라) – 애치슨 선언의 배경이 되었지

① ㉠, ㉡　　　　　　　　② ㉠, ㉢

③ ㉡, ㉢　　　　　　　　④ ㉡, ㉣

04 6 · 25 전쟁의 영향으로 옳은 것을 모두 고른 것은?

㉠ 남북 간의 분단이 고착화되었다.

㉡ 남북의 민주주의 발전에 크게 기여하였다.

㉢ 전쟁 특수를 통해 산업 시설이 증가하였다.

㉣ 수많은 전쟁고아와 이산가족이 발생하였다.

① ㉠, ㉡　　　　　　　　② ㉠, ㉣

③ ㉡, ㉢　　　　　　　　④ ㉡, ㉣

05 다음 지도는 6 · 25 전쟁의 순서와 관련된 것이다. 4개의 지도를 시간 순서대로 연결한 것은?

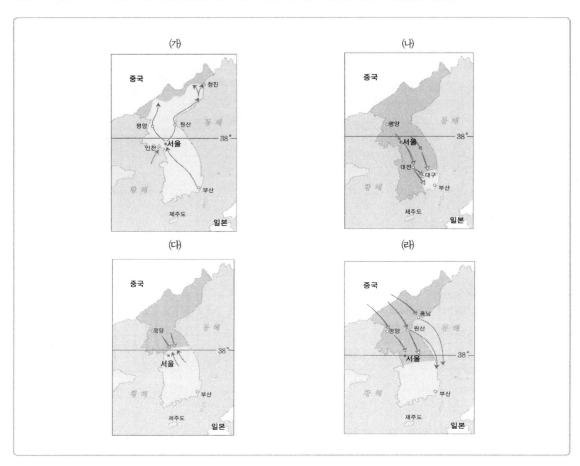

① (가) - (나) - (다) - (라)

② (가) - (다) - (나) - (라)

③ (나) - (가) - (다) - (라)

④ (나) - (가) - (라) - (다)

06 6 · 25 전쟁의 전개 과정을 나타낸 지도이다. 순서대로 바르게 나열한 것은?

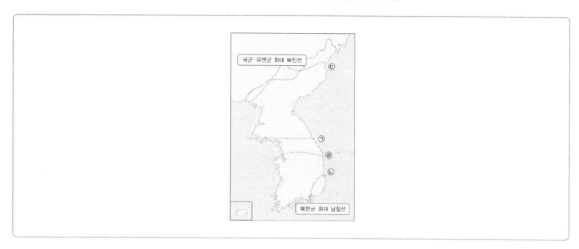

① ㉠ − ㉡ − ㉢ − ㉣

② ㉡ − ㉢ − ㉣ − ㉠

③ ㉠ − ㉣ − ㉡ − ㉢

④ ㉡ − ㉣ − ㉠ − ㉢

07 (가)에 들어갈 사실로 옳지 않은 것은?

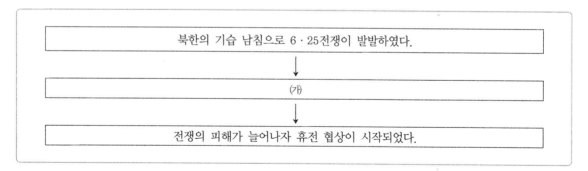

① 1 · 4 후퇴

② 중국군 참전

③ 애치슨 선언 발표

④ 인천 상륙 작전 전개

08 (가)~(라)는 6 · 25 전쟁 과정에서 일어난 일들이다. 이를 순서대로 나열한 것은?

> (가) 1950년 6월 25일 북한이 남침을 강행하였다.
>
> (나) 유엔군과 공산군은 휴전 협정을 체결하였다.
>
> (다) 중국군이 개입하자 국군과 유엔군은 다시 서울을 빼앗겼다.
>
> (라) 인천 상륙 작전을 통해 국군과 유엔군이 서울을 되찾고 압록강까지 진격하였다.

① (가) ─ (라) ─ (나) ─ (다)   ② (가) ─ (라) ─ (다) ─ (나)

③ (나) ─ (다) ─ (가) ─ (라)   ④ (나) ─ (다) ─ (라) ─ (가)

09 지도와 같이 전개된 전쟁에 대한 설명으로 옳지 않은 것은?

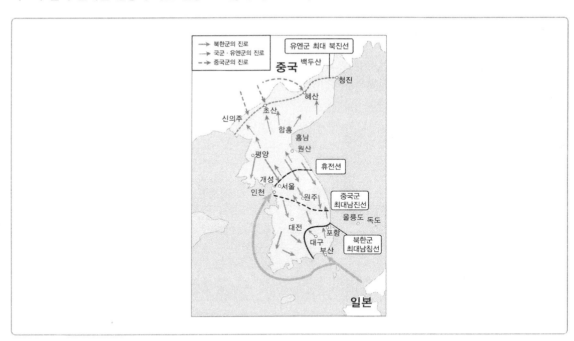

① 북한군의 남침으로 시작되었다.

② 북한은 미국의 지원을 받아 군사력을 키웠다.

③ 북한의 요청으로 중국군이 전쟁에 개입하였다.

④ 유엔 안전 보장 이사회가 열려 유엔군이 파병되었다.

10 6 · 25 전쟁의 결과로 옳지 않은 것은?

① 전쟁고아와 이산가족 발생
② 북한에 민주주의 정부 수립
③ 우리 민족 간의 불신과 적대감 증대
④ 분단의 고착화로 문화적 이질감 발생

CHAPTER 05 대한민국의 발전과정에서 군의 역할

핵심이론정리

section 01 대한민국의 발전과 군의 역할

(1) 국군의 명맥, 건군, 그리고 건국

① 국군의 명맥과 전통 : 구한말 항일 의병운동 → 일제 강점기 독립군 → 광복군 → 남조선 국방 경비대(1946.1) → 대한민국 국군(1948.8)

② 대한민국 정부 수립(1948.8) 직후 국군으로 출범하였다.

③ 북한은 정부 수립(1948.9)에 앞서 군대(1948.2)가 먼저 창설하였다.

④ 대한민국 국군은 한말 의병, 독립군, 광복군의 정신 및 역사적 전통을 계승하였다.
　㉠ 국방부 훈령 제1호 (초대 국방부장관 이범석)
　㉡ "우리 육·해군 각급 장병은 대한민국 국방군으로 편성되는 영예를 획득하게 되었다."

(2) 국군 조직의 법적 근거

① 국군조직법(법률 제9호, 1948.11.30)

② 국방부직제(대통령령 제37호, 1948.12.17)

(3) 건국 후 무장 게릴라 소탕 작전

① 지리산지구 전투사령부(1949.3)

② 태백산지구 전투사령부(1949.9)

section 02 국가 발전 과정에서 군의 역할

(1) 1950년대

① 한·미 상호방위조약체결로 군사력이 강화되었다.

② 전후 복구와 미국의 원조가 있었다.

(2) 1960년대

① 베트남 파병(1964, 1965~1973)

    ㉠ 명분 : 6·25전쟁을 도와 준 우방국에 보답 및 자유 민주주의의 수호였다.

    ㉡ 내용 : 비전투병(이동 외과 병원, 태권도 교관단 등)은 1964년부터 파견하고, 전투병 파병은 1965년부터 본격화되어, 1973년에 철수가 완료되었다.

    ㉢ 브라운 각서(1966.3)에 의해 미국이 국군 현대화 및 산업화에 필요한 기술과 차관이 제공되었다.

> ▶ 군사 원조
>   제1조. 한국에 있는 국군의 장비 현대화 계획을 위하여 수년 동안 상당량의 장비를 제공한다.
>   제3조. 베트남 공화국에 파견되는 추가 병력을 완전 대치하는 보충 병력을 무장하고 훈련하며, 소요 재정을 부담한다.
> ▶ 경제 원조
>   제4조. 수출 진흥의 전 부문에 있어서 대한민국에 대한 기술 원조를 강화한다.
>   제5조. 1965년 5월에 대한민국에 대하여 이미 약속한 바 있는 1억 5천억 달러 AID 차관에 추가하여 … (중략) … 대한민국의 경제 발전을 지원하기 위하여 AID 차관을 제공한다.
> -브라운 각서-
>
> * 제시된 자료는 1966년 3월 7일 미국 정부가 한국군 월남 증파의 선행조건에 대한 보상 조치를 당시의 주한 미국대사 브라운이 한국 정부에 전달한 공식 통고서이다.

    ㉣ 성과 : 국군의 전력 증강과 경제 개발을 위한 차관 확보, 파병 군인들의 송금, 군수품 수출, 건설업체의 베트남 진출로 외화 획득, 미국과 정치·군사적 동맹관계가 강화되었다.

② 향토 예비군 창설(1968)

    ㉠ 1968년 4월 1일 14시, 대전 공설운동장 메인스타디움에서, 박정희 대통령을 비롯한 시민 15만명이 참석한 가운데, 성대히 거행되었다.

    ㉡ 국민의 안보 의식을 고취시키기 위해, 예비역 장병을 중심으로, 평시에는 사회생활을 하면서, 유사시에는 향토 방위를 전담할 비정규군인 '향토예비군'을 창설하였다.

(3) 1970년대

① 국군 현대화 사업 추진 : 율곡 사업(1974~), 1974년 대북 전력격차를 해소하기 위해 수립한 한국군 전투력 증강 계획이다.

② 새마을 운동(1972)에 적극 참여하였다.

---

section **03 평화유지활동**

(1) 평화유지활동의 개념

① 유엔 평화유지활동은 국가 간의 분쟁을 평화적으로 해결하기 위해 시작되었다.

② 유엔 주도의 평화유지활동의 첫 출발은 1948년 팔레스타인 지역의 정전감시단(UNTSO)이다.

③ 이후 60여년간 120개국 60개 지역에 약 100만명의 파병되었고, 분쟁지역에서 정전감시, 평화 조성 및 재건, 치안활동, 난민 및 이재민 구호 활동을 하고 있다.

(2) 한국의 UN 평화유지활동 사례

① 소말리아 상록수부대(1993.7~1994.3) : 최초의 UN 평화유지활동 파병이다.
   ㉠ 상록수부대는 소말리아 땅을 푸른 옥토로 바꾸겠다는 의미이다.
   ㉡ 내전으로 황폐화된 도로(80km) 보수, 관개수로(18km) 개통, 사랑의 학교와 기술학교를 운영하였다.
   ㉢ 우리 군 최초의 유엔 PKO 활동으로 여러 가지 어려운 여건을 극복하고 기대 이상의 성과를 거두었고, 국제사회로부터 한국군의 참여를 지속적으로 요청하는 계기되었다.

② 서부사하라 국군의료지원단(1994.8~2006.5)
   ㉠ 현지 유엔요원에 대한 의료지원, 지역주민에 대한 방역 및 전염병 예방활동을 수행하였다.
   ㉡ 국내에서 1만여 km 떨어진 서부 사하라 국군의료부대까지의 보급과 지원을 실시하였다.
   ㉢ 10년 이상의 파병 기간동안 현지 PKO 요원 전원에 대한 의료지원임무를 기본으로 하면서 지역 주민에 대한 방역지원과 전염병 예방활동을 실시하여 현지인과 유대를 강화하는 데 기여하였다. → 우리 군의 군수지원체계를 발전시키는데 기여하였다.

③ 앙골라 공병부대(1995.10~1996.12)

　㉠ 내전으로 파괴된 교량을 건설하고 비행장을 복구하는 등 평화지원 임무를 수행하였다.

　㉡ 1996년 우리나라가 유엔안전보장이사회 비상임이사국으로 진출하는데 기여하였다.

　㉢ 공병임무를 성공적으로 수행함은 물론 인도적 구호활동을 활발히 전개하였다.

④ 동티모르 상록수부대(1999.10~2003.10)

　㉠ 우리 군 최초의 보병부대로써 UN 평화유지활동으로 파견되었다.

　㉡ 지역 재건과 치안 회복을 지원하여 동티모르 평화정착에 기여하였다.

⑤ 레바논 동명부대(2007.7~현재)

　㉠ 동티모르에 이은 두 번째 보병부대 파견으로, 정전 감시가 주 임무였다.

　㉡ 지역주민 진료 및 방역 활동, 도로 포장, 학교 및 관공서 시설물 개선 활동을 실시하였다.

　㉢ Peace Wave : 동명부대의 민사작전 명칭으로 노후화된 학교의 건물 개·보수, 도로 신설 및 개선, 민들을 대상으로 한 의료지원 활동 등 다양한 민사작전 활동을 수행하였다.

　㉣ 동명부대 전 장병은 UN 평화유지군에게 주어지는 최고의 영예인 유엔메달을 수여받았다.

⑥ 아이티 단비부대(2010. 2~현재)

　㉠ 지진 잔해 제거, 도로복구, 심정개발 등의 임무를 수행하였다.

　㉡ 콜레라가 창궐한 이후에는 응급환자 진료, 난민촌 방역활동 등을 수행하였다.

section 04 다국적군 평화활동

(1) 다국적군 평화활동의 개념

① 유엔 안보리 결의 또는 국제사회의 지지와 결의에 근거하여 지역안보기구 또는 특정 국가 주도로 다국적군을 구성하여 분쟁해결, 평화정착, 재건 지원 등의 활동을 수행하는 것이다.

② 유엔 평화유지활동과 더불어 분쟁지역의 안정화와 재건에 중요한 역할을 담당하는 것이다.

구분	UN 평화유지활동	다국적군 평화활동
주체	UN 직접 주도	지역안보기구 또는 특정 국가
지휘통제	UN 사무총장이 임명한 평화유지군 사령관	다국적군 사령관
소요경비	UN에서 경비 보전	참여 국가 부담

(2) 한국군의 다국적군 평화활동 사례

① 아프가니스탄 파병 : 최초의 다국적군 평화활동 재건지원팀 및 방호부대 파견
  ㉠ 2001년 9 · 11테러 이후 유엔 회원국으로서 다국적군에 본격적으로 참여하기 시작하였다.
  ㉡ '항구적 자유작전'으로 알려진 아프가니스탄 '테러와의 전쟁'에 동참하였다.
  ㉢ 해 · 공군 수송지원단 해성 · 청마부대, 국군의료지원단 동의부대, 건설공병지원단, 다산부대에서 파병하였다.
  ㉣ 2010년에는 지방재건팀 방호를 위해 오쉬노 부대을 파견하였다.
  ㉤ 오쉬노 부대는 민간전문가 주도로 보건 및 의료, 교육이나 농촌개발 등 다양한 분야에서 재건 사업을 추진
     하는 한국 PRT(Provincial Reconstruction Team(지방재건팀))을 지원, 주둔지 방어, PRT 요원의 활동시
     호송과 경호 및 정찰임무 등을 수행하고 있다.

② 이라크 파병 : 최초의 다국적군 평화활동 민사지원부대 파병(자이툰 사단)
  ㉠ 2003년 미 · 영 연합군의 '이라크 자유작전'을 지원하기 위해 공병 · 의료지원단, 서희 · 제마부대를 파견하였다.
  ㉡ 다국적군 지원과 인도적 차원의 전후복구 지원 및 현지주민에 대한 의료지원을 하였다.
  ㉢ 2004년 4월 추가 파병된 자이툰 부대에 통합되어 임무를 수행하였다.
  ㉣ 2004년 이라크 평화지원단인 자이툰 사단(자이툰은 '올리브'를 뜻하며, 평화를 상징)을 파견하였다.
  ㉤ 자이툰 사단은 한국군 최초로 파병된 민사지원부대이다.
  ㉥ 자이툰 병원 운영, 학교 및 도로 개통 등 주민 숙원사업을 지원하였다.

③ 소말리아 해역 파병 : 최초의 다국적군 평화활동을 위한 함정 파견(청해부대)
  ㉠ 1990년대 소말리아의 오랜 내전으로 정치 · 경제 상황 악화로 해적활동이 급증하자, 2008년 유엔은 우리에
     게 해적 퇴치 활동에 적극적인 동참을 요청하였다.
  ㉡ 2009년 소말리아 해역의 해상안보 확보와 우리 선박과 국민 보호하기 위해 창군 이래 최초로 함정(청해부
     대)을 파견하기로 결정하였다.
  ㉢ 2011년 1월에 소말리아 해적에 피랍된 삼호주얼리호와 우리 선원을 구출하기 위하여 '아덴만 여명작전'을
     실시하여 우리 국민 전원을 구출하였다.

05 출제예상문제

≫ 정답 및 해설 p.426

01 다음 중 국가 발전 과정에서 군의 역할이 아닌 것은?

① 한·미 상호방위조약 체결과 군사력을 강화하였다.
② 6·25전쟁을 도와 준 우방국에 보답 및 자유 민주주의 수호로 베트남 파병을 하였다.
③ 국민의 안보 의식을 고취시키기 위해, 현역 장병을 중심으로 향토예비군을 창설하였다.
④ 대북 전력격차를 해소하기 위해 율곡 사업을 시행하였다.

02 다음 중 한국군의 다국적군 평화활동 사례가 아닌 것은?

① 아프가니스탄 파병은 최초의 다국적군 평화활동이다.
② 최초의 다국적군 평화활동 민사지원부대로 이라크에 파병되었다.
③ 최초의 다국적군 평화활동을 위해 청해부대가 소말리아 해역으로 파병되었다.
④ 소말리아 해적에 피랍된 삼호주얼리호와 우리 선원을 구출하기 위한 '아덴만 여명작전'은 실패하였다.

03 다음 중 국가 발전 과정에서 군의 역할이 아닌 것은?

① 최초의 다국적군 평화활동을 위해 자이툰 사단과 함정을 파견하였다.
② 이라크에 이라크 평화지원단인 자이툰 사단을 파견하였다.
③ 자이툰 사단은 한국군에서 두 번째로 파병된 민사지원부대이다.
④ 지방재건팀 방호를 위해 오쉬노 부대를 아프가니스탄에 파견하였다.

04 다음 중 다국적군 평화활동에 대한 설명으로 옳지 않은 것은?

① 지휘통제는 다국적군 사령관이 한다.
② 유엔 평화유지활동과 전혀 다른 활동을 하고 있다.
③ 소요경비는 참여 국가가 부담한다.
④ 주체는 지역안보기구 또는 특정 국가이다.

05 다음 중 대한민국 건국과 군의 역할에 대한 것으로 옳지 않은 것은?

① 광복 직후 국군으로 출범하였다.
② 북한은 정부 수립에 앞서 군대를 먼저 창설하였다.
③ 국군 조직의 법적 근거로 국군조직법, 국방부직제가 있다.
④ 국군은 한말 의병, 독립군, 광복군의 정신 및 역사적 전통을 계승하였다.

6 · 25 전쟁 이후 북한의 대남도발 사례

CHAPTER 06

핵심이론정리

section 01 북한의 대남행태 개관

(1) 전쟁 이후에도 북한은 의도적으로 한국과의 군사적 긴장관계 조성

① 대내적으로는 김일성 일가의 독재체제 정당성을 확보하고자 하였다.

② 한국을 정치 · 사회적으로 불안하게 하여 한국 정부의 정통성을 약화시키고자 하였다.

③ 주한미군을 조기에 철수하도록 하여 한반도의 공산화를 시도할 수 있는 기회를 조성하였다.

(2) 대남공작

① 목적 : 한국 내 혁명에 유리한 여건을 조성하고자 하였다.

② 내용 : 무장간첩을 남파하여 한국 사회 혼란을 조성하고, 한국 내 '혁명기지'를 구축하고자 하였다.

(3) 남북한의 군사적 갈등구조

북한의 군사적 도발형태와 이에 대한 한국의 대응조치와 상호작용의 결과이다.

section 02 시기별 도발행태

(1) 1950년대

① 배경 : 평화공세에 의한 선전전에 두고 각종 협상을 제안하였다.
   - ㉠ 북한 측이 제안한 평화협상에는 외국군 철수 요구, 회의 소집 요구, 평화통일에 관한 선언, 군축 제의, 4개 항 통일방안 제의 등이 있었다.
   - ㉡ 남로당계를 숙청함과 동시에 대남공작기구와 게릴라 부대를 해체하는 변혁을 단행하였다.

② 주요 내용
   - ㉠ 주로 북로당계 간첩요원을 남파(개별적인 밀봉교육의 형식)하였다.
   - ㉡ 1950년대 후반에 학원, 군대, 정부기관 등에 소규모 간첩단을 은밀히 침투시켜 대남공작의 근거지를 확보하였다.
   - ㉢ 민간항공기 납치사건(1958년) 발생
     - 1958년 2월 16일에 일어난 대한민국 항공 역사상 최초의 항공기 공중 납치사건이다.
     - 대한민국 최초의 민항사인 대한국민항공사의 여객기 창랑호가 부산을 출발, 서울로 향하다 6명의 무장괴한에 의해 납치된 사건이다.

③ 특징 : 1950년대의 전반적인 평화공세에도 불구하고 항공기 납치와 같은 도발 사례를 통해 볼 때 북한의 대남정책은 기본적으로 화전양면성을 나타나고 있음을 보여준다.

(2) 1960년대

① 배경
   - ㉠ 한국 내의 정치적 혼란(4.19혁명 등)으로 국민의 안보의식 와해 위험에 놓여 있었다.
   - ㉡ 북한은 전면전은 아니지만 다양한 수단을 동원하여 대남적화공세를 감행하였다.
   - ㉢ 4대 군사노선을 서둘러 추구하고 보다 강경한 대남공작을 전개·준비하였다.
   - ㉣ 1961년 조선노동당 제4차 대회에서 강경노선의 통일전략을 채택하고, 대남공작기구를 통합·승격시켰다.

② 목표 : 남한에서의 혁명기지 구축하여 게릴라 침투와 군사도발을 병행하고자 하였다.

③ 내용

북한의 주요 지상도발 유형	• 군사분계선 근방에 위치한 아군에 대한 습격 • 무장간첩 남파 • 해안선을 연하여 남파한 무장간첩단 • 어선을 포함한 강제 납치사건
군사도발	• 북한 쾌속정이 남한 해군함정을 피격하여 탑승원 40명 사망, 30여 명이 실종되었다. • 1968년 미국의 전자정찰함 푸에블로(Pueblo)호가 북한의 쾌속정 4척과 2대의 미그기에 의해 납치되었다.
게릴라의 직접침투	
청와대 기습사건 (1.21사태)	• 전개 : 1968년 1월 21일 북한군 무장공비 31명이 휴전선을 넘어 침투하여 청와대를 습격하려다가 경찰 검문에 걸리자 기관단총을 난사하고 4대의 시내버스에 수류탄을 던져 승객들을 살상, 7명의 군경과 민간인이 북한 무장공비에 의해 살해, 군경 수색대는 31명의 공비중 1명을 생포하였고, 도주한 2명을 제외한 28명을 사살하였다. • 목적 : 대통령 관저 폭파와 요인 암살, 주한 미대사관 폭파와 대사관원 살해, 육군본부 폭파와 고급 지휘관 살해, 서울 교도소 폭파, 서빙고 간첩수용소 폭파 후 북한 간첩 대동월북 등이 목적이었다. • 결과 : 국방력 강화와 250만명의 향토예비군이 창설되고, 방위산업공장의 설립이 추진되고, 군내 공비전담 특수부대를 편성 및 전방 155마일 휴전선에 철책을 구축하였다.
울진, 삼척지구 무장공비 침투사건	• 전개 : 1968년 10월 30일부터 11월 2일까지 3차례에 걸쳐 울진, 삼척지구에 무장공비 120명을 15명씩 조를 편성하여 침투하고, 이들은 주민들을 모아놓고 남자는 남로당, 여자는 여성동맹에 가입하라고 위협하였고, 주민들은 죽음을 무릅쓰고 릴레이식으로 신고하여 많은 희생을 치른 끝에 군경의 출동을 가능케 하였다. • 목적 : 북한이 우리나라의 산악지대와 농촌에서의 게릴라 활동 가능성을 탐색해 본 것이며, 한국에서 베트남전과 같은 전쟁을 할 수 있는지 시험한 것이다. • 결과 : 약 2개월간 계속된 작전에서 공비 113명을 사살하고 7명을 생포하여 120명 모두를 소탕. 아군도 군경과 일반인 등 20여 명이 사망하는 피해를 입었다.
대한항공기 납치	1969년 12월 11일 강릉에서 출발하여 서울로 향하던 대한항공기가 북한 간첩에 의하여 납치되어 원산에 강제 착륙하였다.

④ 특징

　㉠ 위기의 유형 : 무장간첩 또는 게릴라의 직접 침투 양상과 군사도발을 병행하였다.

　㉡ 위기사건의 빈도 : 1950년대보다는 증가하였고, 1960년대 후반기에 집중적으로 발생하였다.

(3) 1970년대

① 배경

　㉠ 한국의 경제성장과 정치체제 안정으로 남북한 국력 격차가 현저히 좁아졌다.

　㉡ 7·4공동성명과 남북회담의 성공리에 개최되었다.

　㉢ 김정일이 김일성의 유일한 후계자로 추대(1974년)된 이후 대남공작을 강화하였다.

　　• 1977년 노동연락부 내에 대성총국을 신설하여 대남공작을 관장하였다.

- 일본을 간첩침투의 기지로 구축하기 위해 대남대책부를 설치하고, 조총련 중앙조직과 지방조직단체에 대남정치선
  전공작부를 설치하였다.
- 해외에서의 우회침투공작을 강화하기 위해 1970년 통일혁명당을 창설하였다.

② 내용
  ⊙ 특징적인 도발사건 : 남침용 땅굴 굴착과 해외를 통한 우회 간첩침투가 있다.
  ⊙ 위기 사건으로 지목될 만한 사례

정부요인 암살 시도	• 1970년 6월 22일, 북한에서 남파된 무장공비 3명이 국립묘지에 시한폭탄을 장치하였으나, 폭탄 설치 중 실책으로 목적 달성에 실패하였다.
대통령 암살 시도	• 1974년 8월 15일, 문세광이 8·15 해방 29주년 기념식장에 잠입하여 연설 중인 박대통령을 저격했으나 미수에 그쳤다.
북한의 남침용 땅굴	• 배경 : 1971년 김일성은 "남조선을 조속히 해방시키기 위해서는 속전속결 전법을 도입하고, 기습남침을 감행할 수 있어야 하며 특수공사를 해서라도 남침땅굴의 굴착작업을 완료하라"고 지시하였다. • 전개 : 북한은 '특수공사'로 위장하면서 1972년 5월부터 땅굴을 파기 시작하였다. 한편, 땅굴의 숫자는 정확히 확인되지 않고 있는데, 현재까지 4개가 발견되었고, 발견된 순서에 따라 순번이 부여되었다. • 제1땅굴 : 1974년 (서부전선)고랑포 동북방에서 발견. 무장병력이 통과할 수 있고, 궤도차를 이용하면 중화기와 포신도 운반할 수 있다. • 제2땅굴 : 1975년 (중부전선)강원도 철원 북방에서 발견. 병력과 중화기가 통과할 수 있다. • 제3땅굴 : 1978년 (서부전선) 판문점 남방에서 발견. 서울에서 불과 44km거리에 있기 때문에 위협적인 것으로 평가되고 있다. • 제4땅굴 : 1989년 (동부전선)강원도 양구 동북방에서 발견되었고, 북한이 중·서부 전선 뿐만 아니라 전선전역에 걸쳐 남침용 땅굴을 굴착해 놓았음이 밝혀졌다.
판문점 도끼만행 사건	• 전개 : 1976년 8월 18일 북한군은 판문점 공동경비구역에서 나뭇가지 치기 작업을 하던 UN군 소속 미군장교 2명을 도끼로 살해하는 국제적 만행을 자행하였다. 사건발생 후 미국은 모든 책임을 북한이 져야한다는 성명을 발표하고 오끼나와 등지의 전폭기 대대 및 해병대를 한국에 급파하고 항공모함 레인저호와 미드웨이호를 한국 해역으로 이동시켰다. • 결과 : 한·미 양국의 강경한 태세에 김일성은 인민군 총사령관 자격으로 21일 오후 스틸웰 UN군사령관에게 사과의 메시지를 보내왔다.

③ 특징
  ⊙ 남침용 땅굴 발견으로 말미암아 북한의 평화적 제스처는 단지 위장에 불과하다는 주장이 사실로 입증하였
    다. → 북한은 한국과 대화하는 동안 땅굴을 파고 있었다.
  ⊙ 판문점 도끼만행사건은 북한 측이 야기한 위기에 대해 미국과 한국의 단호한 응징조치가 이루어지면 북한
    은 저자세를 취할 수밖에 없다는 사실을 확인한 사건이다.

(4) 1980년대

① 배경

　ㄱ 총리회담 실무접촉 등 남북 대화의 무드를 이용하여 고도의 화전양면전술 구사하고, 한국민의 정신적 해이를 조장하고자 하였다.

　ㄴ 대남모략 비방선전에 적극 이용해 통일혁명당을 한국민족민주전선으로 개칭(1985년 7월 중앙위원회 전원회의)하였다.

② 내용 : 위기로 지목될 만한 도발

미얀마 아웅산 테러사건	• 전개 : 북한은 1983년 10월 9일 미얀마를 친선 방문중이던 전두환 대통령 및 수행원들을 암살하기 위해 아웅산 묘소건물에 설치한 원격조종폭탄을 폭발시켜 한국의 부총리 등 17명을 순국케 하고 14명을 부상시키는 테러를 감행하였다. • 미얀마 당국의 수사 결과 북한군 정찰국 특공대에 의해 저질러진 것으로 밝혀졌다. • 결과 : 미얀마 정부는 북한과의 외교관계를 단절하는 한편, 북한대사관 직원들의 국외 추방 단행. 그 뒤 테러범에 대해 사형선고를 내렸다. 이 사건으로 코스타리카, 코모로, 서사모아 등 3개국이 북한과의 외교관계를 단절하였으며, 미국·일본 등 세계 69개국이 대북한 규탄성명을 발표하였다.
대한항공기 폭파사건	• 전개 : 1987년 11월 28일 이라크를 출발한 대한항공기가 아랍에미리트에 도착한 뒤 방콕으로 향발. 미얀마의 상공에서 방콕공항에 무선으로 교신 후 소식이 끊어졌다. • 여객기 잔해가 태국 해안에서 발견되고, 30일 오후 해당 항공기 추락을 공식 발표하였다. • 범인은 "88서울올림픽 개최방해를 위해 KAL기를 폭파하라"는 북한의 지령을 받은 공작원으로 밝혀졌다.

③ 특징

　ㄱ 위기 발생의 배경이 한반도에 국한되지 않고 국제무대로 확장하였다.

　ㄴ 사건 자체가 고도의 테크닉을 요하는 국제 테러 수단에 의해 야기하였다.

　ㄷ 국제적 테러 사건에서 철저히 범행을 위장하려고 노력하였다.

　ㄹ 북한은 대남전략에 있어 끊임없이 새로운 위협수단 개발에 열중하고 있음을 입증하였다.

(5) 1990년대

① 배경

    ㉠ 1994년 국제원자력기구(IAEA)탈퇴하자 핵 위기가 고조되었다.

    ㉡ 1960년대 도발사례처럼 직접적 군사도발을 재시도(잠수함 침투, 연평해전 등)하였다.

② 내용

1994년 핵 위기	• 전개 : 북한의 핵무기 개발 의혹이 국제사회에 증폭되면서 발생한 것이다. 북한은 핵무기비확산조약 (NPT)와 국제원자력기구(IAEA)를 탈퇴하자, 미국의 대 북한 경제제재 결의안 유엔 상정하였으나, 지미 카터 전 대통령 평양 방문으로 위기상황이 극복되었다. • 미국과 북한 간의 군사적 긴장도 고조되었다.
강릉 앞바다 잠수함 침투	• 전개 : 1996년 9월 18일 강릉시 고속도로 상에서 택시기사가 거동수상자 2명과 해안가에 좌초된 선박 1척을 경찰에 신고. 좌초된 선박이 북한의 잠수함으로 확인됨에 따라 군경과 예비군은 합동으로 무장공비에 대한 소탕작전에 돌입하게 된다. • 결과 : 대전차 로켓, 소총, 정찰용 지도 등 노획. 조타수 이광수 생포 및 승조원 11명의 사체를 발견하였고, 북한군 13명 사살. 아군 11명이 전사하였다. • 목적 : 전쟁에 대비하여 한국의 군사시설에 관한 자료를 수집과 강원도에서 열리는 전국체전 참석 주요 인사들을 암살하고자 하였다.
북한 잠수함 한국 어선그물에 나포	• 1998년 6월 22일 강원도 속초시 근방 우리 영해에서 북한의 유고급 잠수정 1척이 그물에 걸려 표류하다 해군 함정에 의해 동해안으로 예인되었다. • 결과 : 자폭한 9명의 북한군 공작조 및 승조원 시신이 발견되었다.
1차 연평해전	• 전개 : 1999년 6월 15일, 북한 경비정 6척이 연평도 서방에서 북방한계선 (NLL)을 넘어 우리 해군의 경고를 무시하고, 우리 측 함정에 선제사격을 가하자 남북 함정간 포격전이 발생하였다. • 특징 : 6 · 25 전쟁 이후 남북의 정규군 간에 벌어진 첫 해상 전투이다.

③ 특징

    ㉠ 위협의 강도는 그리 높지 않았으나, 변함없는 대남적화전략을 입증하였다.

    ㉡ 북한이 대외적으로는 대화 제스처를 보이지만, 내부적으로는 전쟁준비에 몰두한다는 사실을 일깨워 주었다.

    ㉢ 1996년 강릉 무장공비 침투사건 때에도 대북 경수로 건설 사업 등 남북 간의 경제협력은 계속되고 있었다.

(6) 2000년대 이후

① 배경

    ㉠ 국제 사회와 대한민국에 대해 공격 · 협박을 가하고 위협함으로써, 당면한 남북문제와 국제협상에서 이득을 취하고 보상 또는 태도변화 등을 획책하였다.

    ㉡ 최근에 일으킨 북한의 도발은 김정은이 3대 세습체제 강화를 위한 정치적 목적이 강하다.

② 주요 도발사례

제2차 연평해전	• 전개 : 제2차 연평해전은 2002년 6월 29일 연평도 인근 해상에서 북한 경비정의 선제 기습포격으로 발생한 남북 해군 함정간 교전이다. • 결과 : 해군 6명 전사, 19명 부상. 고속정 1척 침몰. 북한 역시 막대한 피해를 입었다. • 의의 : 제2차 연평해전은 북한의 의도적이고 사전 준비된 기습공격으로 우리 측이 많은 피해를 입었지만, 살신성인의 호국의지로 서해 북방한계선(NLL)을 지켜내었다.
대청해전	• 전개 : 2009년 11월 10일 대청도 인근 NLL에서 북한 경비정 퇴거 과정 중 발생하였다. • 결과 : 우리 해군은 인명피해가 없었으나, 북한 해군은 경비정 1척이 손상되고 다수의 사상자가 발생한 것으로 추정하였다.
천안함 폭침 사건	• 전개 : 2010년 3월 26일, 북한은 북방한계선(NLL) 이남의 우리 해역에 잠수함을 침투시켜 백령도 인근 해상에서 경계작전 임무를 수행하던 천안함을 어뢰로 공격하여 침몰시켰다. • 결과 : 아군 승조원 104명 중 46명이 전사하였다.
연평도 포격 사건	• 전개 : 2010년 11월 23일 연평도의 민가와 대한민국의 군사시설에 포격을 감행하였다. • 결과 : 아군 전사상자 20여명 및 민간인 사망 2명 외에도 다수의 부상자 발생하자, 한국의 연평도 해병부대도 북한 지역에 대한 대응사격을 실시하였다.

POINT ▶ 천안함 폭침 사건과 연평도 포격 도발 사건

구분	천안함 폭침 사건	연평도 포격 도발 사건
북한의 공격형태	• 잠수함정을 이용한 어뢰 공격	• 방사포와 해안포로 170여발의 포사격
작전 경과	• 3월 31일, 민·군 합동조사단 편성 (현역 59명, 관 17명, 민 6명) • 4월 12일, 73명으로 재편성 (한국 49명, 외국 24명) • 5월 20일, 북한 어뢰 공격에 의한 천안함 침몰 공식 발표	• 14시 47분~15시 15분 연평부대는 K-9 자주 포로 50발의 대응 사격 • 15시 12분~29분 북한군은 방사포와 해안포 20여 발로 2차 공격 • 15시 25분~41분 연평부대는 K-9자주포로 30발의 대응 사격
피해 현황	• 승조원 104명 중 46명 전사	• 해병 2명 전사, 18명 중경상 • 민간인 2명 사망 다수의 부상자 발생 • 건물 133동(전파33, 반파9, 일부파손91)과 전기·통신시설 파손, 10군데 산불 발생
사건피해 조사 결과	• 북한제 어뢰에 의한 외부 수중폭발로 발생한 충격파와 버블효과에 의해 절단되어 침몰	
북한 입장	• 자신의 소행이 아니라고 부인, 남측 날조 주장	• 남측 도발에 대한 정당한 자위적 조치라 주장
대북 조치	• 우리 정부, 남북 간의 교역과 교류의 전면중단과 북한 선박의 우리 영해 항행 금지 등을 내용으로 하는 '5·24 조치' 발표 • 유럽의회, 북한을 규탄하는 결의안 채택 (6월 17일) • G8 정상회의, 북한 규탄 공동성명 발표 • 유엔, 안정보장이사회 의장성명으로 천안함 폭침 사건 규탄(7월 9일)	• 우리 정부, 북한의 책임 있는 조치 강력요구, 국회도 중대한 무력도발행위로 규정하고 강력 규탄 • 미국, 영국, 일본, 독일 등 세계 각국은 북한의 비인간적 도발 행위에 대해 분노하고 규탄

③ 특징

    ㉠ 핵실험 및 화생방 전력과 같은 대량살상무기(WMD)를 개발하였다.

    ㉡ 특수부대와 수중전 등 비대칭 전력을 이용한 대남침투도발을 하였다.

    ㉢ 북방한계선(NLL) 무력화 시도 : 북한 선박 월선 행위가 증가하고, 서해해상 도발 사례도 증가하였다.

    ㉣ 이명박 정부 출범 이후에는 '천안함 폭침 사건'과 '연평도 포격 도발 사건'과 같은 군민을 가리지 않는 무차별한 대남도발을 자행하였다.

❰ 북방한계선(NLL) ❱

6 · 25전쟁 정전협정 체결(1953.7.27)시, 유엔군 측과 공산군 측이 육상경계선만 설정하고, 해양경계선을 합의하지 못하였는데, 클라크 유엔군 사령관이 한반도 해역에서 우발적 무력충돌 가능성을 예방한다는 목적 하에 우리 측 해군 및 공군의 초계활동을 한정하기 위해 북방한계선(NLL)을 설정(1953.8.30)하였다.
• 한국 입장 : 실질적 해상경계선으로 인정하였다.
• 북한 입장 : 유엔에 의해 일방적으로 설정된 비법(非法)적 한계선으로 보고 무력화 시도 및 불인정하였다.

[section] 03 대남도발의 특징

1960년대 전반	• 군사분계선을 연하는 지역에서 군사적 습격과 납치를 강행하였다.
1960년대 후반	• 무장간첩을 침투시켜 게릴라전을 시도하였다. • 북한의 군사도발이 강화된 이유 : 월남전 형태의 게릴라전을 통해 무력에 의한 적화통일 달성을 희망하였다.
1970년대	• 소규모 무장간첩 침투를 통해 한국 정치사회적 불안 조성과 반미감정을 고조시키고자 하였다.
1980년대 국제적 테러 감행	• 목적 : 상대적 열세에 대한 불안감 만회, 한국의 발전에 제동을 걸고자 하였다.
1990년대 이후	• 잠수함 침투, 핵 위기, 해군 교전, 북방한계선(NLL) 무력화 시도 등 새로운 유형의 도발을 시도하였다.

(1) 다양한 대남도발 유형

군사적 습격, 무장간첩 침투, 요인암살, 잠수함 침투, 땅굴 굴착 등

(2) 대남도발의 특징

정치 – 군사적 목적	• 군사적 목적에 의한 도발이 가장 많았다. • 시민을 대상으로 한 테러행위를 통해 한국의 정치 사회적 혼란을 조성하고자 하였다.
화전양면전략	• 북한의 위기도발은 남북대화와는 무관하게 자행하였다. • 대화는 필요에 의해서 추진되지만 도발행위는 일관적으로 시행하였다.
도발행위 은폐	• 북한은 자신의 의도를 숨기고 한국에 의한 조작행위로 비난하는 행태를 보였다. • 도발행위 은폐가 어려운 경우 한반도의 군사적 긴장 구조로 원인을 돌리고 미군 철수 등의 정치 선전 기회로 활용하였다.

01 다음 중 북한의 대남행태로 옳지 않은 것은?

① 전쟁 이후에도 북한은 의도적으로 한국과의 군사적 긴장관계를 조성하였다.

② 한국 내 혁명에 유리한 여건 조성하고자 대남공작을 하였다.

③ 한국을 정치 · 사회적으로 안정을 시켜 한국 정부의 정통성을 강화시키고자 하였다.

④ 주한미군을 조기에 철수하도록 하여 한반도의 공산화를 시도할 수 있는 기회를 조성하고자 하였다.

02 다음 중 북한의 시기별 도발행태로 옳지 않은 것은?

① 1950년대에는 평화공세에 의한 선전전에 두고 각종 협상을 제안하였다.

② 1960년대에는 전면전과 다양한 수단을 동원하여 대남적화공세를 감행하였다.

③ 1970년대에는 김정일이 김일성의 유일한 후계자로 추대된 이후 대남공작 강화하였다.

④ 1980년대에는 대남모략 비방선전에 적극 이용한 통일혁명당을 한국민족민주전선으로 개칭하였다.

03 다음 중 북한의 시기별 도발행태로 옳지 않은 것은?

① 1990년대 1980년대 도발 사례처럼 직접적 군사도발을 재시도하였다.

② 1994년 국제원자력기구(IAEA)탈퇴하자 핵 위기가 고조되었다.

③ 1977년에 노동연락부 내에 대성총국을 신설하여 대남공작을 관장하였다.

④ 2000년대 이후 최근에 일으킨 북한의 도발은 김정은이 3대 세습체제 강화를 위한 정치적 목적이 강하다.

04 다음 중 북한의 1950년대 도발행태로 옳지 않은 것은?

① 북한은 평화공세에 의한 선전전에 두고 각종 협상을 제안하였다.

② 북한은 남로당계를 숙청함과 동시에 대남공작기구와 게릴라 부대를 해체하는 변혁을 단행하였다.

③ 대한민국 항공 역사상 최초의 항공기 공중 납치사건이 발생하였다.

④ 남한에서의 혁명기지 구축하여 게릴라 침투와 군사도발을 병행하고자 하였다.

05 다음 중 북한의 1960년대 도발행태로 옳지 않은 것은?

① 남침용 땅굴 굴착과 해외를 통한 우회 간첩침투를 시도하였다.

② 4대 군사노선을 서둘러 추구하고 보다 강경한 대남공작을 전개 준비하였다.

③ 북한은 전면전은 아니지만 다양한 수단을 동원하여 대남적화공세를 감행하였다.

④ 조선노동당 제4차 대회에서 강경노선의 통일전략을 채택하고, 대남공작기구를 통합·승격시켰다.

06 다음 중 북한의 1970년대 도발행태로 옳지 않은 것은?

① 판문점 도끼만행 사건이 발생하였다.

② 미얀마 아웅산 테러사건이 발생하였다.

③ 북한은 한국과 대화하는 동안 땅굴을 파고 있었다.

④ 8·15 해방 29주년 기념식장에 잠입하여 연설 중인 박대통령을 저격했으나 미수에 그쳤다.

07 다음 중 북한의 1980년대 도발행태로 옳지 않은 것은?

① 위기발생의 배경이 한반도에 국한되지 않고 국제무대로 확장하였다.

② 총리회담 실무접촉 등 남북대화의 무드를 이용하여 고도의 화전양면전술 구사하였다.

③ 대남모략 비방선전에 적극 이용한 온 통일혁명당을 한국민족민주전선으로 개칭하였다.

④ 북한 경비정이 연평도 서방에서 북방한계선(NLL)을 넘어 우리 함정에 선제사격을 가하면서 남북 함정간 1차 연평해전이 발생하였다.

08 다음 중 북한의 1990년대 도발행태로 옳지 않은 것은?

① 북한은 강릉 앞바다에 잠수함을 침투시켰다.

② 1960년대 도발 사례처럼 직접적 군사도발을 재시도하였다.

③ 북한은 연평도의 민가와 대한민국의 군사시설에 포격을 감행하였다.

④ 강원도 속초시 근방 우리 영해에서 북한의 유고급 잠수정이 어선그물에 나포되었다.

09 다음 중 북한의 1990년대 도발행태로 옳지 않은 것은?

① 위협의 강도는 그리 높지 않았으나 변함없는 대남 적화전략을 입증하였다.

② 북한이 대외적으로는 대화 제스처를 보이지만 내부적으로는 전쟁준비에 몰두한다는 사실을 일깨워 주었다.

③ 강릉 무장공비 침투사건 때에도 대북 경수로건설사업 등 남북 간의 경제협력은 계속되고 있었다.

④ 북한군은 판문점 공동경비구역에서 나뭇가지 치기 작업을 하던 UN군 소속 미군장교 2명을 도끼로 살해하는 국제적 만행을 자행하였다.

10 다음 중 북한의 2000년대 도발행태로 옳지 않은 것은?

① 북방한계선(NLL) 무력화 시도를 지속적으로 하였다.

② 핵실험 및 화생방 전력과 같은 대량살상무기(WMD)를 개발하였다.

③ 특수부대와 수중전 등 비대칭 전력을 이용한 대남 침투도발을 하였다.

④ 북한은 천안함 폭침 사건, 연평도 포격 도발 사건에서 군민을 가리면서 도발을 하였다.

CHAPTER

07 북한 정치체제의 허구성

핵심이론정리

section 01 북한 정치체제의 형성

(1) 해방 이후의 북한 정세

국내파	• 조만식을 중심으로 한 우익 민족진영과 박헌영을 중심으로 한 좌익 공산주의 진영이다.
해외파	• 허가이 등의 소련파와 김두봉, 무정 등의 친 중국 연안파 등이 파벌을 구성한 것이다.
김일성파	• 김일성 등의 이른바 빨치산 유격대 세력이 경쟁에 가담한 것이다.

- 특징 : 다양한 정파들이 각축하는 구도를 형성하였다.
- 결과 : 소련의 후원을 받은 김일성 세력이 북한권력의 주도적 세력으로 부상하였다.
- 북한 정권의 형성 과정
① 1945년 10월 북조선 5도 인민위원회 설립, 조선공산당 북조선분국을 결성하였다.
② 1946년 중앙행정기관의 모태가 되는 북조선임시인민위원회 조직하였다.
③ 1947년 입법기관인 북조선인민회의는 정권수립을 위한 제반 준비 작업을 진행하였다.
④ 1948년 헌법을 최종 채택하고, 조선민주주의인민공화국을 발족하였다.

(2) 1950년대 중·후반의 북한 정세

① 북한의 재건을 둘러싸고 향후 국가발전 전략과 관련하여 8월 종파사건이 발생하였다.
  ㉠ 김일성은 자신의 중공업 우선의 사회주의 국가발전 전략에 반대하는 정파와 대립하였다.
  ㉡ 소련파 및 연안파 등을 외세 의존적인 정파로 지목하여 제거하였다.
  ㉢ 김일성의 대외적 자주성에 대한 강조는 주체사상 성립에 중대한 계기로 작용하였다.

⟨8월 종파사건⟩
1956년 8월 연안파 윤공흠 등이 주동이 되어 당 중앙위원회 개최를 계기로 일인독재자 김일성을 당에서 축출하고자 하였으나, 사전에 누설되어 주도자들이 체포된 사건을 말한다. 김일성은 이 사건을 계기로 연안파와 소련파를 대대적으로 숙청하고, 당권을 완전히 장악하여 독재 권력의 기반을 공고히 하였다.

② 북한 정권의 사회주의 체제 구축작업을 진행하였다.
  ㉠ 농업 협동화와 상공업과 수공업 분야의 협동화를 동시에 진행하였다.
  ㉡ 1950년대 말까지 생산수단을 완전히 국유화하였다.

③ 군중동원의 정치노선을 활성화

    ㉠ 6 · 25 전쟁 이후의 노동력 부족현상을 극복하며 전후 경제를 건설하기 위한 방안이었다.

    ㉡ 인민대중이 사회주의의 주인이라는 논리로 군중의 자발적 참여를 독려하였다.

    ㉢ 군중동원 노선의 대표적인 사례 : 천리마 운동, 청산리 정신 및 청산리 방법 등이 있다.

(3) 1960년대의 북한 정세

① 중화학공업 위주의 산업기반이 정착되는 시기였다.

② 김일성은 권력 독점적 단일지도체제 구축을 위한 지속적인 숙청작업으로 일인 권력의 공고화 및 주체사상을 강화하였다.

③ 과도한 유일체제화는 폐쇄성과 경직성을 초래함으로써 체제의 대응력 약화를 초래하였다.

(4) 1970년대의 북한 정세

① 1972년 사회주의 헌법을 제정하고 주석에게 권력이 집중되는 권력구조를 채택하여 독재권력 강화 및 중앙집권적 계획경제의 감시체제를 보유한 사회주의 독재체제를 구축하였다.

② 1974년부터 20년에 걸친 권력승계 작업을 통해 1994년 김정일 체제로 이행하였다.

(5) 김정일 체제의 형성

《 김정일 통치체제의 특징 》

일인지배체제	• 당 총비서, 국방위원장으로서 사회주의 국가권력의 양대 축인 당과 군을 장악하였다. • 일인지배 정당화하기 위한 이념체계로 주체사상을 활용하였다.
선군정치	• 군사(軍事)를 제일 국사(國事)로 내세우고 군력 강화에 나라의 총력을 기울이는 정치를 하였다.
강성대국론	• 1990년대 중반 고난의 행군으로 불리는 위기시대를 극복하기 위한 목적으로 시행하였다. • 사상과 정치, 군사, 경제 강국을 실현을 위해 '2012년 강성대국 완성 선전'을 주장하였다.
국방위원회 설치	• 국가주권의 최고 국방지도기관이다. • 국방위원회 제1위원장이 북한의 영도자로 국가의 무력 일체를 지휘 통솔하는 것이다. • 대내외 사업을 비롯한 국가사업 전반을 지도, 외국과의 중요한 조약의 비준 및 폐기하였다.

(1) 주체사상

① 형성 배경

　㉠ 정치적으로 일인독재 지배체제에 대한 비판의 유입을 대내적으로 차단하였다.

　㉡ 북한의 독재지배체제를 옹호하는 데 주력하였다.

　㉢ 대외적으로 중·소 이념분쟁이 가열되는 상황에서 북한의 중립적 위치를 고수하였다.

② 특징

1950년 이론적 체계화 시도		
1955년	'사상에서의 주체'	• 스탈린의 사망 • 당내 남로당파 숙청
1956년	'경제에서의 자립'	• 대외원조 감소(5개년 경제계획 수립 차질) • 당내 반 김일성 움직임 고조
1957년	'정치(내정)에서의 자주'	• 공산권내 개인숭배 반대운동 • 당내 연안파, 소련파 타도
1962년	'국방에서의 자위'	• 중·소분쟁 심화 • 미·소 공존 모색 • 한국의 5·16 군사쿠데타
1966년	'정치(외교)에서의 자주'	• 중·소분쟁의 확대 • 비동맹 운동의 발전
1970년	주체사상을 마르크스-레닌주의와 같이 노동당의 공식 이념으로 채택	
1980년	마르크스-레닌주의를 제외, 주체사상이 독자적 통치이념으로 정착	

③ 한계 및 문제점

　㉠ 사실상 개인의 권력 독점 및 우상화를 위한 정략적 도구로 활용하였다.

　㉡ 일인 지배체제 강화와 우상화의 용도로 이용하였다.

　㉢ 인민대중은 수령의 지도에 절대적으로 의존하고 복종해야 하는 수동적 객체로 전락하였다.

(2) 우리식 사회주의 / 조선민족제일주의

① 형성 배경 : 1980년대 후반 동구 사회주의권과 소련이 연속적으로 붕괴함에 따라 체제 위협이 증가하였다.

② 특징

  ㉠ 주체사상의 논리적 보강을 통해 북한식 사회주의의 우월성을 강조하였다.

  ㉡ 북한식 사회주의를 이미 붕괴한 동구권 사회주의와 차별화하였다.

  ㉢ 북한 사회주의의 붕괴 가능성에 대한 우려 불식에 주력하였다.

(3) 선군정치

인민군대 강화에 최대의 힘을 넣고 인민군대의 위력에 의거하여 혁명과 건설의 전반 사업을 힘 있게 밀고 나가는 특유의 정치이다.

① 형성 배경

  ㉠ 김일성 사후 지속되는 경제난 속에서 당보다는 군에 의존하게 되면서 정권에 대한 지지 및 정통성을 부여해 왔던 사회주의적 후원주의 체제를 와해하는 대신에 군의 자원과 역량을 활용하여 인민경제 회복, 당의 사회통제 기능 보완을 시도하였다.

  ㉡ 군의 위상과 역할의 재정립을 통해 체제적 위기를 극복하고 정권의 정통성을 만회하고자 하였다.

  ㉢ 동구 사회주의권과 소련의 붕괴 이후 북한의 외교적 고립의 가속화와 부시 행정부 이래 첨예화된 미국과 북한 간의 대결적 구도로 인한 외교적 고립에 북한은 불안감을 느끼게 되었다.

  ㉣ 남한과의 체제 경쟁에서 경쟁력을 보존하는 군사 부문에 대한 자부심과 집착을 가지게 되었다.

② 특징

〈2010년에는 개정 노동당 규약에서 선군정치를 사회주의 기본정치 양식으로 규정〉
• 1995년 초 내부적으로 논의되기 시작, 1998년 북한의 핵심적 통치 기치로 정착
• 2009년 개정 헌법에 북한의 지도이념으로 명시
〈군사력 강화를 최우선 목표로 군이 국가 제반 부문의 중심이 되는 정치방식〉
• 사회주의 혁명을 주도하며 북한의 발전적 추동력을 제공하는 군의 역할 강조
• 군의 영향력을 정치, 경제뿐만 아니라 교육, 문화, 예술 등 전 영역에 투영
〈선군정치 하에서 군은 지도자와 사회주의 체제의 옹호를 위한 중심기구로 부상〉

③ 선군정치의 한계

  ㉠ 김정일 정권이 경제적 위기, 외교적 고립 속에서 체제 안정화를 도모하기 위한 마지막 수단으로 사용하였다.

  ㉡ 김일성과 그 후계자들의 지배를 정당화하는 수단으로 사용하였다.

(1) 사회주의적 소유제도

① 의미 : 생산수단과 생산물이 전사회적 또는 집단적으로 소유되는 제도이다.

② 특징
　㉠ 북한 내의 모든 부의 형태와 생산된 재화들을 국가가 소유하고 있다.
　㉡ 북한의 사유 범위는 근로소득과 일용 소비품으로 한정하고 있다.

(2) 북한의 경제정책 기조

① 자립적 민족경제발전 노선
　㉠ 대외경제 관계를 최소한의 필요 원자재와 자본재를 수입하는 보완적 차원으로 인식하여 국제 분업 질서로 부터 유리된 폐쇄경제가 형성되었다.
　㉡ 1990년대에는 사회주의권 붕괴로 자기 완결적 자력갱생정책 수정하였다.
　㉢ 2000년대에는 들어오면서부터 국제 분업 질서를 인정하는 개방형 자력갱생 정책을 추진하였다.

② 중공업 우선 발전정책
　㉠ 사회주의 경제체제 수립 이후 중공업 우선 발전에 기초한 불균형 성장전략을 추진하였다.
　㉡ 김정일 시대에 중공업 우선 발전 정책이 국방공업 우선 발전 정책으로 변화하였는데, 이는 국방공업 부문을 경제회복의 토대로 삼아야 단번에 도약이 가능하다고 보았기 때문이다.
　㉢ 중공업 우선 발전정책은 북한 경제구조를 왜곡시키고, 민생경제 부문의 어려움을 악화시키는 결과를 초래하였다.

(3) 북한의 개혁 · 개방정책

① 1980년대 합영법(북한이 서방의 자본과 기술을 도입하기 위해 1984년 9월 최고인민회의에서 제정한 합작투자법)을 제정해 외국인 투자 유치를 시도하였다. 그러나 냉전체제 속에서 미국과의 대치, 외국 자본의 투자 기피 등으로 인해 이 구상은 큰 효과를 거두지 못했으며, 심각한 외채 문제를 안게 되었다.

② 2002년 7 · 1 경제관리 개선 · 개조 조치
　㉠ 시장 기능의 부분 활용을 의도하는 7 · 1 경제관리 개선 · 개조 조치를 시행하였다.
　㉡ 군수산업은 계획경제 시스템 통해 국가 관리, 민수 생산은 분권화 · 시장기능을 도입하였다.
　㉢ 계획경제 부문조차 시장에 의존하는 시장화 현상의 확대를 초래하였다.
　㉣ 2010년 중앙집권적 계획 시스템을 강화하는 방향으로 인민경제계획법을 개정하였다.

③ 2010년 나진·선봉 자유무역지대와 황금평을 경제특구로 지정하여 개발하였다.
　　㉠ 북한의 강성국가 건설을 위해 중국과 공동 개발을 추진하였다.
　　㉡ 중국은 동북 3성 지역 개발 위해 몽골, 러시아, 북한 접경지역 개발 필요와 북한 나진항을 이용한 동해로의 출로 확보가 필요하였다.

⟨section⟩ 04 북한의 인권

(1) 시민, 정치적 권리 침해

공개처형	• 1990년대 이후 식량난이 심해지고 이념적 동조가 약해지면서 증가하였다. • 공개처형은 그 자체로 비인도적이며, 국제사회의 비난을 초래하였다.
정치범수용소	• 1956년부터 정치범을 반혁명분자로 몰아 투옥, 처형, 산간 오지로 추방하였다. • 1966년부터 적대계층을 특정지역에 집단 수용하여, 6개 지역 수용소에 약 15만 4천 명의 정치범을 수용하였다.

(2) 기타 시민, 정치적 권리 침해

① 거주이전 및 여행의 자유 제한
　　㉠ 거주이전은 직장 이동 등 특정한 목적으로 제한되며 직장 배치 자체가 당국에 의해 결정되기 때문에 거주이전 여부는 당국의 판단에 따를 수밖에 없다.
　　㉡ 여행도 원칙적으로 시(구역)·군 내에서만 자유로이 할 수 있으며, 그 경계를 벗어나기 위해서는 인민반장부터 시작하여 인민위원회에 이르기까지 당국의 허가를 받아야 한다.

② 종교를 아편으로 규정하고 종교 활동 탄압 : 북한에서는 종교활동을 위한 시설이나 종교인들이 자취를 감추었다.

③ 사회주의 체제를 형성, 유지, 강화 목적으로 계층구조 형성
　　㉠ 전 주민을 핵심계층, 동요계층, 적대계층으로 구분하였다.
　　㉡ 출신성분과 당성에 의해 인위적으로 구조화하였다.
　　㉢ 귀속지위에 근거한 폐쇄체제이기 때문에 개인적 노력에 의한 사회 이동이 불가능하였다.

④ 노동당이 지명하는 단일후보에 대한 찬반투표 : 당국과 다른 정치적 의사표시를 하지 못하도록 철저히 통제하고, 북한의 선거는 거의 '100% 투표에 100% 찬성'으로 당이 지명하는 단일후보가 100% 당선되었다.

(3) 경제, 사회, 문화적 권리 침해

생존권 침해	• 1980년대부터 시작된 식량난은 2000년대에도 지속되어 2000년 7 · 1 조치로 배급제도는 사실상 폐기되고, 국영상점에서 식품을 구매하게 하였다. • 당 간부, 국가안전보위부, 군대, 군수산업 등 특정 집단에 식량을 우선적으로 공급하였다.
직업선택의 권리 제한	• 직업 선택은 당사자의 의사보다는 당의 인력수급 계획에 따라 진행하였고, 직장 배치시 선발 기준은 개인의 적성, 능력보다 출신 성분과 당성이 우선시 되었다. • 무리배치 : 당의 지시에 따라 공장, 탄광, 각종 건설현장에 집단적으로 배치하였다.
기타 경제, 사회, 문화적 권리 침해	• 노동당이 모든 출판물을 직접 검열, 통제하였다. • 사회보장제도는 일부 선택 받은 계층에게만 적용하였다.

section 05 북한의 연방제 통일방안

(1) 고려민주연방공화국 창설방안

① 1973년에 제시한 고려 연방제 통일방안을 수정하여 1980년에 '고려민주연방공화국 창립 방안'을 제시하였다.

② 자주적 평화통일을 위한 선결조건
  ㉠ 국가보안법의 폐지 등 공산주의 활동의 장애물 제거를 주장하였다.
  ㉡ 주한미군의 조속한 철수를 주장하였다.
  ㉢ 미국의 한반도 문제에 대한 간섭을 배제하였다.

③ 특징
  ㉠ '고려'에다 '민주'를 첨가하여 선전효과를 극대화하고 있다.
  ㉡ '과도적 대책' 또는 '당분간'이라는 용어를 쓰지 않음으로써 외형상 완성된 형태의 연방국가라는 점을 강조하고 있다.
  ㉢ 민족 · 자주 등의 개념을 이용하는 용어 혼란 전술을 포함한 심리전적인 '10대 시정방침'을 제시하고 있다.

④ 문제점
  ㉠ 한국에 대해 무장해제에 가까운 선결조건을 제시하였다.
  ㉡ 남 · 북 두 제도에 의한 연방제는 현실적으로 실현되기가 어렵다.
  ㉢ 국호 · 국가형태 · 대외정책 노선 등을 남 · 북의 합의 없이 북한이 일방적으로 결정하였다.

(2) '1민족 1국가 2제도 2정부'에 기초한 연방제(1991년)

① 형성배경

    ㉠ 소련의 해체와 동구 사회주의권의 붕괴로 외교적 고립과 경제난에 봉착하였다.

    ㉡ 체제 유지에 불안을 느끼고 남북 공존의 모색이 필요하였다.

② 통일과정의 특징

    ㉠ 자주, 평화, 비동맹의 독립국가를 지향하였다.

    ㉡ 연방제 실현의 선결조건을 계속 주장하였다.

    ㉢ 주체사상과 공산주의를 통일이념으로 제시하였다.

    ㉣ 지역자치정부가 외교권, 군사권, 내치권 등을 보유하였다.

③ 문제점

    ㉠ 통일보다 체제 보전에 더 역점을 두고 있어 수세적 · 방어적 성격이 강하였다.

    ㉡ 국가보안법 폐지, 공산주의 활동 합법화, 주한미군 철수 등 연방제 실현의 선결조건을 계속 주장하였다.

    ㉢ 7 · 4 공동성명의 '통일 3원칙'을 자의적으로 해석하였다.

    ㉣ 통일이념에 있어서 주체사상과 공산주의를 주장하였다.

01 다음 글의 밑줄 친 '공산주의적 인간'의 의미로 적절하지 않은 것은?

> 북한에서는 사회의 모든 구성원들은 '공산주의적 인간'으로 키우는 위해 교육 의무 교육을 실시하고 있다.

① 적극적으로 노동하는 인간
② 김일성 사상으로 무장된 인간
③ 우수한 전투력을 보유한 인간
④ 사회적 이익을 추구하는 인간

02 다음 내용에 대한 설명으로 적절하지 않은 것은?

> 북한의 학교에서 주로 가르치는 내용은 정치 사상 교육과 과학 기술 교육, 체육 교육이다.

① 이 중에서도 특히 정치 사상 교육이 가장 강조된다.
② 과학 기술 교육은 일반 과학과 전문 기술을 가르친다.
③ 정치 사상 교육은 김일성의 혁명 역사와 혁명 활동을 가르친다.
④ 정치 사상 교육은 북한에서 인민학교와 중학교 과정까지만 가르친다.

03 다음 글과 관련 깊은 북한 경제의 특징으로 가장 적절한 것은?

> 북한에서의 분배는 이른바 "능력에 따라 일하고 필요에 따라 분배한다."러는 원칙에 입각하여 소득 격차를 축소하는 방향으로 이루어진다. 그러나 북한 주민들의 소득 수준이 제도상 평준화된 모습을 보인다고 해서 실제 생활 수준 자체도 평등하다고 보아서는 안 된다. 왜냐하면 주민들의 의식주와 관련된 모든 것들이 국가의 분배 원칙에 따라, 혹은 최고 통치자의 특별 기준에 따라 계층별로 차별적으로 배급되기 때문이다. 실제로 주민들 간의 소비 생활 수준 차이는 극심한 편이다.

① 공산주의적 평등 분배 원칙   ② 선군주의 경제 노선
③ 사회주의적 소유 제도   ④ 중앙 집권적 계획 경제

04 다음 글과 같은 상황이 심화되어 1990년대 이후 식량난이 심각해지자, 북한 정부가 이에 대응하여 취하였던 대책과 거리가 먼 것은?

> 북한에서의 분배는 이른바 "능력에 따라 일하고 필요에 따라 분배한다."러는 원칙에 입각하여 소득 격차를 축소하는 방향으로 이루어진다. 그러나 북한 주민들의 소득 수준이 제도상 평준화된 모습을 보인다고 해서 실제 생활 수준 자체도 평등하다고 보아서는 안 된다. 왜냐하면 주민들의 의식주와 관련된 모든 것들이 국가의 분배 원칙에 따라, 혹은 최고 통치자의 특별 기준에 따라 계층별로 차별적으로 배급되기 때문이다. 실제로 주민들 간의 소비 생활 수준 차이는 극심한 편이다.

① 외부 세계에 식량 지원을 요청하였다.
② 감자, 고구마 등 구황 작물을 식량 배급에 포함시켰다.
③ '쌀은 공산주의' 라는 구호로 농업 생산 증대를 꾀하였다.
④ 경제 분야에서만 자유 경쟁 체제와 개인 소유를 인정하였다.

05 다음 중 북한 사회주의 경제의 기본 특징으로 보기 어려운 것은?

① 생산 수단이 공동으로 소유된다.

② 개인적인 이윤 추구는 존재할 수 없다.

③ 재화의 생산이 시장 기구에 의해 이루어진다.

④ 소비재의 분배가 노동의 질과 양에 따라 이루어진다.

06 다음 글의 빈칸 ㉠~㉢에 들어갈 알맞은 말을 순서대로 나열한 것은?

> 북한은 최근에는 (㉠)(을)를 내세우며, 국방공업을 우선적으로 발전시키면서도 경공업과 농업을 동시에 발전시키겠다는 달라진 입장을 내세우고 있다. 이는 곧 실리 사회주의를 추구하겠다는 의미로 보인다. 이에 따라 공식적으로 (㉡)(이)라는 암시장을 단속하고, 북한 당국이 허가한 (㉢)(을)를 선보이며 변화를 시도하고 있다.

	㉠	㉡	㉢
①	사회주의 경제 노선	인민 시장	장마당
②	사회주의 경제 노선	장마당	종합 시장
③	선군주의 경제 노선	장마당	인민 시장
④	선군주의 경제 노선	장마당	종합 시장

07 북한의 정치 생활에 대한 설명으로 옳은 것은?

① 최고 인민 회의는 일방적으로 국가 정책을 통제한다.

② 조선 노동당이 모든 법을 집행하는 행정부의 기능을 수행하고 있다.

③ 주체사상이라는 통치이념과 주체인 인민 대중의 정점에 수령이 존재한다.

④ 국방 위원회와 내각이 국가 권력의 원천으로서 최고의 위상과 권한을 가진다.

08 다음 ㉠에 들어갈 말로 적절한 것을 고르면?

> • 조선민주주의인민공화국에서 공민의 권리와 의무는 '하나는 전체를 위하여, 전체는 하나를 위하여'라는 (㉠)원칙에 기초한다.
> • (㉠)란 "사회와 집단의 이익을 귀중히 여기고 그 실현을 위하여 모든 것을 다 바쳐 투쟁하는 공산주의 사상과 도덕"이다.

① 집단주의   ② 제국주의

③ 사회주의   ④ 개인주의

09 북한의 경제생활에 대한 설명으로 옳지 않은 것은?

① 재산의 개인적 소유와 처분을 인정하지 않는다.

② 공산주의적 평등 분배 원칙을 적용하기 때문에 실제 생활 수준 자체도 계급에 상관없이 평등하다.

③ 중공업 우선 정책으로 생필품 보급의 불균형이 초래되었다.

④ 국가 계획 위원회에서 국가 경제 계획을 작성, 집행, 감독한다.

10 북한 당국이 바라보는 인권에 대한 입장으로 옳지 않은 것은?

① 시민적·정치적 권리보다는 경제적·사회적 권리를 더 강조한다.

② 개인적 자유와 인권은 집단적·사회적 자유와 인권에 종속되어 있다고 본다.

③ 사회와 국가, 민족과 인민의 자유와 인권은 개인의 자유와 인권이 보장되었을 때 실현될 수 있다.

④ 남한 사회의 자유는 자유방임적 원리에 기초한 약육강식, 적자생존의 원칙에 따르는 자유라고 보고 있다.

CHAPTER 08 한미동맹의 필요성

핵심이론정리

section 01 한미동맹의 역사

(1) 초창기 한·미 관계(1949)

한·미 관계의 시작	• 제너럴셔먼호 사건(1866)으로 인한 신미양요(1871)로 최초 군사관계가 시작되었다. • '조미수호통상조약(1882)'으로 공식적 국교관계가 수립되었다.
실질적인 군사협력관계의 시작	• 패전한 일본군의 무장해제를 위하여 미 육군 제24군단이 한반도에 진주(1945)하게 되었다. • 주한미군사고문단(KMAG)의 설치(1949) : 미군이 보유하고 있던 무기의 한국군 이양 및 사용법 교육, 한국군의 편성과 훈련지도, 군사교육기관의 정비 강화 등을 하였고, 고문단은 외교적 역할 수행과 치외법권을 가지고 있었다.

(2) 미국의 한국전쟁 참전

① 6.25전쟁의 발발 : 1950년 6월 25일 북한이 기습남침을 개시하였다.

② 국제사회의 대응
  ㉠ 유엔 안보리는 북한의 전쟁도발 행위의 중지 및 38선 이북으로 철수를 요구하는 결의안을 의결(1950.6.25)하였다.
  ㉡ 영국과 프랑스의 발의로 유엔군 사령부가 설치(1950.7.7)되었고, 미국, 호주, 프랑스, 터키 등 16개국이 참여하였다.

③ 미국의 참전
  ㉠ 미국 주도의 유엔군이 창설되어, 유엔군 사령부는 미군 주도의 통합사령부인 미 극동군 사령부가 위치한 도쿄에 설치되었다.
  ㉡ 이승만 대통령은 한국군의 지휘권을 유엔군 사령관에게 위임(1950.7.18)하였고, 인천상륙작전을 통해서 서울을 수복하였으나, 중공군의 개입으로 후퇴하게 되어, 전선은 고착화되었다.

(3) 한미상호방위조약의 체결(1953.10.1)

① 조약 체결의 배경

휴전을 둘러싼 의견 대립	• 미국은 휴전을 원하고, 한국은 지속적 전쟁을 통한 북진 통일을 원하였다. • 한국은 휴전 거부의사를 표명하며 휴전회담에도 참석하지 않았다.
휴전협정 조인 후 한국의 방어를 위해 체결	• 휴전을 하는 대신, 한미상호방위조약 체결, 대한군사원조 등이 이루어졌다. • 한국은 한미상호방위조약에 한반도 유사시 미국의 자동개입 항을 삽입하기를 요구하였으나, 미국은 이에 대한 대안으로 미군 2개 사단을 한국에 주둔하였다.

② 한미상호방위 조약

제1조
당사국은 관련될지도 모르는 어떠한 국제적 분쟁이라도 국제적 평화와 안전과 정의를 위태롭게 하지 않는 방법으로 평화적 수단에 의하여 해결하고 또한 국제관계에 있어서 국제연합의 목적이나 당사국이 국제연합에 대하여 부담한 의무에 배치되는 방법으로 무력에 의한 위협이나 무력의 행사를 삼가할 것을 약속한다.

제2조
당사국 중 어느 일방의 정치적 독립 또는 안정이 외부로부터의 무력침공에 의하여 위협을 받고 있다고 어느 당사국이든지 인정할 때에는 언제든지 당사국은 서로 협의한다. 당사국은 단독적으로나 공동으로나 자조와 상호원조에 의하여 무력공격을 방지하기 위한 적절한 수단을 지속하여 강화시킬 것이며, 본 조약을 실행하고 그목적을 추진할 적절한 조치를 협의와 합의하에 취할 것이다.

제3조
각 당사국은 타 당사국의 행정 관리하에 있는 영토 또한 금후 각 당사국이 타 당사국의 행정 관리하에 합법적으로 들어갔다고 인정하는 영토에 있어서 타 당사국에 대한 태평양지역에 있어서의 무력공격을 자국의 평화와 안전을 위태롭게 하는 것이라고 인정하고 공통한 위험에 대처하기 위하여 각자의 헌법상의 수속에 따라 행동할 것을 선언한다.

제4조
상호합의에 의하여 결정된 바에 따라 미합중국의 육군, 해군과 공군을 대한민국의 영토 내와 그 주변에 배치하는 권리를 대한민국은 이를 허용하고 미합중국은 이를 수락한다.

제5조
본 조약은 대한민국과 미합중국에 의하여 각자의 헌법상의 절차에 따라 비준되어야 하며, 그 비준서가 양국에 의하여 워싱턴에서 교환되었을 때에 효력을 발생한다.

제6조
본 조약은 무기한으로 유효하다. 어느 당사국이든지 타 당사국에 통고한 일년 후에 본 조약을 종지시킬 수 있다.

* 한미상호방위 조약은 한미연합방위체계의 법적 근거가 되는데, 특히 제3조의 '상대국에 대한 무력공격은 자국의 평화와 안정을 위태롭게 하는 것으로 간주하여 헌법상의 절차에 따라 공동으로 대처 제4조의 '미군의 한국 내 주둔을 인정이 이를 증명한다.

(4) 한국의 전후복구와 미국의 지원

① **미국의 군사적 지원** : 대외군사판매(FMS)를 통한 무기체계 공급으로 한국군 전력을 증강하였다.

    ㉠ 방산기술지원 및 협력을 통해 한국군 무기체계를 개선하였다.

    ㉡ 한국의 방어는 주한미군이 주도하였다.

② **미국의 경제적 지원** : 미국은 1953년에서 1959년까지 총 16억 2,200만 달러의 원조를 제공하였다. 한국의 요구량은 10억 달러였다.

    ㉠ **소비재 중심의 경제 원조** : 미국의 식량, 의복, 의약품 등 생활 필수품을 지원하였다.

       • 미공법(미국의 농산물 무역 촉진 원조법) 480호에 따른 농산물을 원조하였다.

       • 한국 정부는 원조 받은 농산물의 판매 수익을 통해 대충자금을 조성하여 정부 계획에 집행하였다.

    ㉡ **원조의 영향** : 원조물자를 가공한 면방직업, 제당업, 제분업 등 삼백 산업이 발달하게 되었다.

    ㉢ **원조의 한계** : 한국이 원했던 생산재 및 사회 기반 시설 중심의 원조는 미약하였고, 1950년대 후반, 미국은 국내경제 악화를 이유로 경제적 지원의 형태를 무상 원조에서 유상 차관으로 변경되었다.

    ㉣ **원조의 결과** : 식량 문제 해결에 크게 기여하였으나, 밀가루, 면화 등의 대량 수입으로 농업 기반이 붕괴되었다.

(5) 한국의 베트남 파병과 한미안보협력

① **베트남전 전개 과정**

    ㉠ 2차 세계대전 이후 프랑스로부터 독립을 위해 결성된 "베트남 독립동맹"과 이를 저지하려는 프랑스의 전쟁이 시작되었다.

    ㉡ 디엔비엔푸 전투에서 프랑스는 큰 타격을 입고 제네바 협정을 체결하였다.

    ㉢ **베트남 독립동맹** : 북베트남에 자리를 잡고 공산주의를 표방하였으며, 남베트남에는 비공산주의자들이 자리를 잡게 되었다.

    ㉣ 미국의 지원을 받고 있었던 남베트남은 민주주의를 표방하였고, 북베트남은 공산화 통일을 시도하였다.

② **한국의 참전 배경** : 한미동맹 차원에서 미국의 한국전 지원에 대한 보답과 주한미군의 베트남 투입 가능성을 차단하고, 한국군의 실전 전투경험 축적을 통한 전투역량을 강화시키기 위해 참전하게 되었다.

③ **한국군의 참전**

    ㉠ 8년 8개월(1964.7.18~1973.3.23) 동안 총 312,853명 투입되었다.

    ㉡ 주월 한국군사령부 창설되어 맹호부대, 백마부대 등 전투병이 파병되었고, 주월 한국군 사령부가 한국군의 작전권을 행사하였다.

④ 성과

　　㉠ 대민지원 중심의 민사심리전 수행으로 베트남 주민들의 지지를 확보할 수 있었다.

　　㉡ 한국전쟁에서의, 산악전 경험을 토대로 효과적인 전투임무를 수행하였고, 미국의 동맹국으로서 국제적 지위와 위상을 제고하였다.

　　㉢ **경제적 성과** : 베트남 파병 군인들의 송금, 군수품의 수출, 건설업체의 베트남 진출 등으로 국가적인 이익을 얻었다.

⑤ 베트남 파병 이후, 한미간 협력이 강화됨

　　㉠ 미국의 군사적, 경제적 지원이 증가하였다.

　　㉡ 한국군 전력증강과 경제개발을 위한 차관를 제공하고, 한국의 산업 발전을 위한 기술원조를 하였다.

> 제1조 추가 파병에 따른 비용은 미국이 부담한다.
> 제2조 한국 육군 17개 사단과 해병대 1개 사단의 장비를 현대화한다.
> 제3조 베트남 주둔 한국군을 위한 물자와 용역은 가급적 한국에서 조달한다.
> 제4조 베트남에서 실시되는 각종 건설·구호 등 제반 사업에 한국인 기업이 참여한다.
> 제5조 미국은 한국에 추가로 차관과 군사원조를 제공하고, 베트남과 동남아시아로의 수출증대를 가능하게 할 차관을 추가로 제공한다.
>
> 　　　　　　　　　　　　　　　　　　　　　　　　　　　　　　　　－브라운 각서(1966. 3)－
>
> * 제시된 자료는 1966년 3월 7일 미국 정부가 한국군 월남 증파의 선행조건에 대한 보상조치를 당시의 주한 미국대사 브라운을 통하여 한국 정부에 전달한 공식 통고서이다. 베트남 전쟁의 특수는 빠른 경제성장과 수출 증대에 기여를 하였다.

⑥ 한미안보연례협의회(SCM : Security Consultative Meeting)의 설치

　　㉠ **배경** : 청와대 습격 사건(1968.1.21), 푸에블로호 납치 사건(1968.1.23), 울진, 삼척 무장공비 침투사건(1968.10.30)등 증가하는 북한의 도발에 대한 대응의 필요성이 증가되었다.

　　㉡ **의의** : 양국 국방장관을 수석대표로 하는 장관급회의인 SCM은 오늘날까지 안보 현안에 대한 논의의 장으로 활용되고 있으며, 예하에 소주제를 다룰 수 있는 다양한 위원회가 존재하고 있다.

　　㉢ **한미안보협의회의(SCM)의 구성**

(6) 닉슨 독트린과 한미동맹의 변화

① 주한미군 감축 움직임 : 데탕트의 도래와 베트남전 이후 미국의 재정 적자 악화로 인해 아시아 지역의 미군을 감축하려는 움직임이 나타나기 시작하였다.

② 닉슨 독트린(Nixon Doctrine) 발표

---

1. 미국은 앞으로 베트남 전쟁과 같은 군사적 개입을 피한다.
2. 미국은 아시아 여러 나라와의 조약상 약속을 지키지만, 강대국의 핵에 의한 위협의 경우를 제외하고는 내란이나 침략에 대하여 아시아 각국이 스스로 협력하여 대처하여야 한다.
3. 미국은 태평양 국가로서 그 지역에서 중요한 역할을 계속하지만 직접적, 군사적인 또는 정치적인 과잉 개입은 하지 않으며 자력 구제의 의사를 가진 아시아 여러 나라의 자주적 행동을 측면 지원한다.

* 닉슨 독트린에서 "아시아의 안보는 아시아인에 의해"에서 아시아 지역에 대한 안보공약의 축소를 주장하였고, 주한미군 부분 철수 논의하여 제7사단의 철수(1971.3)하는 등 해외 주둔 미군을 축소하였다.

---

③ 카터(Jimmy Carter) 행정부의 주한미군 철수 정책

ㄱ 3단계 철군안 발표 : 1977년~82년까지 3단계에 걸쳐서 철군하여 1978년까지 3,400명 철군하였다.

ㄴ 철군계획의 취소(1979)

- 북한 군사력에 대한 재평가 : 미국 내에서 북한의 군사력이 높은 수준에 있다는 평가가 나오기 시작하였다.
- 신냉전의 분위기 확산 : 소련은 아프간 및 베트남 일대에서 팽창 의도를 보이며 데탕트 분위기를 와해시켜나갔다.

(7) 주한미군 철수를 보완하기 위한 한미동맹의 강화

① 주한미군 철수 계획으로 인한 한국의 자체적인 역량 강화 시도하였고, 이에 제1차 율곡사업(한국군전력증강사업)을 시작하였다.

② 한국의 역량 강화를 위한 미국의 군사 원조 강화

ㄱ 주한미군이 보유하고 있던 일부 장비들에 대해 무상으로 이양하였다.

ㄴ 대외군사판매(FMS)를 통한 무기체계의 제공을 확대하고, 한국군 역량 강화를 위한 차관을 추가 제공하였다.

③ 철군에 따른 동맹의 보완책 추진

한미연합사령부(CFC : Combined Forces Command) 창설(1978)

ㄱ 군사위원회로부터 전략 지시를 받아서 한미연합군을 지휘하였다.

ㄴ 사령관은 미군 대장, 부사령관은 한국군 대장, 참모장은 미군 중장이며, 각 참모 요원은 부서장과 차장에 한미군의 장교들이 교차되어 임명되었다.

ㄷ 한반도 방어를 위한 전쟁수행 사령부가 유엔사에서 연합사로 변경하여 동반자적 한미군사관계의 새로운 틀을 마련하였다.

ㄹ 한미연합훈련의 발전 : 미 본토에서 공수부대를 투입하는 프리덤 볼트(Freedom Bolt)훈련을 시행하였다.

section 02 한미동맹의 역할

(1) 군사적 차원

① 대북 억제 : 주한미군의 주둔을 통한 대북 억지력이 강화되었다.
  ㉠ 한국은 주한미군의 정보자산을 통해 대북 정보 획득 : 주한미군은 정찰기 및 정찰 위성 등을 통해 획득한 대북 정보를 한국군에 제공해주었다.
  ㉡ 주한미군의 강력한 전투력을 통해서 북한의 도발 및 위협을 억제하였다.
  ㉢ 유사시 증원전력을 통해 북한의 군사적 위협에 대비할 수 있도록 하였다.

맞춤형 억지 전략(tailored deterrence strategy)
• 배경 : 북한은 1990년대부터 핵개발을 실시해 왔으며 현재 세 차례의 핵실험을 실시하였다. 한미 양국은 북한 핵 및 대량살상무기(WMD) 위협에 대응하려고 하였다.
• 내용 : 정찰자산을 이용하여 북한의 움직임을 3단계(위협, 사용임박, 사용)로 나누어서 판단하고, 단계별로 가용한 수단을 이용하여 타격하고자 하였다.

② 한국군의 군사전략 및 전술의 발전
  ㉠ 미국은 많은 전쟁경험을 통해서 현대전에 적합한 전략 및 전술을 개발 및 발전시켜왔다.
  ㉡ 한국군은 한미연합사와 한·미연합군사훈련을 통해서 미군의 전략 및 전술을 학습하였다.

③ 한국군의 무기체계 발전
  ㉠ 미국의 군사원조와 한국군의 현대화 : 6·25전쟁 이후 한국군의 현대화 과정에서 미국의 군사원조가 결정적 역할을 하였다.
  ㉡ 미국은 대외군사판매제도(FMS)를 통해서 한국군에 고성능 무기들을 공급하였다.
  ㉢ 한미는 한미방위기술협력 위원회를 통해서 무기체계의 공동 개발연구를 진행하는 등 방위기술 교류를 활발히 진행하고 있다.

(2) 정치 · 외교적 차원

동아시아의 세력 균형자, 안정자 역할	• 한국은 중국, 일본, 러시아 등 강대국들 속에 둘러싸여 있다. • 강대국들의 세력 다툼 속에서 한·미동맹은 중국 및 러시아 등에 대해 균형을 유지할 수 있도록 만드는 중요한 기제이다.
지역 분쟁의 조정자 역할	• 동아시아에는 역내 국가 간 다양한 분쟁 요소들이 산재(역사 및 영토 등)되어 있다. • 한미동맹의 한 축인 미국은 지역 분쟁의 조정자로서 지역내의 작은 분쟁들이 전쟁으로 비화되는 것을 막아주고 있다.
국제평화 및 안보에 기여	• 한미 양국은 대량살상무기 확산 방지 구상(PSI), 핵확산 방지 조약(NPT) 등을 통해서 국제 군비통제 분야에서 협력해 왔다. • 국제평화를 위한 군사협력에 기여하였다. • 미국이 대량살상무기 제거를 위해 이라크와 벌인 전쟁(이라크 전쟁)에서, 아르빌 북부 지역에 자이툰 부대를 파견하여 미국과 협조 하에 재건활동을 실시하였다. • 한국 해군은 아프리카 소말리아 해역인 아덴만에 4,500톤 급 구축함 1척을 파견하여 대해적 작전을 실시하였다. • 한국군은 미국이 주도하는 테러와의 전쟁을 지원하기 위하여 아프가니스탄에 재건부대를 파견하였다.

(3) 경제적 차원

① 경제발전을 할 수 있는 안정된 환경 제공

  ㉠ 해외 투자자들이 마음 놓고 투자할 수 있는 여건을 마련하였다.

  ㉡ 코리아 디스카운트의 주요 원인 중의 하나는 북한의 군사적 위협으로 전쟁이 일어날지도 모른다는 안보 불안이다. 북한의 도발이 있을 때마다 한국의 주식 시장이 요동치는데, 한미동맹과 주한미군의 주둔은 북한의 군사적 도발을 억제함으로써 해외 투자자들에게 투자할 수 있는 여건을 조성해주고 있다.

② 안보비용의 절감 : 한국은 6.25 전쟁이후 한미동맹을 통해 안보를 달성하였으며, 그렇게 절약한 방위비용을 경제 발전에 투자하여 경제성장에 성공하고, 현재에도 한미동맹으로 인해 안보비용을 절약하고 있다.

③ 한미 경제협력 강화를 통한 이익 : 한미 교역의 확대를 통한 이익을 얻고, 경제협력으로 인한 선진 경영 기법 도입 및 기술교류를 하였다.

08 출제예상문제

≫ 정답 및 해설 **p.430**

01 다음 중 한미상호방위조약의 체결의 배경으로 옳은 것은?

① 소련이 북한에 현대식 무기를 공급하였다.
② 북한의 요청으로 중국군이 전쟁에 개입하였다.
③ 휴전 협정 조인 후 한국의 방어를 위해 체결을 요구하였다.
④ 북한이 기습 남침을 개시하였다.

02 다음은 광복 이후의 경제 상황이다. 이에 대한 설명으로 적절하지 않은 것은?

> 광복 후 미국은 한국에 대량의 물자를 무상으로 원조하였다. 원조에는 미 군정기의 점령 지역 행정 구호 원조, 정부 출범 이후의 정부 협조처 원조, 6·25 전쟁 중의 유엔 한국 재건단 원조, 6·25 전쟁 이후의 미국 공법 480호에 의한 농산물 원조 등 이었다. 원조의 양은 1950년대 후반까지 증가하였으나, 이후 점차 감소하였다. 당시 원조 물자의 대부분은 밀, 면화, 설탕 등이었으며, 국내의 부족한 농산물보다 더 많이 도입되기도 하였다.

① 밀과 면화의 생산량이 감소하게 되었다.
② 면방직, 제분, 제당의 삼백 산업이 성장하였다.
③ 농산물 도입으로 농촌 경제의 안정이 이루어졌다.
④ 미국의 원조는 전후 복구 사업에 큰 힘이 되었다.

03 다음 각서가 체결된 시기의 경제 상황으로 옳은 것은?

> 제1조 추가 파병에 따른 부담은 미국이 부담한다.
> 제3조 베트남 주둔 한국군을 위한 물자와 용역은 가급적 한국에서 조달한다.
> 제4조 베트남에서 실시되는 각종 건설·구호 등 제반 사업에 한국인 업자가 참여한다.

① 제분, 제당, 방직의 삼백 산업이 발달하였다.
② 강대국의 농산물 시장 개방 압력이 거세었다.
③ 성장 위주의 경제 개발 정책이 추진되고 있었다.
④ 국제 통화 기금으로부터 구제 금융을 지원받았다.

04 다음 조약에 대한 설명으로 옳은 것은?

> 제1조 당사국은 국제 관계에 있어서 국제 연합의 목적이나 당사국이 국제 연합에 의하여 부담한 의무에 배치되는 방법으로 무력의 위협이나 무력의 행사를 삼갈 것을 약속한다.
> 제3조 상호 합의에 의하여 미국은 육해공군을 한국 영토 내와 그 부근에 배치할 수 있는 권리를 가지며 한국은 이를 허락한다.

① 6·25 전쟁 도중에 체결되었다.
② 애치슨 라인 설정으로 이어졌다.
③ 한·미 동맹 관계가 강화되었다.
④ 선제 공격을 공식적으로 합의하였다.

05 표의 상황이 당시 경제에 끼친 영향으로 옳은 것은?

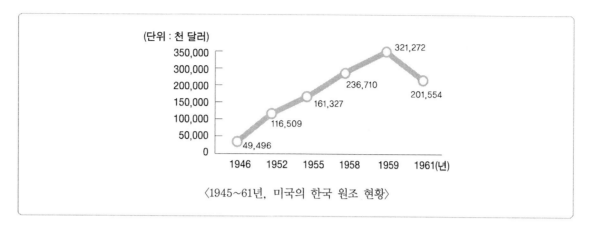

〈1945~61년, 미국의 한국 원조 현황〉

ㄱ 소비재 산업이 발달하였다.
ㄴ 밀, 면화 생산 농가가 몰락하였다.
ㄷ 제1차 경제 개발 5개년 계획이 추진되었다.
ㄹ 외환 위기로 기업 구조 조정이 단행되었다.

① ㄱ, ㄴ
② ㄱ, ㄷ
③ ㄴ, ㄷ
④ ㄴ, ㄹ

06 다음 글의 ㈎에 대한 설명으로 옳은 것은?

원조 경제의 발달 과정에서 전체 제조업의 77%를 차지하였던 [　㈎　]을 중심으로 재벌이 형성되는 토대가 마련되었다. 반면, 중소기업의 성장 기반 형성은 수월하지 않았다.

① 귀농 인구의 증가를 가져왔다.
② 국내 식량 부족 문제를 심화시켰다.
③ 국내 면화 재배 농가에 큰 타격을 주었다.
④ 농산물 가격의 폭등으로 물가가 높아졌다.

07 다음 상황이 끼친 영향으로 옳은 것을 〈보기〉에서 고른 것은?

> 미국으로부터 우리나라에 수백만 석의 양곡이 원조되었다. 작년도의 2배 이상 증가한 양이 들어오게 되었는데, 이를 통해 전후 식량 문제가 상당히 극복되어 가고 있으며, 아울러 이와 더불어 들어오는 소비재 물품들 또한 국민들의 생활 안정에 보탬이 되고 있다. 그러나 식량 위주의 원조가 갖는 문제점이 발생하고 있어 정부가 조처를 취해야 할 것으로 보인다.

〈보기〉
㉠ 농지개혁이 중단되었다.
㉡ 삼백 산업이 성장하였다.
㉢ 농산물 가격이 하락하였다.
㉣ 소비재 산업의 성장이 부진하였다.

① ㉠, ㉡
② ㉠, ㉢
③ ㉡, ㉢
④ ㉡, ㉣

08 다음 사실로 내릴 수 있는 결론으로 옳은 것은?

- 핵 확산 금지 조약(NPT)
- 닉슨 독트린 발표
- 전략 무기 제한 협정(SALT)교섭
- 닉슨의 모스크바와 베이징 방문

① 사회주의 국가의 붕괴
② 제2차 세계 대전의 발발
③ 미 · 소 간의 긴장 완화 실현
④ 핵무기 확산 금지 조치 체결

09 다음의 일들이 일어난 시기를 연표에서 고르면?

한 · 미 동맹 강화와 군 현대화, 차관을 통한 경제적 이득 등을 고려해 베트남 파병을 결정하였다.

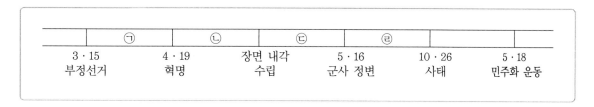

	㉠		㉡		㉢		㉣			
3 · 15 부정선거		4 · 19 혁명		장면 내각 수립		5 · 16 군사 정변		10 · 26 사태		5 · 18 민주화 운동

① ㉠

② ㉡

③ ㉢

④ ㉣

10 다음 중 한국의 베트남 파병의 성과로 옳지 않은 것은?

① 대민지원 중심의 민사심리전 수행으로 베트남 주민들의 지지를 확보할 수 있었다.
② 한국전쟁에서의 산악전 경험을 토대로 효과적인 전투임무 수행을 하였다.
③ 미국의 동맹으로서 국제적 지위와 위상이 위축하였다.
④ 군수품의 수출, 건설업체의 베트남 진출 등으로 국가적인 이익을 얻었다.

CHAPTER

09 중국의 동북공정

핵심이론정리

section 01 동북공정이란?

(1) 의미

① '동북변강역사여현상계열연구공정(東北邊疆歷史與現狀系列研究工程)'의 줄임말이다.

② 중국 국경 안에서 전개된 모든 역사를 중국 역사로 만들기 위해 2002년부터 2007년까지 중국정부의 지원을 받아 추진한 동북 변경지역의 역사와 현상에 관한 연구 프로젝트이다.

(2) 배경

① 2001년 한국 국회에서 재중 동포의 법적 지위에 대한 특별법 상정→중국 당국은 조선족 문제와 한반도의 통일과 관련된 문제 등에 대한 국가적 차원의 대책을 세우기 시작하였다.

② 2001년 북한에서 고구려 고분군을 유네스코 세계문화유산 등록 신청→북한이 신청한 고구려 고분군이 세계문화유산으로 지정을 받게 되면 중국이 고구려 역사를 중국의 역사로 주장하는 명분이 사라질 가능성이 많아지게 되기 때문이다.

③ 중국 정부가 조선족 문제와 한반도의 통일과 관련된 문제 등에 대해 국가 차원의 대책을 세우기 시작→장기적으로 볼 때 남북 통일 후의 국경 문제를 비롯한 영토 문제를 공고히 하기 위한 사전 포석으로 볼 수도 있는 것이다.

(3) 내용

① 오늘날 중국 영토에서 전개된 모든 역사를 중국의 역사로 편입하려는 시도의 일부('통일적 다민족국가론')이다.

② 고조선, 고구려 및 발해의 역사가 중국의 역사의 일부라 왜곡하는 것이다.

③ 한국과 중국의 구두양해각서(2004년)에서 고구려사 문제를 학문적 차원에 국한시킨다고 동의하고 공식적인 동북공정은 2007년에 종결시켰다.

④ 동북공정의 목적을 위한 역사왜곡은 지금도 진행 중으로 동북공정식 역사관을 가르치는 중국 역사 교과서, 동북공정식 메시지를 전달하는 지안 고구려 박물관 등에서 알 수 있다.

(4) 문제점

역사적인 문제점	• 한국 고대사 왜곡으로 인해 한국사의 영역이 시간적(2,000년), 공간적(한강 이남)으로 국한되어 버린다.
정치적인 문제점	• 남북통일 후의 국경 문제를 비롯한 영토 문제를 공고히 하기 위한 사전 포석일 가능성이 높으며, 북한 정권의 붕괴 시 북한 지역에 대한 중국의 연고권을 주장할 가능성이 있다.

section 02 상고사를 둘러싼 역사분쟁

(1) 고조선

① 고조선에 대한 기본적인 이해

　㉠ 우리 민족사에 최초로 등장하는 국가로 「삼국유사」와 「제왕운기」의 단군신화에 기록되어 있다.

　㉡ 세력 범위는 요령 지방과 한반도 북부로 추정되고 있으며, 비파형동검과 고인돌의 분포가 이를 증명하고 있다.

　㉢ 기자동래설 : 중국의 「상서대전」에 중국 은(殷)나라의 기자가 고조선을 세우고 초대 왕이 되었다는 설이 적혀 있다.

　㉣ 위만조선 : BC 194년 중국 연(燕)나라 망명자 출신 위만이 반란을 일으켜 집권한 후 멸망할 때까지의 고조선을 말한다.

② 고조선과 관련된 논쟁

단군조선을 둘러싼 논쟁	• 중국의 왜곡 : 단군은 신화적인 존재였고, 단군조선은 실재하지 않다고 주장하고 있다. • 우리의 반론 : 단군신화의 역사성을 인정해야하고, 단군조선은 독자적인 청동기 문화를 바탕으로 세워진 실존하는 한국사 최초의 국가라고 주장하고 있다.
기자동래설을 둘러싼 논쟁	• 중국의 왜곡 : 은나라의 왕족 기자가 고조선을 건국한 후 주(周) 왕실의 조회에 참석하여 제후국이 되었으므로, 고조선은 중국사의 일부라고 주장하고 있다. • 우리의 반론 : 기자동래설을 입증하는 「상서대전」의 신뢰성에 문제가 있으며, 기자의 이주를 입증할 수 있는 고고학적 사료(고조선 문화에 중국 청동기 문화의 유입 흔적)가 미미하다고 주장하고 있다.
위만조선을 둘러싼 논쟁	• 중국의 왜곡 : 연나라 출신이 고조선을 지배하였고, 고조선은 중국사의 일부라고 주장하고 있다. • 우리의 반론 : 지배층 일부가 교체되었을 뿐, '조선'의 국호 등 국가 정체성을 계속 유지하였다고 주장하고 있다.

(2) 부여

① 부여에 대한 기본적인 이해 : 기원전 2세기부터 494년까지 북만주 송화강 유역 평야지대에서 번영한 농업국가이다.

② 부여와 관련된 논쟁

중국의 왜곡	• 중국 측 주장 : 부여는 중국의 문화를 받아들이고 결국 중국에 흡수된 고대 중국의 소수민족 정권 중에 하나이다. • 근거 : 부여인은 중국식의 묘지를 이용하였고, 부여 유적 내 중국 계통의 철기와 토기가 발견되었다.
우리의 반론	• 반론 : 부여는 고조선, 고구려, 옥저, 동예 등의 주류를 형성한 고대 한국 민족인 예맥족이 세운 나라이다. • 근거 –중국의 사서인 삼국지를 살펴보면 "부여는 예맥의 땅에 있었다.", "맥인(貊 人) 또는 예맥이라 불린 고구려는 언어와 법칙이 대체로 부여와 같은 부여 별종"이라고 서술되어 있다. → 부여인이 예맥족의 한 갈래였을 가능성이 있다. –후대의 고구려인들과 백제인들이 부여의 직접 후계임을 주장할 정도의 깊은 동족의식을 가지고 있다. –부여의 주요 관명– 마가(馬加), 우가(牛加), 저가(豬加), 구가(狗加) 등은 중국의 것과는 다른 계통에 속한다. –고구려 건국시조 주몽은 졸본부여 출신이고, 427년 백제가 북위에 보낸 외교문서에는 "백제와 고구려가 모두 부여에서 비롯되었다."라고 기록되어 있다.

(3) 고구려

'고구려는 중국 땅에 세워졌다?'	
중국의 왜곡	우리의 반론
• 주장 : 중국의 영토에서 진행된 고구려사는 한국사의 일부가 아니다. • 근거 –고구려는 한(漢)나라의 영역인 현도군 고구려 현에서 건국되었다. –427년에는 한의 낙랑군 평양으로 천도하였다.	• 반론 : 중국의 주장은 영토 패권주의에 불과하다. • 근거 –고구려에 선행하는 고조선 · 부여의 역사는 명백한 우리의 역사이다. –현재 자국 영토 안에 있다는 이유로 그 역사를 귀속할 수 없다.

'고구려는 중국의 지방 정권이었다?'	
중국의 왜곡	우리의 반론
• 주장 : 고구려는 중국 민족이 세운 중국의 지방 정권이다. • 근거 –고구려현은 이미 한의 현도군 소속으로, 고구려는 한(漢) 왕조의 신하이다. –고구려는 3세기부터 7세기까지 중국 왕조의 책봉을 받고 조공을 하였다.	• 반론 : 고구려는 민족의 기원과 역사 계승 의식 모두 중국과 별개인 우리의 자주 국가이다. • 근거 –조공과 책봉은 외교의 한 형식이자 국제 무역의 한 형태이다. 만약 조공 · 책봉만으로 중국의 지방정권 여부를 구분한다면 신라 · 백제 · 일본 · 베트남도 중국의 지방정권으로 보아야 하나 중국조차 그런 주장을 하지 않는다. –고구려는 광개토대왕의 연호 사용, 광개토왕릉비의 천하관에서 볼 수 있듯 황제 국가를 표방하였다.

'고구려 민족은 중국 고대의 한 민족이다?'	
중국의 왜곡	우리의 반론
• 주장 : 고구려 민족은 한민족의 선조가 아니다. • 근거 －고구려 멸망 후 고구려의 후예들 가운데 대부분이 당나라로 이동 후 동화되었다. －대동강 이남의 고구려인 극소수만이 신라에 흡수되었다.	• 반론 : 설득력 없는 억지 주장에 불과하다. • 근거 －고대 중국은 고구려를 동이(東夷)라는 오랑캐의 일부로 단정을 지었다. －당으로 간 고구려인들 대부분은 강제로 끌려갔으며, 신라로 내려온 이들은 동류의식을 바탕으로 신라를 선택하였다.

'고구려는 중국 땅에 세워졌다?'	
중국의 왜곡	우리의 반론
• 주장 : 중국의 영토에서 진행된 고구려사는 한국사의 일부가 아니다. • 근거 －고구려는 한(漢)나라의 영역인 현도군 고구려 현에서 건국되었다. －427년에는 한의 낙랑군 평양으로 천도하였다.	• 반론 : 중국의 주장은 영토 패권주의에 불과하다. • 근거 －고구려에 선행하는 고조선·부여의 역사는 명백한 우리의 역사이다. －현재 자국 영토 안에 있다는 이유로 그 역사를 귀속할 수 없다.

'수·당과 고구려의 전쟁은 중국 국내 전쟁이었다?'	
중국의 왜곡	우리의 반론
• 주장 : 같은 중국 민족이 벌인 통일 전쟁이다. • 근거 －고구려는 중국의 지방정권이다. －중국 내부의 통일 전쟁이자 지방 정권의 반란을 진압한 사건이다.	• 반론 : 동아시아 패권을 놓고 중국의 침략에 맞서 싸운 국가 대 국가의 국제 전쟁이다. • 근거 －수·당 전쟁은 고구려 뿐 아니라 백제, 신라, 왜도 참여한 다국가 전쟁이다. －고구려의 영역은 고조선 - 부여 - 고구려로 이어지는 한민족의 영역이다.

'고려는 고구려를 계승한 국가가 아니다?'	
중국의 왜곡	우리의 반론
• 주장 : 고려는 신라를 계승한 국가이다. • 근거 －고려는 대동강 이남만 차지하였다. －수도 개성은 신라의 옛 땅이다.	• 반론 : 고려는 명백히 고구려를 계승한 국가이다. • 근거 －고려의 국호는 고구려를 계승한 역사의식의 산물이다. －고려는 「삼국사기」, 「삼국유사」와 같은 역사서를 편찬하였다. －고려는 고구려의 수도 서경을 중시하며, 압록강까지 북진정책을 추진하였다.

(4) 발해

① 발해에 대한 기본적인 이해

    ㉠ **건국** : 698년 고구려 유민 대조영이 고구려 유민을 중심으로 건국되었다.

    ㉡ **성장** : 말갈 등 주변의 부족을 복속시킨 후 만주, 러시아, 한반도 북부를 장악하였다.

    ㉢ **멸망** : 926년 거란의 습격에 의해 멸망 후 발해 유민이 대거 고려로 이주하였다.

② 발해사와 관련된 논쟁

주변국의 발해사 왜곡	
중국	• 주장 : 발해의 국호는 말갈국이고, 말갈족이 세운 당의 지방 정부이다. • 근거 : 발해 건국 주체민족은 고구려 유민이 아닌 말갈족이고, 발해는 당에 의해 책봉된 지방정권이다.
러시아	• 주장 : 발해는 말갈이 중심이 된 연해주 최초의 중세 국가이다.
일본	• 주장 : 발해는 일본의 조공국이다.
우리의 반론	• 주장 : 발해는 처음에는 고려 혹은 고려국이라고 불릴만큼 고구려 계승의식이 분명한 독립국가이다. • 근거 －발해 무왕 때 '인안' 등 독자적인 연호를 사용하였다. －이전 왕에 대한 시호를 정하고, 문왕은 자신을 '대왕' 또는 '선인' 등으로 부르면서 '황상'이라고 하였다. －발해는 이전 왕이 사망한 후, 당으로부터 새롭게 책봉 받기 전에 이미 신임 왕이 국정을 담당하는 등 정상적인 왕권을 행사하였다. －당나라가 외국인을 위해 실시한 과거시험인 빈공과에 발해인이 응시하여 급제하였다. －일본에서 보낸 국서에 스스로 '천손'이라 하고, 주변의 말갈족을 발해에 속해 있는 나라라는 의미의 '번국'으로 상정하였다. －제2대 무왕이 일본에 보낸 국서에는 "이 나라는 고구려(高句麗)의 옛 땅을 회복하여 계승하고 부여(夫餘)의 유속(遺俗)을 지킨다."가, 제3대 문왕이 일본에 보낸 국서에서 스스로를 '고구려 국왕'이라 칭하면서 발해 계승의식을 표명하였다. －고구려 유민 집단이 지배층을 형성하였다.

09 출제예상문제

≫ 정답 및 해설 **p.432**

01 중국이 다음과 같은 일을 벌이는 의도로 옳은 것을 〈보기〉에서 고른 것은?

> 중국은 옛 고구려와 발해의 영토가 현재 자신들의 영토 안에 있다는 이유로, 고구려와 발해의 역사를 고대 중국의 지방 정권으로 편입시키려는 노력을 기울이고 있다. 중국은 국가 차원에서 이 지역에 대한 연구와 문화재 복원 사업 등과 함께 지역 경제 활성화를 위한 지원 사업 등을 전개하였다.

> 〈보기〉
> ㉠ 일본의 역사 왜곡에 대응하기 위해
> ㉡ 통일 후 한반도에 영향력을 미치기 위해
> ㉢ 한국에 대한 식민지 지배의 정당화를 위해
> ㉣ 조선족 등 지역 거주민에 대한 결속을 강화하기 위해

① ㉠, ㉡   ② ㉠, ㉢
③ ㉡, ㉢   ④ ㉡, ㉣

02 다음과 같은 문제를 해결하기 위한 노력으로 옳지 않은 것은?

> • 야스쿠니 신사 참배   • 중국의 동북공정 연구
> • 역사 교과서 왜곡 문제   • 일본의 독도 영유권 주장

① 서로의 역사 인식을 공유하여야 한다.
② 정부와 민간 차원의 노력을 동시에 병행해야 한다.
③ 빠른 문제 해결을 위해 즉각적인 감정 대응을 한다.
④ 공동의 역사 교재를 편찬하는데 노력을 기울여야 한다.

03 다음 설명에 해당하는 용어를 쓰시오.

중국이 동북 3성, 즉 랴오닝 성, 지린 성, 헤이룽장 성의 역사·지리·민족에 대한 문제를 집중적으로 연구하는 사업을 말한다. 중국은 이 연구를 통해 고구려와 발해의 역사가 중국의 역사라고 주장하고 있다.

① 동북공정　　　　　　　　　　　② 역사논쟁
③ 역사분쟁　　　　　　　　　　　④ 역사왜곡

04 중국이 다음과 같이 주장하는 목적으로 옳은 것을 〈보기〉에서 모두 고른 것은?

• 고구려 종족은 중원으로부터 기원하였다.
• 고구려는 중국 왕조의 책봉을 받고 조공을 하였던 중국의 지방 정권이었다.
• 고구려 유민은 상당수가 중국인이 되었고, 신라로 들어간 고구려인은 소수에 불과하다.
• 고구려는 고려와 무관하며, '기자 조선 – 위만 조선 – 한사군 – 고구려'로 계승된 중국의 고대 소수 민족 지방 정권이었다.

〈보기〉
㉠ 북한과의 경제·문화적 교류를 강화하기 위해
㉡ 만주 지역에 있는 고구려의 유적을 보호하기 위해
㉢ 북한이 붕괴되었을 때 북한 지역에 영향력을 행사하기 위해
㉣ 조선족 등 많은 소수 민족의 동요를 막고 이들을 하나의 중화 민족으로 통합하기 위해

① ㉠, ㉡　　　　　　　　　　　② ㉠, ㉢
③ ㉡, ㉢　　　　　　　　　　　④ ㉢, ㉣

05 동북 공정의 주요 내용으로 옳지 않은 것은?

① 고려는 고구려를 계승하지 않았다.

② 고조선과 발해는 중국의 지방 정권이다.

③ 고구려와 수·당 사이에 일어난 전쟁은 중앙 정부와 지방 정권의 내전이다.

④ 당이 신라에 계림도독부를 설치하였으므로 신라도 중국의 지방 정권 중 하나이다.

CHAPTER 10 일본의 역사 왜곡

핵심이론정리

section 01 독도 영유권 분쟁의 역사적 배경

(1) 독도의 구성과 위치

① 대한민국의 동쪽 끝에 위치하고, 동도, 서도와 그 외 89개의 부속도서로 구성되었다.

② 대한민국 천연기념물 제 336호로 총 면적은 187,554㎡이며, 60여종의 식물, 129종의 곤충, 160여종의 조류와 다양한 해양생물의 서식지와, 동해안에 날아드는 철새들의 중간 기착지이다.

③ 지리적으로 울릉도에서 87.4Km에 위치하고, 일본 오키섬으로부터는 157.5Km에 위치한다.

(2) 한국 영토로서 독도의 역사적 배경

① 신라시대 우산국 : 신라 이찬 이사부가 우산국을 정벌하여 신라가 우산국을 복속하면서 울릉도와 독도는 우리 역사와 함께 하기 시작하였다.
  ㉠ 조선시대 관찬문서인 「만기요람」(1808년) : '독도가 울릉도와 함께 우산국의 영토였다'는 내용이 기록되어 있다.
  ㉡ 조선 초기 관찬서인 「세종실록지리지」(1454년)에 울릉도(무릉)와 독도(우산)가 강원도 울진현에 속한 두 섬이라는 기록과 두 섬이 6세기 초엽(512년) 신라가 복속한 우산국의 영토라고 기록되어 있다. →독도에 대한 통치는 신라시대부터 이어짐을 보여준다.
  ㉢ 독도에 관한 기록은 「신증동국여지승람」(1531년), 「동국문헌비고」(1770년), 「만기요람」(1808년), 「증보문헌비고」(1908년) 등 다른 관찬 문헌에서도 일관되게 기술되고 있다.
  ㉣ 특히 「동국문헌비고」「여지고」(1770년)는 "울릉(울릉도)과 우산(독도)은 모두 우산국의 땅이며, 우산(독도)은 일본이 말하는 송도(松島)"라고 기술하여 우산도가 독도이며, 우리나라 영토임을 확인하였다.

② 육안으로 관측 가능한 섬이 독도이다.
  ㉠ 울릉도 주민들은 독도를 울릉도의 일부로 인식하였으며, 맑은 날에 울릉도에서 육안으로 독도 관측이 가능하다.
  ㉡ 조선 초기 관찬서 「세종실록」「지리지」(1454년)에는 "우산(독도) · 무릉(울릉도) … 두 섬은 서로 멀리 떨어져 있지 않아 날씨가 맑으면 바라볼 수 있다"고 기록되어 있다.

③ 대한제국의 독도 정책

1900년 10월 27일 대한제국 「칙령 제41호」
• 황제의 재가를 받아 울릉도를 울도로 개칭하고 도감을 군수로 승격한다는 내용이 기록되어 있다. • 제2조에서는 울도군의 관할구역을 "울릉전도 및 죽도, 석도(石島, 독도)"로 명시하고 있다.

1906년 3월 28일 울도(울릉도) 군수 심흥택은 울릉도를 방문한 일본 시마네현(島根縣) 관민 조사단으로부터 일본이 독도를 자국 영토에 편입하였다는 소식을 듣고, 다음날 이를 강원도 관찰사에게 아래와 같이 보고하였다.

- 이 보고서에는 "본군(本郡) 소속 독도"라는 문구가 있어, 1900년 「칙령 제41호」에 나와 있는 바와 같이 독도가 울도군 소속이었음을 보여준다.
- 강원도 관찰사 서리 춘천 군수 이명래는 4월 29일 이를 당시 국가최고기관인 의정부에 「보고서 호외」로 보고하였고, 의정부는 5월 10일 「지령 제3호」에서 독도가 일본 영토가 되었다는 주장을 부인하는 지령을 내렸다.
- 울도(울릉도) 군수가 1900년 반포된 「칙령 제41호」의 규정에 근거하여 독도를 계속 관할하면서 영토주권을 행사하고 있었다.

④ 대한민국 정부의 독도에 대한 기본 입장 : 독도는 역사적, 지리적, 국제법적으로 명백한 우리 고유의 영토이다.

　㉠ 독도에 대한 영유권 분쟁은 존재하지 않으며, 독도는 외교 교섭이나 사법적 해결의 대상이 될 수 없다.

　㉡ 우리 정부는 독도에 대한 확고한 영토주권을 행사 중이며, 어떠한 도발에도 단호하고 엄중하게 대응하고 있으며, 앞으로도 독도에 대한 우리 주권을 수호할 것이다.

section 02 일본의 독도 영유권 인식과 편입 시도

(1) 도쿠가와 막부와의 '울릉도 쟁계(爭界)'

① 17세기 일본 돗토리번(鳥取藩)의 오야(大谷) 및 무라카와(村川) 양가는 조선 영토인 울릉도에서 불법 어로 행위를 하다가 1693년 울릉도에서 안용복을 비롯한 조선인들을 만나게 되었다.

② 오야 및 무라카와 양가가 도쿠가와 막부에 조선인들의 울릉도 도해를 금지해달라고 청원함에 따라 막부와 조선 정부사이에 교섭이 일어나게 되었다.

③ 교섭 결과 1695년 12월 25일 "울릉도(竹島)와 독도(松島) 모두 돗토리번에 속하지 않는다"는 사실을 확인하였고, 1696년 1월 28일 일본인들의 울릉도 방면의 도해를 금지하도록 지시하였다.

　→1696년 도쿠가와 막부에서 독도가 조선의 영토임을 공식적으로 인정했다는 것을 보여준다.

(2) 일본 메이지 정부의 독도 영유권 인식

러일전쟁 이전 메이지 정부의 독도 영유권 인식

① 19세기 말 메이지 정부의 '조선국교제시말내탐서'(1870년), '태정관지시문(「태정관지령」)'(1877년) 등에서 독도가 조선의 영토임을 인정하고 있다.

② 1877년 3월 일본 메이지 시대 최고 행정기관인 태정관은 17세기말 도쿠가와 막부의 울릉도 도해금지 사실을 근거로 '울릉도 외 1도, 즉 독도는 일본과 관계없다는 사실을 명심할 것'이라고 내무성에 지시하였다.

③ 내무성이 태정관에 질의할 때 첨부하였던 지도인 「기죽도약도(磯竹島略圖, 기죽도는 울릉도의 옛 일본 명칭)」에 죽도(울릉도)와 함께 송도(독도)가 그려져 있는 점 등에서 위에서 언급된 '죽도 외 일도(一嶋)'의 일도(一嶋)가 독도임은 명백하다.

1905년 시마네현 고시에 의한 독도 편입 시도

① 1904년 9월, 당시 일본 내무성 이노우에(井上) 서기관은 독도 편입청원에 대해 "한국 땅이라는 의혹이 있는 쓸모없는 암초를 편입할 경우 우리를 주목하고 있는 외국 여러 나라들에 일본이 한국을 병탄하려고 한다는 의심을 크게 갖게 한다."는 이유로 반대하였다.

② 하지만, 러일전쟁 당시 일본 외무성의 정무국장이며, 대러 선전포고 원문을 기초한 야마자 엔지로(山座円次郎)는 독도 영토 편입을 "이 시국이야말로 독도의 영토 편입이 필요하다. 독도에 망루를 설치하고 무선 또는 해저 전선을 설치하면 적함을 감시하는 데 극히 좋지 않겠는가?"는 이유로 적극 추진하였다.

③ 1877년 메이지 정부가 가지고 있었던 '독도는 한국의 영토'라는 인식을 그대로 반영한 것이며 1905년 시마네현 고시에 의한 독도 편입 시도 이전까지 독도를 자국의 영토가 아니라고 인식하였음을 보여주고 있다.

1905년 1월, 일제는 러일전쟁 중에 한반도 침탈의 시작으로 독도를 자국의 영토로 침탈

① 1905년 일본의 독도 편입 시도는 오랜 기간에 걸쳐 확고히 확립된 우리 영토 주권을 침해한 불법 행위로서 국제법상 무효이다.

② 침탈조치를 일본은 독도가 주인이 없는 땅이라며 무주지 선점이라고 했다가, 후에는 독도에 대한 영유 의사를 재확인하는 조치라며 입장을 변경하였다.

section 03 현대의 독도 영유권과 동북아시아의 미래

(1) 해방과 독도 영유권 회복

① 제2차 세계대전의 종전과 함께 카이로선언(1943년) ("일본은 폭력과 탐욕에 의해 탈취한 모든 지역으로부터 축출되어야 한다"고 기술)등 전후 연합국의 조치에 따라 독도는 당연히 한국의 영토로 회복되었다.

② 전후 일본을 통치했던 연합국총사령부는 훈령(SCAPIN) 제677호를 통해 독도를 일본의 통치적, 행정적 범위에서 제외하였다. → 샌프란시스코 강화조약(1951년)은 이러한 사실을 재확인하였다고 볼 수 있다.

③ 일본의 독도 영유권 주장은 제국주의 침략전쟁에 의해 침탈되었던 독도와 한반도에 대해 점령지 권리, 나아가서는 과거 식민지 영토권을 주장하는 것으로서 한국의 완전한 해방과 독립을 부정하는 것과 같다.

(2) 현재 독도의 상황

① 2005년 일본 시마네현은 독도에 대한 여론 조성을 위해 2월 22일을 소위 "죽도의 날"(죽도(竹島)는 독도의 일본명)로 지정하였다.

② 2008년 일본 문부과학성은 중학교를 대상으로 독도에 관한 교육을 심화하고 있으며, 최근 일본은 독도에 대한 교육, 홍보를 더욱 강화하고 있다.

③ 현재 독도에는 한국의 경찰, 공무원 그리고 주민이 40여 명 거주하고 있으며, 매년 10만 명이 넘는 국·내외 관광객 관람하고 있다.

④ 일본의 독도에 대한 잘못된 영유권 주장 중단을 통해 우리는 일본과 함께 바른 역사 인식을 토대로 21세기 동북아의 평화와 번영을 이루어 나갈 수 있어야 한다.

10 출제예상문제

≫ 정답 및 해설 **p.433**

01 다음 중 독도에 관한 설명 중 가장 적절하지 않은 것은?

① 일본 막부는 1699년 다케시마(竹島 : 당시 일본에서 울릉도를 일컫던 말)와 부속 도서를 조선 영토로 인정하는 문서를 조선 조정에 넘겼다.

② 울릉도가 통일신라시대에 이사부의 우산국 정벌로 인해 신라 영토로 편입된 이후, 독도도 고려·조선 말까지 우리나라 영토로 이어져 내렸다.

③ 「세종실록지리지」 강원도 울진현 조(條)에서 "우산, 무릉 두 섬이 (울진)현 정동(正東) 바다 한가운데 있다."하여 독도를 강원도 울진현 소속으로 구분하고 있다.

④ 「통항일람」은 19세기 중반에 일본에서 기록한 사서로, 안용복에게 독도가 조선의 땅임을 인정하는 사료가 기록되어 있다.

02 다음 중 독도에 대한 설명으로 옳은 것은 모든 몇 개인가?

㉠ 신라 지증왕 때 우산국이 병합되면서 독도는 신라의 영토가 되었다.
㉡ 「세종실록지리지」에는 울릉도와 독도를 구분하지 않고 모두 우산이라 하였다.
㉢ 대한제국은 지방제도 개편 시 울릉도에 군을 설치하고 독도를 이에 포함시켰다.
㉣ 한국은 1945년 해방과 동시에 독도를 한국 영토로 하였다.
㉤ 조선 고종 때 일본 육군이 조선전도를 편찬하면서 울릉도와 독도를 조선 영토로 표시하였다.
㉥ 일본의 역사서인 「은주시청합기」에는 울릉도와 독도를 일본의 영토로 기록하고 있다.

① 1개   ② 2개
③ 3개   ④ 4개

03 독도가 우리 영토임을 증명할 수 있는 증거로 옳지 않은 것은?

① 대한제국 시기 독도 관리사 이범윤을 파견하였다.
② 세종실록 지리지에 우리 영토라고 기록되어 있다.
③ 신라 장군 이사부가 울릉도 및 독도를 정복하였다.
④ 대한제국 시기 칙령으로 울릉도의 부속 섬으로 편입하였다.

04 일본과의 영토 분쟁에 대한 설명으로 옳지 않은 것은?

① 일본 시마네 현은 '다케시마의 날'을 제정하였다.
② 1905년 울릉도를 일본 영토로 불법 편입하였다.
③ 우리나라는 현재 독도를 실효적으로 지배하고 있다.
④ 일본 문부성은 독도를 일본 영토로 표기한 교과서를 검정 승인하였다.

05 다음 주장에 대한 우리 정부와 국민의 대처 방안으로 적절하지 않은 것은?

> 한국은 제2차 세계 대전의 전후 처리 과정에서 독도를 불법적으로 지배하고 있다. 독도는 일본 고유의 영토이다.

① 독도에 대한 영토 주권 행사를 강화한다.
② 독도에 대한 역사·지리 교육을 강화한다.
③ 독도 문제를 국제 사법 재판소에 제소한다.
④ 독도가 한국의 영토임을 뒷받침하는 국내외 근거를 더 많이 확보한다.

06 독도 영유권 문제와 관련된 설명으로 옳은 것을 〈보기〉에서 모두 고른 것은?

> 〈보기〉
> ㉠ 국제 사법 재판소에서 독도 영유권 문제를 다루고 있다.
> ㉡ 독도는 국제법상으로, 역사적으로 명백한 우리의 영토이다.
> ㉢ 최근 독도를 일본 영토라고 표기한 일본 교과서가 검정을 통과하여 국제 문제를 일으키고 있다.
> ㉣ 우리나라는 국내외 여러 자료와 일본 사료를 근거로 독도가 우리 고유의 영토임을 밝히고 있다.

① ㉠, ㉡, ㉢   ② ㉠, ㉡, ㉣
③ ㉠, ㉢, ㉣   ④ ㉡, ㉢, ㉣

07 일본과 중국의 역사 왜곡에 대한 우리의 대응 노력으로 보기 어려운 것은?

① 정치·외교적으로 대처하며 관계 법령을 만든다.
② 역사 재단을 설립하여 관련 역사 연구를 지원한다.
③ 한·중·일 3국은 안정과 평화 공존을 위한 노력을 계속한다.
④ 한·중·일 3국은 주관적인 역사 인식을 바탕으로 다른 의견은 배척한다.

08 독도와 관련된 설명으로 옳지 않은 것은?

① 일본의 시마네 현 의회는 '다케시마의 날'을 제정하였다.
② 우리 정부는 현재 독도에 대한 영토 주권을 행사하고 있다.
③ 일본이 청·일 전쟁 중 독도를 일본 영토로 강제 편입하였다.
④ 일본은 독도 영유권 문제를 국제 사법 재판소에 넘겨 분쟁 지역으로 만들려고 한다.

09 독도 영유권 문제와 관련된 설명으로 옳은 것을 〈보기〉에서 고른 것은?

〈보기〉
㉠ 독도는 역사적으로나 국제법상으로 명백한 우리의 영토이다.
㉡ 중국은 독도를 일본 영토로 왜곡한 학습 지도 요령을 발간하였다.
㉢ 국제 사법 재판소에서는 독도가 대한민국의 영토임을 명확히 밝혔다.
㉣ 우리나라는 국내외 여러 자료와 일본 사료를 근거로 독도가 우리 고유의 영토임을 밝히고 있다.

① ㉠, ㉡   ② ㉠, ㉣
③ ㉡, ㉢   ④ ㉡, ㉣

10 독도가 우리나라의 영토임을 나타내는 사실이 아닌 것은?

① '대한 제국 칙령 제41호'에서 독도를 울릉도의 관할 구역으로 표시하였다.
② '연합군 최고 사령관 각서 제677호'에서는 독도가 우리나라 땅임을 밝혔다.
③ 일본이 2008년에 발간한 학습 지도 요령에서는 독도를 우리나라의 영토로 표시하였다.
④ "신증동국여지승람"의 첫 페이지에 있는 '팔도총도'에 독도가 우리 영역으로 되어있다.

직무성격검사
및 상황판단검사

CHAPTER

01 직무성격검사

예시문제

직무성격검사는 총 180문항으로 이루어져 있으며, 검사시간은 30분이다. 간부에게 요구되는 역량과 관련된 성격 요인들을 측정할 수 있도록 개발되었다. 가끔 지원자를 당황하게 하는 문제들도 있으므로 당황하지 말고 솔직하 게 대답하는 것이 좋다. 너무 의식하면서 답을 하게 되면 일관성이 떨어질 수 있기 때문이다.

01 주의사항

- 응답을 하실 때는 자신이 앞으로 되기 바라는 모습이나 바람직하다고 생각하는 모습을 응답하지 마시고, 평소에 자신이 생 각하는 바를 최대한 솔직하게 응답하는 것이 좋습니다.
- 총 180문항을 30분 내에 응답해야 합니다. 한 문항을 지나치게 깊게 생각하지 마시고, 머릿속에 떠오르는 대로 "OMR답안지' '에 바로바로 응답하시기 바랍니다.
- 본 검사는 귀하의 의견이나 행동을 나타내는 문항으로 구성되어 있습니다. 각각의 문항을 읽고 그 문항이 자기 자신을 얼마 나 잘 나타내고 있는지를, 제시한 〈응답 척도〉와 같이 응답지에 답해 주시기 바랍니다.

02 응답척도

'1' = 전혀 그렇지 않다   ● ② ③ ④ ⑤

'2' = 그렇지 않다   ① ● ③ ④ ⑤

'3' = 보통이다   ① ② ● ④ ⑤

'4' = 그렇다   ① ② ③ ● ⑤

'5' = 매우 그렇다   ① ② ③ ④ ●

03 예시문제

다음 상황을 읽고 제시된 질문에 답하시오.

① 전혀 그렇지 않다	② 그렇지 않다	③ 보통이다	④ 그렇다	⑤ 매우 그렇다

1. 조직(학교나 부대) 생활에서 여러 가지 다양한 일을 해보고 싶다.   ① ② ③ ④ ⑤

2. 아무것도 아닌 일에 지나치게 걱정하는 때가 있다.   ① ② ③ ④ ⑤

3. 조직(학교나 부대) 생활에서 작은 일에도 걱정을 많이 하는 편이다.   ① ② ③ ④ ⑤

4. 여행을 가기 전에 미리 세세한 일정을 준비한다.   ① ② ③ ④ ⑤

5. 조직(학교나 부대) 생활에서 매사에 마음이 여유롭고 느긋한 편이다.   ① ② ③ ④ ⑤

6. 친구들과 자주 다툼을 한다.   ① ② ③ ④ ⑤

7. 시간 약속을 어기는 경우가 종종 있다.   ① ② ③ ④ ⑤

8. 자신이 맡은 일은 책임지고 끝내야 하는 성격이다.   ① ② ③ ④ ⑤

9. 부모님의 말씀에 항상 순종한다.   ① ② ③ ④ ⑤

10. 외향적인 성격이다.   ① ② ③ ④ ⑤

Q 다음 상황을 읽고 제시된 질문에 답하시오. 【001~180】

① 전혀 그렇지 않다	② 그렇지 않다	③ 보통이다	④ 그렇다	⑤ 매우 그렇다

001. 나는 혼자 있으면 쉽게 우울해진다.　　　　　　　　① ② ③ ④ ⑤

002. 바뀌는 주변 환경에 빠르게 적응하는 편이다.　　　　① ② ③ ④ ⑤

003. 여러 사람들과 있는 것보다 혼자 있는 것이 좋다.　　① ② ③ ④ ⑤

004. 다른 사람들이 어리석다고 생각되는 때가 자주 있다.　① ② ③ ④ ⑤

005. 지루하거나 따분해지면 소리치고 싶어진다.　　　　① ② ③ ④ ⑤

006. 남을 원망하거나 증오하거나 했던 적이 한 번도 없다.　① ② ③ ④ ⑤

007. 보통사람들보다 쉽게 상처받는 편이다.　　　　　　① ② ③ ④ ⑤

008. 사물에 대해 곰곰이 생각하는 편이다.　　　　　　① ② ③ ④ ⑤

009. 작은 일에도 쉽게 격해진다.　　　　　　　　　　① ② ③ ④ ⑤

010. 고지식하다는 말을 자주 듣는다.　　　　　　　　① ② ③ ④ ⑤

011. 주변사람에게 일부러 정떨어지게 행동하기도 한다.　① ② ③ ④ ⑤

012. 친구들과 잡담을 하는 것이 좋다.　　　　　　　　① ② ③ ④ ⑤

013. 다른 사람들에게 푸념을 늘어놓은 적이 없다.　　　① ② ③ ④ ⑤

014. 매일 매일 불안한 일이 생기는 것 같다.　　　　　① ② ③ ④ ⑤

015. 나는 도움이 안 되는 인간이라고 생각한 적이 가끔 있다.　① ② ③ ④ ⑤

016. 주변사람들로부터 주목받는 것이 좋다.　　　　　① ② ③ ④ ⑤

017. 사람과 사귀는 것은 성가신 일이라고 생각한다.　　① ② ③ ④ ⑤

018. 나는 매사 충분한 자신감을 가지고 있다.　　　　① ② ③ ④ ⑤

019. 모임에 나가는 것이 집에 있는 것보다 좋다.　　　① ② ③ ④ ⑤

020. 남에게 상처 입힐 만한 행동을 해 본 적이 없다. ① ② ③ ④ ⑤

021. 남들 앞에 서면 부끄러워 얼굴을 붉히지 않을까 늘 걱정된다. ① ② ③ ④ ⑤

022. 낙심해서 아무것도 손에 잡히지 않은 적이 있다. ① ② ③ ④ ⑤

023. 나는 후회하는 일이 많다고 생각한다. ① ② ③ ④ ⑤

024. 남이 무엇을 하려고 하던 나하고는 관계없다고 생각한다. ① ② ③ ④ ⑤

025. 나는 다른 사람들보다 기가 세다. ① ② ③ ④ ⑤

026. 아무 이유 없이 기분이 자주 들뜬다. ① ② ③ ④ ⑤

027. 한 번도 화를 낸 적이 없다. ① ② ③ ④ ⑤

028. 작은 일에도 신경을 쓰는 성격이다. ① ② ③ ④ ⑤

029. 배려심이 깊다는 말을 자주 듣는다. ① ② ③ ④ ⑤

030. 나는 의지가 약하다고 생각한다. ① ② ③ ④ ⑤

031. 어렸을 적 혼자 노는 일이 많았다. ① ② ③ ④ ⑤

032. 여러 사람 앞에서도 편안하게 의견을 발표할 수 있다. ① ② ③ ④ ⑤

033. 아무 것도 아닌 일에 흥분하기 쉽다. ① ② ③ ④ ⑤

034. 지금까지 거짓말한 적이 없다. ① ② ③ ④ ⑤

035. 작은 소리에도 굉장히 민감하다. ① ② ③ ④ ⑤

036. 친절하고 착한 사람이라는 말을 자주 듣는 편이다. ① ② ③ ④ ⑤

037. 남에게 들은 이야기로 인하여 의견이나 결심이 자주 바뀐다. ① ② ③ ④ ⑤

038. 개성이 강한 사람이라는 소릴 많이 듣는다. ① ② ③ ④ ⑤

039. 모르는 사람들 사이에서도 나의 의견을 확실히 말할 수 있다. ① ② ③ ④ ⑤

040. 붙임성이 좋다는 말을 자주 듣는다. ① ② ③ ④ ⑤

041. 지금까지 변명을 한 적이 한 번도 없다. ① ② ③ ④ ⑤

042. 남들에 비해 걱정이 많은 편이다. ① ② ③ ④ ⑤

043. 자신이 혼자 남겨졌다는 생각이 자주 드는 편이다. ① ② ③ ④ ⑤

044. 기분이 아주 쉽게 변한다는 말을 자주 듣는다. ① ② ③ ④ ⑤

045. 남의 일에 관련되는 것이 싫다. ① ② ③ ④ ⑤

046. 주위의 반대에도 불구하고 나의 의견을 밀어붙이는 편이다.　　　① ② ③ ④ ⑤

047. 기분이 산만해지는 일이 많다.　　　① ② ③ ④ ⑤

048. 남을 의심해 본적이 없다.　　　① ② ③ ④ ⑤

049. 꼼꼼하고 빈틈이 없다는 말을 자주 듣는다.　　　① ② ③ ④ ⑤

050. 문제가 발생했을 경우 자신이 나쁘다고 생각한 적이 많다.　　　① ② ③ ④ ⑤

051. 자신이 원하는 대로 지내고 싶다고 생각한 적이 많다.　　　① ② ③ ④ ⑤

052. 아는 사람과 마주쳤을 때 반갑지 않은 느낌이 들 때가 많다.　　　① ② ③ ④ ⑤

053. 어떤 일이라도 끝까지 잘 해낼 자신이 있다.　　　① ② ③ ④ ⑤

054. 기분이 너무 고취되어 안정되지 않은 경우가 있다.　　　① ② ③ ④ ⑤

055. 지금까지 감기에 걸린 적이 한 번도 없다.　　　① ② ③ ④ ⑤

056. 보통 사람보다 공포심이 강한 편이다.　　　① ② ③ ④ ⑤

057. 인생은 살 가치가 없다고 생각된 적이 있다.　　　① ② ③ ④ ⑤

058. 이유 없이 물건을 부수거나 망가뜨리고 싶은 적이 있다.　　　① ② ③ ④ ⑤

059. 나의 고민, 진심 등을 털어놓을 수 있는 사람이 없다.　　　① ② ③ ④ ⑤

060. 자존심이 강하다는 소릴 자주 듣는다.　　　① ② ③ ④ ⑤

061. 아무것도 안하고 멍하게 있는 것을 싫어한다.　　　① ② ③ ④ ⑤

062. 지금까지 감정적으로 행동했던 적은 없다.　　　① ② ③ ④ ⑤

063. 항상 뭔가에 불안한 일을 안고 있다.　　　① ② ③ ④ ⑤

064. 세세한 일에 신경을 쓰는 편이다.　　　① ② ③ ④ ⑤

065. 그때그때의 기분에 따라 행동하는 편이다.　　　① ② ③ ④ ⑤

066. 혼자가 되고 싶다고 생각한 적이 많다.　　　① ② ③ ④ ⑤

067. 남에게 재촉당하면 화가 나는 편이다.　　　① ② ③ ④ ⑤

068. 주위에서 낙천적이라는 소릴 자주 듣는다.　　　① ② ③ ④ ⑤

069. 남을 싫어해 본 적이 단 한 번도 없다.　　　① ② ③ ④ ⑤

070. 조금이라도 나쁜 소식은 절망의 시작이라고 생각한다.　　　① ② ③ ④ ⑤

071. 언제나 실패가 걱정되어 어쩔 줄 모른다.　　　① ② ③ ④ ⑤

072. 다수결의 의견에 따르는 편이다.　　　　　　　　① ② ③ ④ ⑤

073. 혼자서 영화관에 들어가는 것은 전혀 두려운 일이 아니다.　① ② ③ ④ ⑤

074. 승부근성이 강하다.　　　　　　　　　　　　　① ② ③ ④ ⑤

075. 자주 흥분하여 침착하지 못한다.　　　　　　　① ② ③ ④ ⑤

076. 지금까지 살면서 남에게 폐를 끼친 적이 없다.　① ② ③ ④ ⑤

077. 내일 해도 되는 일을 오늘 안에 끝내는 것을 좋아한다.　① ② ③ ④ ⑤

078. 무엇이든지 자기가 나쁘다고 생각하는 편이다.　① ② ③ ④ ⑤

079. 자신을 변덕스러운 사람이라고 생각한다.　　　① ② ③ ④ ⑤

080. 고독을 즐기는 편이다.　　　　　　　　　　　① ② ③ ④ ⑤

081. 감정적인 사람이라고 생각한다.　　　　　　　① ② ③ ④ ⑤

082. 자신만의 신념을 가지고 있다.　　　　　　　　① ② ③ ④ ⑤

083. 다른 사람을 바보 같다고 생각한 적이 있다.　① ② ③ ④ ⑤

084. 남의 비밀을 금방 말해버리는 편이다.　　　　① ② ③ ④ ⑤

085. 대재앙이 오지 않을까 항상 걱정을 한다.　　① ② ③ ④ ⑤

086. 문제점을 해결하기 위해 항상 많은 사람들과 이야기하는 편이다.　① ② ③ ④ ⑤

087. 내 방식대로 일을 처리하는 편이다.　　　　　① ② ③ ④ ⑤

088. 영화를 보고 운 적이 있다.　　　　　　　　　① ② ③ ④ ⑤

089. 사소한 충고에도 걱정을 한다.　　　　　　　　① ② ③ ④ ⑤

090. 학교를 쉬고 싶다고 생각한 적이 한 번도 없다.　① ② ③ ④ ⑤

091. 불안감이 강한 편이다.　　　　　　　　　　　① ② ③ ④ ⑤

092. 사람을 설득시키는 것이 어렵지 않다.　　　　① ② ③ ④ ⑤

093. 다른 사람에게 어떻게 보일지 신경을 쓴다.　① ② ③ ④ ⑤

094. 다른 사람에게 의존하는 경향이 있다.　　　　① ② ③ ④ ⑤

095. 그다지 융통성이 있는 편이 아니다.　　　　　① ② ③ ④ ⑤

096. 숙제를 잊어버린 적이 한 번도 없다.　　　　　① ② ③ ④ ⑤

097. 밤길에는 발소리가 들리기만 해도 불안하다.　① ② ③ ④ ⑤

098. 자신은 유치한 사람이다. ① ② ③ ④ ⑤

099. 잡담을 하는 것보다 책을 읽는 편이 낫다. ① ② ③ ④ ⑤

100. 나는 영업에 적합한 타입이라고 생각한다. ① ② ③ ④ ⑤

101. 술자리에서 술을 마시지 않아도 흥을 돋울 수 있다. ① ② ③ ④ ⑤

102. 한 번도 병원에 간 적이 없다. ① ② ③ ④ ⑤

103. 나쁜 일은 걱정이 되어 어쩔 줄을 모른다. ① ② ③ ④ ⑤

104. 쉽게 무기력해지는 편이다. ① ② ③ ④ ⑤

105. 비교적 고분고분한 편이라고 생각한다. ① ② ③ ④ ⑤

106. 독자적으로 행동하는 편이다. ① ② ③ ④ ⑤

107. 적극적으로 행동하는 편이다. ① ② ③ ④ ⑤

108. 금방 감격하는 편이다. ① ② ③ ④ ⑤

109. 밤에 잠을 못 잘 때가 많다. ① ② ③ ④ ⑤

110. 후회를 자주 하는 편이다. ① ② ③ ④ ⑤

111. 쉽게 뜨거워지고 쉽게 식는 편이다. ① ② ③ ④ ⑤

112. 자신만의 세계를 가지고 있다. ① ② ③ ④ ⑤

113. 말하는 것을 아주 좋아한다. ① ② ③ ④ ⑤

114. 이유없이 불안할 때가 있다. ① ② ③ ④ ⑤

115. 주위 사람의 의견을 생각하여 발언을 자제할 때가 있다. ① ② ③ ④ ⑤

116. 생각없이 함부로 말하는 경우가 많다. ① ② ③ ④ ⑤

117. 정리가 되지 않은 방에 있으면 불안하다. ① ② ③ ④ ⑤

118. 슬픈 영화나 TV를 보면 자주 운다. ① ② ③ ④ ⑤

119. 자신을 충분히 신뢰할 수 있는 사람이라고 생각한다. ① ② ③ ④ ⑤

120. 노래방을 아주 좋아한다. ① ② ③ ④ ⑤

121. 자신만이 할 수 있는 일을 하고 싶다. ① ② ③ ④ ⑤

122. 자신을 과소평가 하는 경향이 있다. ① ② ③ ④ ⑤

123. 책상 위나 서랍 안은 항상 깔끔히 정리한다. ① ② ③ ④ ⑤

124. 건성으로 일을 하는 때가 자주 있다. ① ② ③ ④ ⑤

125. 남의 험담을 한 적이 없다. ① ② ③ ④ ⑤

126. 초조하면 손을 떨고, 심장박동이 빨라진다. ① ② ③ ④ ⑤

127. 말싸움을 하여 진 적이 한 번도 없다. ① ② ③ ④ ⑤

128. 다른 사람들과 덩달아 떠든다고 생각할 때가 자주 있다. ① ② ③ ④ ⑤

129. 아첨에 넘어가기 쉬운 편이다. ① ② ③ ④ ⑤

130. 이론만 내세우는 사람과 대화하면 짜증이 난다. ① ② ③ ④ ⑤

131. 상처를 주는 것도 받는 것도 싫다. ① ② ③ ④ ⑤

132. 매일매일 그 날을 반성한다. ① ② ③ ④ ⑤

133. 주변 사람이 피곤해하더라도 자신은 항상 원기왕성하다. ① ② ③ ④ ⑤

134. 친구를 재미있게 해주는 것을 좋아한다. ① ② ③ ④ ⑤

134. 아침부터 아무것도 하고 싶지 않을 때가 있다. ① ② ③ ④ ⑤

135. 지각을 하면 학교를 결석하고 싶어진다. ① ② ③ ④ ⑤

136. 이 세상에 없는 세계가 존재한다고 생각한다. ① ② ③ ④ ⑤

137. 하기 싫은 것을 하고 있으면 무심코 불만을 말한다. ① ② ③ ④ ⑤

138. 투지를 드러내는 경향이 있다. ① ② ③ ④ ⑤

139. 어떤 일이라도 헤쳐나갈 자신이 있다. ① ② ③ ④ ⑤

137. 착한 사람이라는 말을 자주 듣는다. ① ② ③ ④ ⑤

138. 조심성이 있는 편이다. ① ② ③ ④ ⑤

139. 이상주의자이다. ① ② ③ ④ ⑤

140. 인간관계를 중요하게 생각한다. ① ② ③ ④ ⑤

141. 협조성이 뛰어난 편이다. ① ② ③ ④ ⑤

142. 정해진 대로 따르는 것을 좋아한다. ① ② ③ ④ ⑤

143. 정이 많은 사람을 좋아한다. ① ② ③ ④ ⑤

144. 조직이나 전통에 구애를 받지 않는다. ① ② ③ ④ ⑤

145. 잘 아는 사람과만 만나는 것이 좋다. ① ② ③ ④ ⑤

146. 파티에서 사람을 소개받는 편이다. ① ② ③ ④ ⑤

147. 모임이나 집단에서 분위기를 이끄는 편이다. ① ② ③ ④ ⑤

148. 취미 등이 오랫동안 지속되지 않는 편이다. ① ② ③ ④ ⑤

149. 다른 사람을 부럽다고 생각해 본 적이 없다. ① ② ③ ④ ⑤

150. 꾸지람을 들은 적이 한 번도 없다. ① ② ③ ④ ⑤

151. 시간이 오래 걸려도 항상 침착하게 생각하는 경우가 많다. ① ② ③ ④ ⑤

152. 실패의 원인을 찾고 반성하는 편이다. ① ② ③ ④ ⑤

153. 여러 가지 일을 재빨리 능숙하게 처리하는 데 익숙하다. ① ② ③ ④ ⑤

154. 행동을 한 후 생각을 하는 편이다. ① ② ③ ④ ⑤

155. 민첩하게 활동을 하는 편이다. ① ② ③ ④ ⑤

156. 일을 더디게 처리하는 경우가 많다. ① ② ③ ④ ⑤

157. 몸을 움직이는 것을 좋아한다. ① ② ③ ④ ⑤

158. 스포츠를 보는 것이 좋다. ① ② ③ ④ ⑤

159. 일을 하다 어려움에 부딪히면 단념한다. ① ② ③ ④ ⑤

160. 너무 신중하여 타이밍을 놓치는 때가 많다. ① ② ③ ④ ⑤

161. 시험을 볼 때 한 번에 모든 것을 마치는 편이다. ① ② ③ ④ ⑤

162. 일에 대한 계획표를 만들어 실행을 하는 편이다. ① ② ③ ④ ⑤

163. 한 분야에서 1인자가 되고 싶다고 생각한다. ① ② ③ ④ ⑤

164. 규모가 큰 일을 하고 싶다. ① ② ③ ④ ⑤

165. 높은 목표를 설정하여 수행하는 것이 의욕적이라고 생각한다. ① ② ③ ④ ⑤

166. 다른 사람들과 있으면 침착하지 못하다. ① ② ③ ④ ⑤

167. 수수하고 조심스러운 편이다. ① ② ③ ④ ⑤

168. 여행을 가기 전에 항상 계획을 세운다. ① ② ③ ④ ⑤

169. 구입한 후 끝까지 읽지 않은 책이 많다. ① ② ③ ④ ⑤

170. 쉬는 날은 집에 있는 경우가 많다. ① ② ③ ④ ⑤

171. 돈을 허비한 적이 없다. ① ② ③ ④ ⑤

172. 흐린 날은 항상 우산을 가지고 나간다.   ① ② ③ ④ ⑤

173. 조연상을 받은 배우보다 주연상을 받은 배우가 더 좋다.   ① ② ③ ④ ⑤

174. 나는 유행에 민감하다.   ① ② ③ ④ ⑤

175. 친한 친구들의 휴대폰 번호는 모두 외운다.   ① ② ③ ④ ⑤

176. 환경이 변화되는 것에 구애받지 않는다.   ① ② ③ ④ ⑤

177. 나는 조직의 일원으로는 안 어울린다고 생각한다.   ① ② ③ ④ ⑤

178. 외출 시 문을 잘 잠갔는지 몇 번씩 확인을 해야 한다.   ① ② ③ ④ ⑤

179. 성공을 위해서는 어느 정도의 위험성을 감수해야 한다고 생각한다.   ① ② ③ ④ ⑤

180. 다른 사람들이 모여 있는 것을 보면 나에 대해 험담을 하고 있는 것 같다.   ① ② ③ ④ ⑤

02 상황판단검사

예시문제

상황판단검사는 군 상황에서 실제 취할 수 있는 대응행동에 대한 지원자의 태도/가치에 대한 적합도 진단을 하는 검사이다. 군에서 일어날 수 있는 다양한 가상 상황을 제시하고, 지원자로 하여금 선택지 중에서 가장 할 것 같은 행동과 가장 하지 않을 것 같은 행동을 선택하게 하여, 지원자의 행동이 조직(군)에서 요구되는 행동과 일치하는지 여부를 판단한다. 상황판단검사는 인적성 검사가 반영하지 못하는 해당 조직만의 직무상황을 반영할 수 있으며, 인지요인/성격요인/과거 일을 했던 경험을 모두 간접 측정할 수 있고, 군에서 추구하는 가치와 역량이 행동으로 어떻게 표출되는지를 반영한다.

01 예시문제

당신은 소대장이며, 당신의 소대에는 음주와 관련한 문제가 있다. 특히 한 병사는 음주운전으로 인하여 민간인을 사망케 한 사고로 인해 아직도 감옥에 있고, 몰래 술을 마시고 소대원들끼리 서로 주먹다툼을 벌인 사고도 있었다. 당신은 이 문제에 대해 지대한 관심을 가지고 있으며, 병사들에게 문제의 심각성을 알리고 부대에 영향을 주기 위한 무엇인가를 하려고 한다. 이 상황에서 당신은 어떻게 할 것인가?

위 상황에서 당신은 어떻게 행동 하시겠습니까?

① 음주조사를 위해 수시로 건강 및 내무검사를 실시한다.

② 알코올 관련 전문가를 초청하여 알코올 중독 및 남용의 위험에 대한 강연을 듣는다.

③ 병사들에 대하여 엄격하게 대우한다. 사소한 것이라도 위반을 하면 가장 엄중한 징계를 할 것이라고 한다.

④ 전체 부대원에게 음주 운전 사망사건으로 인하여 감옥에 가 있는 병사에 대한 사례를 구체적으로 설명해준다.

M. 가장 취할 것 같은 행동　　　　　(　①　)

L. 가장 취하지 않을 것 같은 행동　　(　③　)

02 답안지 표시방법

자신을 가장 잘 나타내고 있는 보기의 번호를 'M(Most)'에 표시하고, 자신과 가장 먼 보기의 번호를 'L(Least)'에 각각 표시한다.

		상황판단검사				
1	M	●	②	③	④	⑤
	L	①	②	●	④	⑤

03 주의사항

상황판단평가는 객관적인 정답이 존재하지 않으며, 대신 검사 개발당시 주제 전문가들의 의견과 후보생들을 대상으로 한 충분한 예비검사 시행 및 분석과정을 거쳐 경험적인 답이 만들어진다. 때문에 따로 공부를 한다고 해서 성적이 오르는 분야가 아니다. 문제집을 통해 유형만 익힐 수 있도록 하는 것이 좋다.

01

> 당신은 중대장이다. 최근 불법도박 사이트가 유행하여 부대안전진단 간 불법도박을 한 인원을 확인 하였더니 소대장 1명이 연루되어 있는 상태이고, 제3금융권 빚이 약 3,000만 원이며 한 달에 이자 만 150만 원씩 나가는 것을 확인하였다.
>
> 이 상황에서 당신이 ⓐ 가장 할 것 같은 행동은 무엇입니까?
> ⓑ 가장 하지 않을 것 같은 행동은 무엇입니까?

ⓐ **가장 할 것 같은 행동**　　　　　　　　　　　　　(　　　)
ⓑ **가장 하지 않을 것 같은 행동**　　　　　　　　　　(　　　)

선 택 지

① 간부들끼리 조금씩 돈을 모아 도와주자고 건의한다.

② 나의 월급을 조금씩 모아 몰래 소대장에게 전해준다.

③ 대대장에게 보고하여 군 절차에 맞게 집행하자고 한다.

④ 대대장에게 소대장의 전출을 요구한다.

⑤ 소대원들에게 사랑의 열매 모금이라고 하여 돈을 모은 뒤 소대장에게 전해준다.

⑥ 소대장에게 정확하게 더 연루된 사람이 없는지 확인한다.

⑦ 소대장 부모에게 연락을 취한다.

02

당신은 소대장이다. 전입을 축하한다며 중대장이 회식 자리를 마련하였고 인접 소대장까지 모두 모여 축하를 해 주었다. 즐거운 회식이 끝난 후 간부들이 모두 식당을 나가 있는데 음식 값 계산이 안 되어 있다.

이 상황에서 당신이 ⓐ 가장 할 것 같은 행동은 무엇입니까?
　　　　　　　　　　ⓑ 가장 하지 않을 것 같은 행동은 무엇입니까?

ⓐ 가장 할 것 같은 행동 　　　　　　　　　　　　　　　　(　　　)
ⓑ 가장 하지 않을 것 같은 행동 　　　　　　　　　　　　　(　　　)

선 택 지

①	중대장에게 식대 계산이 안 되었다고 이야기한다.
②	다른 소대장에게 가서 식대 계산이 안 되었다고 이야기한다.
③	중대장에게 식대 계산은 제가 하여야 하냐고 직접 묻는다.
④	다른 소대장에게 식대 계산은 내가 하여야 하냐고 묻는다.
⑤	그냥 내가 계산을 한다.
⑥	중대장 이름으로 외상을 한다.
⑦	중대장한테 가서 "잘 먹었습니다." 인사를 하고 그냥 간다.

03

> 당신은 하사 분대장이다. 분대원 중 이전부터 서로 친하지 않았던 두 명이 말싸움을 하다가 치고 박고 싸우는 모습을 목격하였고 한 명이 얼굴에 상처가 많이 나서 숨길 수 없는 상황이 되었다.
>
> 이 상황에서 당신이 ⓐ 가장 할 것 같은 행동은 무엇입니까?
>   ⓑ 가장 하지 않을 것 같은 행동은 무엇입니까?

ⓐ 가장 할 것 같은 행동   (   )
ⓑ 가장 하지 않을 것 같은 행동   (   )

선 택 지

① 싸움을 한 두 분대원에게 얼차려를 실시한다.

② 싸움을 한 두 명의 분대원을 모두 영창을 보내 버린다.

③ 상처가 많이 난 분대원을 의무실에 데리고 간다.

④ 분대원 전부를 모두 모아 얼차려를 실시한다.

⑤ 모든 분대원을 모아 놓고 그 앞에서 다시 싸워보라고 한다.

⑥ 내가 심판을 볼 테니 정정당당하게 싸우라고 명령한다.

⑦ 모르는 척한다.

04

당신은 중대장이다. 어느 날 화장실에 있는 마음의 편지함을 열어보았더니 "이젠 마음 편히 죽고 싶다."는 글이 적힌 종이를 보았다.

이 상황에서 당신이 ⓐ 가장 할 것 같은 행동은 무엇입니까?
　　　　　　　　　　　ⓑ 가장 하지 않을 것 같은 행동은 무엇입니까?

ⓐ **가장 할 것 같은 행동**　　　　　　　　　　　　　　　　　　　　(　　)
ⓑ **가장 하지 않을 것 같은 행동**　　　　　　　　　　　　　　　　(　　)

선 택 지

① 모르는 척 한다.

② 소대장들을 집합시켜 누군지 찾아오라고 한다.

③ 소대장들에게 최근 사고를 친 사병이 있는지 조사해 오라고 한다.

④ 소대장들에게 최근 구타가 있었던 소대에 대해 조사해 오라고 한다.

⑤ 사병들과 일일이 면담의 시간을 갖는다.

⑥ 사격훈련 시 탄피 수거에 좀 더 주의를 기울인다.

⑦ 소대장들에게 일일이 좀 더 엄중히 사병들을 관리하라고 지시한다.

05

당신은 계급이 중위지만 직책계급장은 대위를 달고 있는 중대장이다. 대위급부터 차량이용이 가능하다는 것을 알고 있는 상태이며, 실제 계급이 중위인 본인은 차량을 사면 안 되는 것으로 알고 있지만 보고를 하지 않고 차량을 구매하였고 차량을 이용하여 몰래 나가다가 대대 작전과정에게 적발되었다.

이 상황에서 당신이 ⓐ 가장 할 것 같은 행동은 무엇입니까?
ⓑ 가장 하지 않을 것 같은 행동은 무엇입니까?

ⓐ 가장 할 것 같은 행동 ( )
ⓑ 가장 하지 않을 것 같은 행동 ( )

선 택 지
① 대대장이 급하게 호출을 하여 나가는 것이므로 다음에 이야기하자고 한다.
② 대대장 차를 대신 운전해 주는 것이라고 한다.
③ 다른 중대장 차를 잠시 급한 일이 있어 빌려 가는 것이라고 한다.
④ 사실대로 차량을 구입한 것이라고 한다.
⑤ 얼굴에 철판을 깔고 그냥 도망쳐 버린다.
⑥ 부모님이 위독하여 급하게 가 봐야 한다고 거짓말을 한다.
⑦ 진급하면 사게 될 것을 미리 사면 안 되는 것이냐고 오히려 따져 묻는다.

당신은 소대장이다. 그런데 우연히 당신의 부하들이 당신에 대한 험담을 하는 것을 듣게 되었다.

이 상황에서 당신이 ⓐ 가장 할 것 같은 행동은 무엇입니까?
　　　　　　　　　ⓑ 가장 하지 않을 것 같은 행동은 무엇입니까?

ⓐ 가장 할 것 같은 행동　　　　　　　　　　　　　　　　　　　(　　　)
ⓑ 가장 하지 않을 것 같은 행동　　　　　　　　　　　　　　　(　　　)

선 택 지

① 모르는 척한다.

② 험담하는 부하들에게 얼차려를 시킨다.

③ 험담하는 부하들에게 힘든 훈련을 지속적으로 시킨다.

④ 부하들이 험담하는 내용을 경청하여 반성한다.

⑤ 험담하는 부하들에게 주의를 기울여 내 편으로 만든다.

⑥ 다른 소대 소대장들에게 조언을 구한다.

⑦ 험담하는 부하들의 동료들에게 자신이 들은 내용을 우회적으로 알리면서 본인이 알고 있음을 알린다.

07

> 당신은 소대장이다. 당신의 어머니가 편찮으시다고 병원에서 급히 호출이 왔다. 그런데 막상 병원으로 출발하려고 하는데, 군에서도 갑자기 중요한 일이 발생하게 되었다.
>
> 이 상황에서 당신이 ⓐ 가장 할 것 같은 행동은 무엇입니까?
> ⓑ 가장 하지 않을 것 같은 행동은 무엇입니까?

ⓐ 가장 할 것 같은 행동 (　　　　)
ⓑ 가장 하지 않을 것 같은 행동 (　　　　)

선 택 지

① 군에 양해를 구하고 병원으로 간다.

② 어머니는 지인들에게 부탁하고 군의 업무를 본다.

③ 병원에 연락하여 어머니의 상태와 군의 업무를 비교 형량하여 경하다고 생각하는 일에 양해를 구한다.

④ 무조건 군대로 간다.

⑤ 영창 갈 것을 각오하고 병원으로 간다.

⑥ 대대장에게 가서 자신의 상황을 말하고 휴가를 몇 번 반납할테니 지금 병원에 보내줄 것을 부탁한다.

⑦ 자신의 현재 상황을 어머니에게 알리고 군으로 간다.

08

어느 날부터 군대 내의 비품이 하나씩 사라지고 있다. 처음에는 그 정도가 미비하여 눈치챌 수 없었으나 점점 심해졌다. 부대원들이 모두 비품을 횡령하는 사람에 대해서 궁금해 하고 있을 때 당신의 부하가 비품을 횡령하는 것을 목격하게 되었다. 그런데 그 부하의 행동이 딸의 병원비 마련을 위한 것임을 알게 되었다.

이 상황에서 당신이 ⓐ 가장 할 것 같은 행동은 무엇입니까?
　　　　　　　　　　ⓑ 가장 하지 않을 것 같은 행동은 무엇입니까?

ⓐ 가장 할 것 같은 행동　　　　　　　　　　　　　　　(　　　)
ⓑ 가장 하지 않을 것 같은 행동　　　　　　　　　　　(　　　)

선 택 지

① 모르는 척한다.

② 상관에게 부하의 횡령 사실을 알린다.

③ 부하를 돕기 위해 횡령을 쉽게 할 수 있도록 도와준다.

④ 부하를 불러 횡령사실을 알고 있음을 말하고 횡령 행위를 멈출 것을 말한다.

⑤ 비품관리자에게 물품이 사적으로 이용된다고 이야기하고 철저한 관리를 부탁한다.

⑥ 동료들에게 부하의 딱한 사실을 알리고 작게나마 병원비를 마련해 준다.

⑦ 부하의 횡령사실을 부하와 친한 동료에게 우회적으로 말한다.

09

> 당신은 소대장이다. 새로운 소대에 배치되었다. 그런데 당신의 소대원의 많은 수가 당신보다 나이가 많다.
>
> 이 상황에서 당신이 ⓐ 가장 할 것 같은 행동은 무엇입니까?
> ⓑ 가장 하지 않을 것 같은 행동은 무엇입니까?

ⓐ 가장 할 것 같은 행동 　　　　　　　　　　　　　　　　(　　　)
ⓑ 가장 하지 않을 것 같은 행동 　　　　　　　　　　　　(　　　)

선 택 지

① 현재 소대의 분위기를 최대한 존중한다.

② 병장이나 분대장 혹은 내무실에서 가장 영향력이 센 사병을 휘어잡기 위해 노력한다.

③ 명령에 불성실한 부하에겐 혹독한 훈련을 시킨다.

④ 영향력이 가장 큰 사병들과 친해져서 부대 분위기를 빨리 파악하고 분위기를 화기애애하도록 만든다.

⑤ 군대는 계급이므로 자신보다 나이가 많은 사병이라도 엄하게 대한다.

⑥ 군대는 계급 사회이지만 자신보다 나이가 많은 사병에겐 인간적으로 존중한다.

⑦ 선임 소대장에게 조언을 구한다.

10

당신은 소대장이다. 내무반에서 병들(병장, 상병, 일병)간에 싸움이 일어났다.

이 상황에서 당신이 ⓐ 가장 할 것 같은 행동은 무엇입니까?
　　　　　　　　　ⓑ 가장 하지 않을 것 같은 행동은 무엇입니까?

ⓐ 가장 할 것 같은 행동　　　　　　　　　　　　　　　　　　（　　　）
ⓑ 가장 하지 않을 것 같은 행동　　　　　　　　　　　　　　　（　　　）

선 택 지

① 　모르는 척한다.

② 　내무실 전체 사병들을 운동장에 집합시켜 얼차려를 시킨다.

③ 　병들을 불러 어떻게 된 일인지 상황을 파악한다.

④ 　이유 불문하고 군대는 계급이 우선이므로 일병에게 가장 엄한 처벌을 한다.

⑤ 　소대 내가 소란스러워진 것이므로 이유 불문하고 병장에게 가장 엄한 처벌을 한다.

⑥ 　싸움에 가담한 병들을 영창에 보낸다.

⑦ 　싸움에 가담한 병들을 불러 기합을 준 후 화해시킨다.

11

당신은 소대장이다. 복무를 계속하고 싶어 연장근무 심사를 받게 되었는데 심사가 끝난 며칠 후 자가차량을 몰지 못하는 규정을 위반한 채 차량을 몰고 부대를 나서다가 대대장에게 적발되고 말았다.

이 상황에서 당신이 ⓐ 가장 할 것 같은 행동은 무엇입니까?
ⓑ 가장 하지 않을 것 같은 행동은 무엇입니까?

ⓐ 가장 할 것 같은 행동   (   )
ⓑ 가장 하지 않을 것 같은 행동   (   )

선 택 지
①   내 차가 아니라고 주장한다.
②   중대장이 급한 일을 시켜 어쩔 수 없다고 핑계를 댄다.
③   다른 소대 지휘관이 자가차량을 운전해도 묵인된다는 말을 했다고 전한다.
④   인사사고 등이 피해를 유발하지도 않았는데 뭐가 어떠냐고 따진다.
⑤   재빨리 그 자리를 떠나버린다.
⑥   자가차량을 운전하는 다른 부사관들의 이름을 다 불러준다.
⑦   잘못을 시인하고 인사사고 및 입원 등 부대결원의 발생 등이 나타나지 않도록 하겠다고 말을 하고 적법한 기간까지 차량을 운전하지 않겠다고 한다.

12

> 당신은 소대장이다. 최근 들어 소대원들 및 부사관들이 현재 생활에 대하여 고충이 상당히 많은 것같이 보인다. 그런데 다른 소대장들은 자기 부하들의 고충을 아주 잘 해결해 주고 있다고 들었다. 소대 부사관 중 한 명이 고충이 너무 심하여 소원수리를 몇 번이나 했다고 한다.
>
> 이 상황에서 당신이 ⓐ 가장 할 것 같은 행동은 무엇입니까?
> ⓑ 가장 하지 않을 것 같은 행동은 무엇입니까?

ⓐ **가장 할 것 같은 행동** ( )
ⓑ **가장 하지 않을 것 같은 행동** ( )

선 택 지

① 부사관들의 고충에 대해 그다지 고려하지 않는다.

② 부사관들의 고충에 주의를 기울이고 완화시키기 위한 필수적인 조정을 실시하도록 한다.

③ 지속적인 얼차려의 실시로 대부분의 고충을 없앨 수 있는지를 판단하여, 얼차려를 실시한다.

④ 가장 빈번한 고충이 무엇인지를 판단하여 그 고충의 발생원인을 예방하는 대책을 강구하도록 한다.

⑤ 중대장에게 보고하여 조언을 구한다.

⑥ 대대장에게 보고하여 조언을 구한다.

⑦ 다른 소대의 소대장들에게 조언을 구하고 그들과 똑같이 행동한다.

13

당신은 소대장이다. 당신이 소대원들의 소지품을 검사하는 도중 전역이 한 달 정도 남은 병장에게서 닌텐도 게임기를 압수하였다. 그런데 동료 소대장이 그 병장을 불러 병장에게 직접 자기가 보는 앞에서 닌텐도 게임기를 발로 밟아 부수라고 명령하였다. 알고 보니 그 병장은 얼마 전 초소 근무 중 공포탄을 발사하는 실수를 저지른 장본인이었다. 주위의 다른 부사관과 소대장들은 모두 병장을 봐주지 말라는 분위기였다.

이 상황에서 당신이 ⓐ 가장 할 것 같은 행동은 무엇입니까?
　　　　　　　　　ⓑ 가장 하지 않을 것 같은 행동은 무엇입니까?

ⓐ 가장 할 것 같은 행동　　　　　　　　　　　　　　　　　　　　　(　　　　)
ⓑ 가장 하지 않을 것 같은 행동　　　　　　　　　　　　　　　　　　(　　　　)

선 택 지

① 전역이 얼마 남지 않았으므로 봐주자고 한다.

② 닌텐도 게임기는 고가이므로 압수만 하도록 한다.

③ 망치를 가져와 직접 게임기를 박살낸다.

④ 반입불가물품을 외워보라고 한 후 게임기가 해당되는지를 확인한 후 압수하고 1주일 동안 일과 후 하루 2시간씩 군장을 돌라고 명령한다.

⑤ 게임기를 압수한 후 영창을 보내버린다.

⑥ 다른 소대원의 사기를 저하시키면 안되므로 그 자리에서 바로 얼차려를 실시한다.

⑦ 그 자리에서 압수한 뒤 나중에 몰래 병장을 불러 잘 타이른 후 돌려주도록 한다.

14

당신은 소대장이다. 모처럼 포상휴가를 얻어 지리산에 등반을 가게 되었다. 찌는 듯한 여름이었기 때문에 많이 지치고 힘든 등반이었다. 그런데 산 중턱쯤 다다랐을 때 더위에 지친 한 노인이 쓰러져 있는 것을 발견하게 되었다. 주변에는 당신 외엔 아무도 없으며, 휴대폰은 통화불능지역이다.

이 상황에서 당신이 ⓐ 가장 할 것 같은 행동은 무엇입니까?
　　　　　　　　　ⓑ 가장 하지 않을 것 같은 행동은 무엇입니까?

ⓐ 가장 할 것 같은 행동　　　　　　　　　　　　　　　　(　　　　)
ⓑ 가장 하지 않을 것 같은 행동　　　　　　　　　　　　　(　　　　)

선　택　지
① 　모르는 척하고 지나간다.
② 　다른 사람들이 올 때까지 기다리면서 관찰한다.
③ 　노인을 신속히 시원한 그늘로 옮기고 찬물을 마시게 한 후 마사지를 하면서 응급조치를 실시한다.
④ 　산을 내려와 다른 사람들에게 도움을 요청한다.
⑤ 　노인의 의식상태를 확인한 후 인공호흡을 실시한다.
⑥ 　휴대폰이 터지는 지역을 찾아 119에 신고한다.
⑦ 　노인의 가방을 조사하여 노인의 신원을 확인한다.

15

당신은 소대장이다. 부사관과 소대원이 함께 야간보초를 서고 있는 곳을 지나가는데 초소 근처에 수상한 그림자가 나타났다. 아직 교대시간은 멀었으며, 대대장이나 중대장도 아닌 것 같았다. 수상한 그림자가 점점 다가왔고 당신의 소대원이 그를 불러세워 수하 및 관등성명을 요구하였으나 이에 불응하고 갑자기 도주를 하기 시작하였다.

이 상황에서 당신이 ⓐ 가장 할 것 같은 행동은 무엇입니까?
　　　　　　　　　　ⓑ 가장 하지 않을 것 같은 행동은 무엇입니까?

ⓐ 가장 할 것 같은 행동　　　　　　　　　　　　　　　　　　　　　　　　(　　　)
ⓑ 가장 하지 않을 것 같은 행동　　　　　　　　　　　　　　　　　　　　　(　　　)

선 택 지
① 소대원한테 쫓아가서 잡아오라고 한다.
② 꼭 잡으리라 생각하며 재빨리 쫓아간다.
③ 아직 근무시간이므로 초소를 떠나지 말라고 명령한다.
④ 즉각적으로 중대장에게 보고를 한다.
⑤ 부사관의 총을 뺏어 발사한다.
⑥ 소대원의 일계급 특진을 위해 대신 초소에 남고 수상한 사람을 잡아오라고 지시한다.
⑦ 초소장에게 보고를 한 후 기다린다.

16

당신은 소대장이다. 오후 5시쯤 갑작스럽게 전화로 당직을 서라는 명령을 받게 되었다. 상황실에서 당직을 서면서 책을 읽었다. 그러다가 라면을 먹기로 하였다. 그런데 당직사령과 당신 그리고 당직병 이렇게 세 명이 있는데 라면은 왕뚜껑, 김치 왕뚜껑, 공화춘 자장이 있는 것이다. 먼저 당직사령이 왕뚜껑을 집어 들었다. 그런데 당직병이 공화춘 자장을 빤히 쳐다 보고 있다. 당신도 자장이 너무 먹고 싶다.

이 상황에서 당신이 ⓐ 가장 할 것 같은 행동은 무엇입니까?
ⓑ 가장 하지 않을 것 같은 행동은 무엇입니까?

ⓐ **가장 할 것 같은 행동** ( )
ⓑ **가장 하지 않을 것 같은 행동** ( )

선 택 지

① 다른 사람은 중요하지 않으므로 자장을 선택한다.

② 사병의 고통을 잘 알기에 자장을 사병에게 준다.

③ 사병에게 PX에 가서 자장을 하나 더 구해오라고 한다.

④ 사병과 정당한 게임을 한 후 승자가 자장을 먹도록 한다.

⑤ 당직사령에게 조언을 구한다.

⑥ 갑작스런 당직으로 나의 고통을 호소하여 사병을 설득시킨 후 자장을 먹는다.

⑦ 사병과 나의 지위의 차이를 설명한 후 당연한 듯 자장을 먹는다.

17

당신은 소대장이다. 소대의 PX 간판을 만들라는 중대장의 지시가 있었다. 그러나 간판을 만들려면 예산이 필요하였다. 그런데 다른 소대장이 와서 중대장에게 예산 이야길 꺼내면 무능력하다고 평가 받을 것 같고, 업무를 수행하지 못한다면 고문관이 될 수도 있다는 말을 들었다. 그러나 예산이 확보되지 않으면 간판을 제작한다는 것은 힘든 상황이다.

이 상황에서 당신이 ⓐ 가장 할 것 같은 행동은 무엇입니까?
　　　　　　　　　　 ⓑ 가장 하지 않을 것 같은 행동은 무엇입니까?

ⓐ 가장 할 것 같은 행동　　　　　　　　　　　　　　　　　　(　　)
ⓑ 가장 하지 않을 것 같은 행동　　　　　　　　　　　　　　　(　　)

선 택 지

① 무능력자가 되지 않기 위해 소대원들로부터 돈을 걷는다.

② 부대 근처 공사장을 돌며 간판 만들 재료를 훔쳐온다.

③ 중대장에게 예산에 관한 상세한 보고를 한다.

④ 사비로 재료를 구입한 후 간판을 만든다.

⑤ 부사관은 월급의 50%를 부대에 헌납해야 한다는 의견을 내어, 부사관들로부터 돈을 걷는다.

⑥ 중대장에게 칭찬을 듣기 위해 간판 만드는 곳에 가서 사비를 들여 사온다.

⑦ 다른 소대장들의 도움을 받아 간판을 만든다.

18

당신은 소대장이다. 사단간부식당에서 식사를 하고 있는데 감찰관이 간부식당관리관에게 화를 내며 변상을 요구하고 있다. 자세한 이야길 들어보니 간부식당관리관이 운전병과 함께 시장을 보는데, 시장의 한 할머니께서 수고한다고 더우니까 음료수라도 사먹으라고 1,000원을 깎아 주어 음료수를 먹고 왔는데 감찰관이 이를 오해하고 시장에서 뇌물을 받았다는 이유로 변상을 요구한다고 했다. 이에 감찰관은 계속하여 예산을 함부로 사용했다고 변상을 요구하고 있다.

이 상황에서 당신이 ⓐ 가장 할 것 같은 행동은 무엇입니까?
　　　　　　　　　　 ⓑ 가장 하지 않을 것 같은 행동은 무엇입니까?

ⓐ 가장 할 것 같은 행동　　　　　　　　　　　　　　　　　　(　　　)
ⓑ 가장 하지 않을 것 같은 행동　　　　　　　　　　　　　　(　　　)

선 택 지

① 변상을 하라고 설득한다.

② 음료수를 사먹은 돈은 예산을 사용한 것이 아니므로 변상할 필요가 없다고 감찰관을 설득한다.

③ 간부식당관리관과 운전병이 음료수에 사용한 돈만 변상하라고 한다.

④ 감찰관이 오해를 풀 수 있도록 예산에 대한 세세한 사항을 같이 확인한다.

⑤ 사비를 들여 대신 변상한다.

⑥ 대대장에게 보고하여 조언을 구한다.

⑦ 감찰관에게 다시는 여기서 식사를 하지 말라고 경고한다.

19

> 당신은 소대장이다. 야간보초근무시간에 갑자기 당신의 소대에서 총기난사사건이 발생하였다는 소식을 들었다. 병장의 괴롭힘에 못 견디어 초소에서 보초를 서던 일등병이 갑자기 내무실로 뛰어 들어가 병장을 총으로 살해하고 자신도 자살을 하려고 하고 있다고 한다. 이에 중대장은 내무실로 달려가 그 일등병을 설득하고 있다고 한다.
>
> 이 상황에서 당신이 ⓐ 가장 할 것 같은 행동은 무엇입니까?
>   ⓑ 가장 하지 않을 것 같은 행동은 무엇입니까?

ⓐ 가장 할 것 같은 행동   (　　　　)
ⓑ 가장 하지 않을 것 같은 행동   (　　　　)

선 택 지
① 당장 내무실로 달려가 일등병을 사살한다.
② 내무반장에게 모든 책임을 전가한다.
③ 대대장이 특정 지시를 내릴 때까지 기다린다.
④ 내무실로 달려가 상황을 살펴본 후 중대장과 함께 대책을 논의한다.
⑤ 내무실로 달려가 일등병을 설득시킨다.
⑥ 대대장에게 보고하여 조언을 구한다.
⑦ 못들은 척하고 내무실로 가지 않는다.

20

> 당신은 분대장이다. 어느 날 상병들이 이등병들의 군기를 잡기 위하여 머리박기를 시켰다. 이 사실을 알게 된 중대장은 당신을 불렀다. 당신은 병들의 대장인 분대장이라는 이유 하나로 중대장 앞에서 고개를 숙이고 있었다. 그런데 중대장이 왜 사실을 알고도 보고를 하지 않았냐고 문책을 하기 시작하였다.
>
> 이 상황에서 당신이 ⓐ 가장 할 것 같은 행동은 무엇입니까?
> ⓑ 가장 하지 않을 것 같은 행동은 무엇입니까?

ⓐ 가장 할 것 같은 행동 (   )
ⓑ 가장 하지 않을 것 같은 행동 (   )

선 택 지
①   내무상황에 대해서 일일이 보고할 필요가 없었다고 말한다.
②   암묵적인 내무생활에서 발생한 어쩔 수 없는 부조리 현상임을 이해시킨다.
③   사병들의 마음을 이해해 달라고 말을 한다.
④   이등병에게 장난 좀 친 것이 심하게 와전된 것이라고 한다.
⑤   떳떳하지 못한 행동임을 시인하고 모든 책임을 지겠다고 한다.
⑥   상병들을 제대로 교육시키겠다고 한다.
⑦   내무생활에 대한 전반적인 이야기를 한 후 교육의 한 과정이었다고 말을 한다.

21

당신은 소대장이다. 이제 막 소위를 달고 배치를 받았다. 사병들과의 관계가 서먹하여 관계개선을 위하여 노력을 하고자 한다. 부사관들과의 관계는 잘 정리가 되고 있으나 사병과는 아직 많이 힘든 상황이다.

이 상황에서 당신이 ⓐ 가장 할 것 같은 행동은 무엇입니까?
　　　　　　　　　　ⓑ 가장 하지 않을 것 같은 행동은 무엇입니까?

ⓐ 가장 할 것 같은 행동　　　　　　　　　　　　　　　　　　　(　　　)
ⓑ 가장 하지 않을 것 같은 행동　　　　　　　　　　　　　　　　(　　　)

선 택 지

① 서로 존중해주고 술자리도 많이 갖는다.

② 무조건 잘 해주려고 노력한다.

③ 사병들의 마음을 잘 헤아리면서 풀어 줄 땐 풀어주고 잡을 땐 확실히 잡는다.

④ 사병들의 모든 시간을 일일이 관리해 준다.

⑤ 자유시간을 특별히 신경쓴다.

⑥ 전역이 얼마 남지 않은 병장들은 모든 훈련을 열외시켜 준다.

⑦ 사병들의 내무생활에 대해 전반적으로 파악한 후 적정선을 그어 상대한다.

22

당신은 소대장이다. 봄을 맞이하여 춘계진지공사를 하고 있다. 배식차량이 늦어진다는 말에 시골에서 살다온 김병장이 칡뿌리를 캐서 부대원들에게 주었다. 그런데 갓 들어온 한 이등병이 배고픔을 달래기 위해 무언가를 캐먹고 복통을 호소하며 연대로 후송되었다. 연대군의관의 말이 아카시아뿌리를 캐먹고 탈이 난 것이라 말을 했다. 앞으로는 이런 일이 일어나지 않았으면 좋겠다고 연대장이 말을 하였다.

이 상황에서 당신이 ⓐ 가장 할 것 같은 행동은 무엇입니까?
　　　　　　　　　ⓑ 가장 하지 않을 것 같은 행동은 무엇입니까?

ⓐ 가장 할 것 같은 행동　　　　　　　　　　　　　　　　　(　　)
ⓑ 가장 하지 않을 것 같은 행동　　　　　　　　　　　　　　(　　)

선 택 지

① 늦게 온 배식차량에게 모든 책임을 넘긴다.

② 산채취식금지령을 내린다.

③ 사병들의 배고픔을 달래기 위해 간식을 제공한다.

④ 공사시에는 항상 군의관을 동행한다.

⑤ 사병들을 위해 직접 칡뿌리를 캐준다.

⑥ 넉넉한 배식이 이루어지도록 한다.

⑦ 모든 책임을 분대장에게 넘긴다.

23

당신은 소대장이다. 어느 날 중대장이 개인적인 심부름을 시켰다. 심부름을 하러 가는데 그 심부름을 시킨 사람보다 계급이 높은 대대장이 또 다른 심부름을 시켰다. 그러나 시간 관계상 두 가지 일을 모두 하기에는 힘든 상황이다.

이 상황에서 당신이 ⓐ 가장 할 것 같은 행동은 무엇입니까?
　　　　　　　　　ⓑ 가장 하지 않을 것 같은 행동은 무엇입니까?

ⓐ **가장 할 것 같은 행동**　　　　　　　　　　　　　　　　　　　　　(　　　　)
ⓑ **가장 하지 않을 것 같은 행동**　　　　　　　　　　　　　　　　　　(　　　　)

선 택 지

① 중대장이 먼저 심부름을 시켰으므로, 중대장의 심부름을 먼저 한다.

② 대대장이 직급이 높은 사람이므로, 대대장의 심부름을 먼저 한다.

③ 중대장의 심부름을 먼저 하고, 이후 늦게라도 대대장의 심부름을 한 후 사정을 말씀드린다.

④ 대대장의 심부름은 본인이 하고, 중대장의 심부름은 부사관에게 부탁한다.

⑤ 중대장의 심부름은 본인이 하고, 대대장의 심부름은 부사관에게 부탁한다.

⑥ 성격이 좋고 너그러운 상관의 심부름을 뒤에 한다.

⑦ 일의 중요도를 따져 심부름의 우선순위를 결정하고, 당장 하지 못하는 심부름은 미리 양해를 구한다.

24

> 당신은 소대장이다. 당신은 이번에 진급할 것이라고 생각했었는데, 진급에서 탈락하게 되었다. 그 자리에는 중대장과 친한 당신의 동료가 발령을 받았다. 그 동료는 당신보다 진급시험에서 낮은 점수를 받았다.
>
> 이 상황에서 당신이 ⓐ 가장 할 것 같은 행동은 무엇입니까?
>   ⓑ 가장 하지 않을 것 같은 행동은 무엇입니까?

ⓐ 가장 할 것 같은 행동   (   )
ⓑ 가장 하지 않을 것 같은 행동   (   )

선 택 지

① 그냥 그러려니 하고 넘긴다.

② 군에 대한 회의를 느껴 그만둔다.

③ 부당한 진급 탈락에 대하여 인사권자에게 따진다.

④ 진급에 대해 부정이 있었음을 군 관련 홈페이지에 올린다.

⑤ 진급에 대해 부정이 있었음을 방송국에 알려 여론을 조성한다.

⑥ 진급에 대해 부정이 있었음을 감찰관에게 알린다.

⑦ 자신이 진급에서 탈락한 이유에 대하여 설명해 줄 것을 인사권자에게 요청한다.

인성검사

CHAPTER

01 인성검사의 개요

인성(성격)검사의 개념과 목적

인성(성격)이란 개인을 특징짓는 평범하고 일상적인 사회적 이미지, 즉 지속적이고 일관된 공적 성격(Public-personality)이며, 환경에 대응함으로써 선천적·후천적 요소의 상호작용으로 결정화된 심리적·사회적 특성 및 경향을 의미한다. 인성검사는 직무적성검사를 실시하는 대부분의 기관에서 병행하여 실시하고 있으며, 인성검사만 독자적으로 실시하는 기관도 있다.

군에서는 인성검사를 통하여 각 개인이 어떠한 성격 특성이 발달되어 있고, 어떤 특성이 얼마나 부족한지, 그것이 해당 직무의 특성 및 조직문화와 얼마나 맞는지를 알아보고 이에 적합한 인재를 선발하고자 한다. 또한 개인에게 적합한 직무 배분과 부족한 부분을 교육을 통해 보완하도록 할 수 있다.

인성검사의 측정요소는 검사방법에 따라 차이가 있다. 또한 각 기관들이 사용하고 있는 인성검사는 기존에 개발된 인성검사방법에 각 기관의 인재상을 적용하여 자신들에게 적합하게 재개발하여 사용하는 경우가 많다. 그러므로 군에서 요구하는 인재상을 파악하여 그에 따른 대비책을 준비하는 것이 바람직하다. 본서에서 제시된 인성검사는 크게 '특성'과 '유형'의 측면에서 측정하게 된다.

성격의 특성

(1) 정서적 측면

정서적 측면은 평소 마음의 당연시하는 자세나 정신상태가 얼마나 안정하고 있는지 또는 불안정한지를 측정한다. 정서의 상태는 직무수행이나 대인관계와 관련하여 태도나 행동으로 드러난다. 그러므로, 정서적 측면을 측정하는 것에 의해, 장래 조직 내의 인간관계에 어느 정도 잘 적응할 수 있을까(또는 적응하지 못할까)를 예측하는 것이 가능하다. 그렇기 때문에, 정서적 측면의 결과는 채용시에 상당히 중시된다. 아무리 능력이 좋아도 장기적으로 조직 내의 인간관계에 잘 적응할 수 없다고 판단되는 인재는 기본적으로는 채용되지 않는다. 일반적으로 인성(성격)검사는 채용과는 관계없다고 생각하나 정서적으로 조직에 적응하지 못하는 인재는 채용단계에서 가려내지는 것을 유의하여야 한다.

② 민감성(신경도) ··· 꼼꼼함, 섬세함, 성실함 등의 요소를 통해 일반적으로 신경질적인지 또는 자신의 존재를 위협받는다라는 불안을 갖기 쉬운지를 측정한다.

질문	그렇다	약간 그렇다	그저 그렇다	별로 그렇지 않다	그렇지 않다
• 배려적이라고 생각한다. • 어지러진 방에 있으면 불안하다. • 실패 후에는 불안하다. • 세세한 것까지 신경쓴다. • 이유 없이 불안할 때가 있다.					

▶ 측정결과

㉠ '그렇다'가 많은 경우(상처받기 쉬운 유형) : 사소한 일에 신경쓰고 다른 사람의 사소한 한마디 말에 상처를 받기 쉽다.
　• 면접관의 심리 : '동료들과 잘 지낼 수 있을까?', '실패할 때마다 위축되지 않을까?'
　• 면접대책 : 다소 신경질적이라도 능력을 발휘할 수 있다는 평가를 얻도록 한다. 주변과 충분한 의사소통이 가능하고, 결정한 것을 실행할 수 있다는 것을 보여주어야 한다.

㉡ '그렇지 않다'가 많은 경우(정신적으로 안정적인 유형) : 사소한 일에 신경쓰지 않고 금방 해결하며, 주위 사람의 말에 과민하게 반응하지 않는다.
　• 면접관의 심리 : '계약할 때 필요한 유형이고, 사고 발생에도 유연하게 대처할 수 있다.'
　• 면접대책 : 일반적으로 '민감성'의 측정치가 낮으면 플러스 평가를 받으므로 더욱 자신감 있는 모습을 보여준다.

② 자책성(과민도) ··· 자신을 비난하거나 책망하는 정도를 측정한다.

질문	그렇다	약간 그렇다	그저 그렇다	별로 그렇지 않다	그렇지 않다
• 후회하는 일이 많다. • 자신을 하찮은 존재로 생각하는 경우가 있다. • 문제가 발생하면 자기의 탓이라고 생각한다. • 무슨 일이든지 끙끙대며 진행하는 경향이 있다. • 온순한 편이다.					

▶ 측정결과

㉠ '그렇다'가 많은 경우(자책하는 유형) : 비관적이고 후회하는 유형이다.
　• 면접관의 심리 : '끙끙대며 괴로워하고, 일을 진행하지 못할 것 같다.'
　• 면접대책 : 기분이 저조해도 항상 의욕을 가지고 생활하는 것과 책임감이 강하다는 것을 보여준다.

㉡ '그렇지 않다'가 많은 경우(낙천적인 유형) : 기분이 항상 밝은 편이다.
　• 면접관의 심리 : '안정된 대인관계를 맺을 수 있고, 외부의 압력에도 흔들리지 않는다.'
　• 면접대책 : 일반적으로 '자책성'의 측정치가 낮으면 플러스 평가를 받으므로 자신감을 가지고 임한다.

③ 기분성(불안도) … 기분의 굴곡이나 감정적인 면의 미숙함이 어느 정도인지를 측정하는 것이다.

질문	그렇다	약간 그렇다	그저 그렇다	별로 그렇지 않다	그렇지 않다
• 다른 사람의 의견에 자신의 결정이 흔들리는 경우가 많다. • 기분이 쉽게 변한다. • 종종 후회한다. • 다른 사람보다 의지가 약한 편이라고 생각한다. • 금방 싫증을 내는 성격이라는 말을 자주 듣는다.					

▶ 측정결과

㉠ '그렇다'가 많은 경우(감정의 기복이 많은 유형) : 의지력보다 기분에 따라 행동하기 쉽다.
 • 면접관의 심리 : '감정적인 것에 약하며, 상황에 따라 생산성이 떨어지지 않을까?'
 • 면접대책 : 주변 사람들과 항상 협조한다는 것을 강조하고 한결같은 상태로 일할 수 있다는 평가를 받도록 한다.

㉡ '그렇지 않다'가 많은 경우(감정의 기복이 적은 유형) : 감정의 기복이 없고, 안정적이다.
 • 면접관의 심리 : '안정적으로 업무에 임할 수 있다.'
 • 면접대책 : 기분성의 측정치가 낮으면 플러스 평가를 받으므로 자신감을 가지고 면접에 임한다.

④ 독자성(개인도) … 주변에 대한 견해나 관심, 자신의 견해나 생각에 어느 정도의 속박감을 가지고 있는지를 측정한다.

질문	그렇다	약간 그렇다	그저 그렇다	별로 그렇지 않다	그렇지 않다
• 창의적 사고방식을 가지고 있다. • 융통성이 있는 편이다. • 혼자 있는 편이 많은 사람과 있는 것보다 편하다. • 개성적이라는 말을 듣는다. • 교제는 번거로운 것이라고 생각하는 경우가 많다.					

▶ 측정결과

㉠ '그렇다'가 많은 경우 : 자기의 관점을 중요하게 생각하는 유형으로, 주위의 상황보다 자신의 느낌과 생각을 중시한다.
 • 면접관의 심리 : '제멋대로 행동하지 않을까?'
 • 면접대책 : 주위 사람과 협조하여 일을 진행할 수 있다는 것과 상식에 얽매이지 않는다는 인상을 심어준다.

㉡ '그렇지 않다'가 많은 경우 : 상식적으로 행동하고 주변 사람의 시선에 신경을 쓴다.
 • 면접관의 심리 : '다른 직원들과 협조하여 업무를 진행할 수 있겠다.'
 • 면접대책 : 협조성이 요구되는 기업체에서는 플러스 평가를 받을 수 있다.

⑤ **자신감**(자존심도) … 자기 자신에 대해 얼마나 긍정적으로 평가하는지를 측정한다.

질문	그렇다	약간 그렇다	그저 그렇다	별로 그렇지 않다	그렇지 않다
• 다른 사람보다 능력이 뛰어나다고 생각한다. • 다소 반대의견이 있어도 나만의 생각으로 행동할 수 있다. • 나는 다른 사람보다 기가 센 편이다. • 동료가 나를 모욕해도 무시할 수 있다. • 대개의 일을 목적한 대로 헤쳐나갈 수 있다고 생각한다.					

▶ **측정결과**

㉠ '**그렇다**'가 **많은 경우**: 자기 능력이나 외모 등에 자신감이 있고, 비판당하는 것을 좋아하지 않는다.
 • 면접관의 심리 : '자만하여 지시에 잘 따를 수 있을까?'
 • 면접대책 : 다른 사람의 조언을 잘 받아들이고, 겸허하게 반성하는 면이 있다는 것을 보여주고, 동료들과 잘 지내며 리더의 자질이 있다는 것을 강조한다.

㉡ '**그렇지 않다**'가 **많은 경우**: 자신감이 없고 다른 사람의 비판에 약하다.
 • 면접관의 심리 : '패기가 부족하지 않을까?', '쉽게 좌절하지 않을까?'
 • 면접대책 : 극도의 자신감 부족으로 평가되지는 않는다. 그러나 마음이 약한 면은 있지만 의욕적으로 일을 하겠다는 마음가짐을 보여준다.

⑥ **고양성**(분위기에 들뜨는 정도) … 자유분방함, 명랑함과 같이 감정(기분)의 높고 낮음의 정도를 측정한다.

질문	그렇다	약간 그렇다	그저 그렇다	별로 그렇지 않다	그렇지 않다
• 침착하지 못한 편이다. • 다른 사람보다 쉽게 우쭐해진다. • 모든 사람이 아는 유명인사가 되고 싶다. • 모임이나 집단에서 분위기를 이끄는 편이다. • 취미 등이 오랫동안 지속되지 않는 편이다.					

▶ **측정결과**

㉠ **'그렇다'가 많은 경우** : 자극이나 변화가 있는 일상을 원하고 기분을 들뜨게 하는 사람과 친밀하게 지내는 경향이 강하다.
  • 면접관의 심리 : '일을 진행하는 데 변덕스럽지 않을까?'
  • 면접대책 : 밝은 태도는 플러스 평가를 받을 수 있지만, 착실한 업무능력이 요구되는 직종에서는 마이너스 평가가 될 수 있다. 따라서 자기조절이 가능하다는 것을 보여준다.

㉡ **'그렇지 않다'가 많은 경우** : 감정이 항상 일정하고, 속을 드러내 보이지 않는다.
  • 면접관의 심리 : '안정적인 업무 태도를 기대할 수 있겠다.'
  • 면접대책 : '고양성'의 낮음은 대체로 플러스 평가를 받을 수 있다. 그러나 '무엇을 생각하고 있는지 모르겠다' 등의 평을 듣지 않도록 주의한다.

⑦ **허위성(진위성)** … 필요 이상으로 자기를 좋게 보이려 하거나 기업체가 원하는 '이상형'에 맞춘 대답을 하고 있는지, 없는지를 측정한다.

질문	그렇다	약간 그렇다	그저 그렇다	별로 그렇지 않다	그렇지 않다
• 약속을 깨뜨린 적이 한 번도 없다. • 다른 사람을 부럽다고 생각해 본 적이 없다. • 꾸지람을 들은 적이 없다. • 사람을 미워한 적이 없다. • 화를 낸 적이 한 번도 없다.					

▶ **측정결과**

㉠ **'그렇다'가 많은 경우** : 실제의 자기와는 다른, 말하자면 원칙으로 해답할 가능성이 있다.

• 면접관의 심리 : '거짓을 말하고 있다.'

• 면접대책 : 조금이라도 좋게 보이려고 하는 '거짓말쟁이'로 평가될 수 있다. '거짓을 말하고 있다.'는 마음 따위가 전혀 없다해도 결과적으로는 정직하게 답하지 않는다는 것이 되어 버린다. '허위성'의 측정 질문은 구분되지 않고 다른 질문 중에 섞여 있다. 그러므로 모든 질문에 솔직하게 답하여야 한다. 또한 자기 자신과 너무 동떨어진 이미지로 답하면 좋은 결과를 얻지 못한다. 그리고 면접에서 '허위성'을 기본으로 한 질문을 받게 되므로 당황하거나 또 다른 모순된 답변을 하게 된다. 겉치레를 하거나 무리한 욕심을 부리지 말고 '이런 사회인이 되고 싶다.'는 현재의 자신보다, 조금 성장한 자신을 표현하는 정도가 적당하다.

㉡ **'그렇지 않다'가 많은 경우** : 냉정하고 정직하며, 외부의 압력과 스트레스에 강한 유형이다. '대쪽같음'의 이미지가 굳어지지 않도록 주의한다.

(2) 행동적인 측면

행동적 측면은 인격 중에 특히 행동으로 드러나기 쉬운 측면을 측정한다. 사람의 행동 특징 자체에는 선도 악도 없으나, 일반적으로는 일의 내용에 의해 원하는 행동이 있다. 때문에 행동적 측면은 주로 직종과 깊은 관계가 있는데 자신의 행동 특성을 살려 적합한 직종을 선택한다면 플러스가 될 수 있다.

행동 특성에서 보여지는 특징은 면접장면에서도 드러나기 쉬운데 본서의 모의 TEST의 결과를 참고하여 자신의 태도, 행동이 면접관의 시선에 어떻게 비치는지를 점검하도록 한다.

① **사회적 내향성** … 대인관계에서 나타나는 행동경향으로 '낯가림'을 측정한다.

질문	선택
A : 파티에서는 사람을 소개받은 편이다. B : 파티에서는 사람을 소개하는 편이다. A : 처음 보는 사람과는 즐거운 시간을 보내는 편이다. B : 처음 보는 사람과는 어색하게 시간을 보내는 편이다. A : 친구가 적은 편이다. B : 친구가 많은 편이다. A : 자신의 의견을 말하는 경우가 적다. B : 자신의 의견을 말하는 경우가 많다. A : 사교적인 모임에 참석하는 것을 좋아하지 않는다. B : 사교적인 모임에 항상 참석한다.	

▶ 측정결과

㉠ **'A'가 많은 경우** : 내성적이고 사람들과 접하는 것에 소극적이다. 자신의 의견을 말하지 않고 조심스러운 편이다.
 • 면접관의 심리 : '소극적인데 동료와 잘 지낼 수 있을까?'
 • 면접대책 : 대인관계를 맺는 것을 싫어하지 않고 의욕적으로 일을 할 수 있다는 것을 보여준다.

㉡ **'B'가 많은 경우** : 사교적이고 자기의 생각을 명확하게 전달할 수 있다.
 • 면접관의 심리 : '사교적이고 활동적인 것은 좋지만, 자기 주장이 너무 강하지 않을까?'
 • 면접대책 : 협조성을 보여주고, 자기 주장이 너무 강하다는 인상을 주지 않도록 주의한다.

② 내성성(침착도) … 자신의 행동과 일에 대해 침착하게 생각하는 정도를 측정한다.

질문	선택
A : 시간이 걸려도 침착하게 생각하는 경우가 많다. B : 짧은 시간에 결정을 하는 경우가 많다. A : 실패의 원인을 찾고 반성하는 편이다. B : 실패를 해도 그다지(별로) 개의치 않는다. A : 결론이 도출되어도 몇 번 정도 생각을 바꾼다. B : 결론이 도출되면 신속하게 행동으로 옮긴다. A : 여러 가지 생각하는 것이 능숙하다. B : 여러 가지 일을 재빨리 능숙하게 처리하는 데 익숙하다. A : 여러 가지 측면에서 사물을 검토한다. B : 행동한 후 생각을 한다.	

▶ 측정결과

㉠ 'A'가 많은 경우 : 행동하기 보다는 생각하는 것을 좋아하고 신중하게 계획을 세워 실행한다.
 • 면접관의 심리 : '행동으로 실천하지 못하고, 대응이 늦은 경향이 있지 않을까?'
 • 면접대책 : 발로 뛰는 것을 좋아하고, 일을 더디게 한다는 인상을 주지 않도록 한다.

㉡ 'B'가 많은 경우 : 차분하게 생각하는 것보다 우선 행동하는 유형이다.
 • 면접관의 심리 : '생각하는 것을 싫어하고 경솔한 행동을 하지 않을까?'
 • 면접대책 : 계획을 세우고 행동할 수 있는 것을 보여주고 '사려깊다'라는 인상을 남기도록 한다.

③ 신체활동성 … 몸을 움직이는 것을 좋아하는가를 측정한다.

질문	선택
A : 민첩하게 활동하는 편이다. B : 준비행동이 없는 편이다. A : 일을 척척 해치우는 편이다. B : 일을 더디게 처리하는 편이다. A : 활발하다는 말을 듣는다. B : 얌전하다는 말을 듣는다. A : 몸을 움직이는 것을 좋아한다. B : 가만히 있는 것을 좋아한다. A : 스포츠를 하는 것을 즐긴다. B : 스포츠를 보는 것을 좋아한다.	

▶ 측정결과

㉠ 'A'가 많은 경우 : 활동적이고, 몸을 움직이게 하는 것이 컨디션이 좋다.
- 면접관의 심리 : '활동적으로 활동력이 좋아 보인다.'
- 면접대책 : 활동하고 얻은 성과 등과 주어진 상황의 대응능력을 보여준다.

㉡ 'B'가 많은 경우 : 침착한 인상으로, 차분하게 있는 타입이다.
- 면접관의 심리 : '좀처럼 행동하려 하지 않아 보이고, 일을 빠르게 처리할 수 있을까?'

④ 지속성(노력성) … 무슨 일이든 포기하지 않고 끈기 있게 하려는 정도를 측정한다.

질문	선택
A : 일단 시작한 일은 시간이 걸려도 끝까지 마무리한다. B : 일을 하다 어려움에 부딪히면 단념한다. A : 끈질긴 편이다. B : 바로 단념하는 편이다. A : 인내가 강하다는 말을 듣는다. B : 금방 싫증을 낸다는 말을 듣는다. A : 집념이 깊은 편이다. B : 담백한 편이다. A : 한 가지 일에 구애되는 것이 좋다고 생각한다. B : 간단하게 체념하는 것이 좋다고 생각한다.	

▶ 측정결과

㉠ 'A'가 많은 경우 : 시작한 것은 어려움이 있어도 포기하지 않고 인내심이 높다.

• 면접관의 심리 : '한 가지의 일에 너무 구애되고, 업무의 진행이 원활할까?'

• 면접대책 : 인내력이 있는 것은 플러스 평가를 받을 수 있지만 집착이 강해 보이기도 한다.

㉡ 'B'가 많은 경우 : 뒤끝이 없고 조그만 실패로 일을 포기하기 쉽다.

• 면접관의 심리 : '질리는 경향이 있고, 일을 정확히 끝낼 수 있을까?'

• 면접대책 : 지속적인 노력으로 성공했던 사례를 준비하도록 한다.

⑤ 신중성(주의성) … 자신이 처한 주변상황을 즉시 파악하고 자신의 행동이 어떤 영향을 미치는지를 측정한다.

질문	선택
A : 여러 가지로 생각하면서 완벽하게 준비하는 편이다.	
B : 행동할 때부터 임기응변적인 대응을 하는 편이다.	
A : 신중해서 타이밍을 놓치는 편이다.	
B : 준비 부족으로 실패하는 편이다.	
A : 자신은 어떤 일에도 신중히 대응하는 편이다.	
B : 순간적인 충동으로 활동하는 편이다.	
A : 시험을 볼 때 끝날 때까지 재검토하는 편이다.	
B : 시험을 볼 때 한 번에 모든 것을 마치는 편이다.	
A : 일에 대해 계획표를 만들어 실행한다.	
B : 일에 대한 계획표 없이 진행한다.	

▶ 측정경과

㉠ 'A'가 많은 경우 : 주변 상황에 민감하고, 예측하여 계획있게 일을 진행한다.

• 면접관의 심리 : '너무 신중해서 적절한 판단을 할 수 있을까?', '앞으로의 상황에 불안을 느끼지 않을까?'

• 면접대책 : 예측을 하고 실행을 하는 것은 플러스 평가가 되지만, 너무 신중하면 일의 진행이 정체될 가능성을 보이므로 추진력이 있다는 강한 의욕을 보여준다.

㉡ 'B'가 많은 경우 : 주변 상황을 살펴 보지 않고 착실한 계획없이 일을 진행시킨다.

• 면접관의 심리 : '사려깊지 않고 않고, 실패하는 일이 많지 않을까?', '판단이 빠르고 유연한 사고를 할 수 있을까?'

• 면접대책 : 사전준비를 중요하게 생각하고 있다는 것 등을 보여주고, 경솔한 인상을 주지 않도록 한다. 또한 판단력이 빠르거나 유연한 사고 덕분에 일 처리를 잘 할 수 있다는 것을 강조한다.

(3) 의욕적인 측면

의욕적인 측면은 의욕의 정도, 활동력의 유무 등을 측정한다. 여기서의 의욕이란 우리들이 보통 말하고 사용하는 '하려는 의지'와는 조금 뉘앙스가 다르다. '하려는 의지'란 그 때의 환경이나 기분에 따라 변화하는 것이지만, 여기에서는 조금 더 변화하기 어려운 특징, 말하자면 정신적 에너지의 양으로 측정하는 것이다.

의욕적 측면은 행동적 측면과는 다르고, 전반적으로 어느 정도 점수가 높은 쪽을 선호한다. 모의검사의 의욕적 측면의 결과가 낮다면, 평소 일에 몰두할 때 조금 의욕 있는 자세를 가지고 서서히 개선하도록 노력해야 한다.

① 달성의욕 … 목적의식을 가지고 높은 이상을 가지고 있는지를 측정한다.

질문	선택
A : 경쟁심이 강한 편이다. B : 경쟁심이 약한 편이다. A : 어떤 한 분야에서 제1인자가 되고 싶다고 생각한다. B : 어느 분야에서든 성실하게 임무를 진행하고 싶다고 생각한다. A : 규모가 큰 일을 해보고 싶다. B : 맡은 일에 충실히 임하고 싶다. A : 아무리 노력해도 실패한 것은 아무런 도움이 되지 않는다. B : 가령 실패했을 지라도 나름대로의 노력이 있었으므로 괜찮다. A : 높은 목표를 설정하여 수행하는 것이 의욕적이다. B : 실현 가능한 정도의 목표를 설정하는 것이 의욕적이다.	

▶ 측정결과

㉠ 'A'가 많은 경우 : 큰 목표와 높은 이상을 가지고 승부욕이 강한 편이다.
 • 면접관의 심리 : '열심히 일을 해줄 것 같은 유형이다.'
 • 면접대책 : 달성의욕이 높다는 것은 어떤 직종이라도 플러스 평가가 된다.

㉡ 'B'가 많은 경우 : 현재의 생활을 소중하게 여기고 비약적인 발전을 위해 기를 쓰지 않는다.
 • 면접관의 심리 : '외부의 압력에 약하고, 기획입안 등을 하기 어려울 것이다.'
 • 면접대책 : 일을 통하여 하고 싶은 것들을 구체적으로 어필한다.

② **활동의욕** … 자신에게 잠재된 에너지의 크기로, 정신적인 측면의 활동력이라 할 수 있다.

질문	선택
A : 하고 싶은 일을 실행으로 옮기는 편이다. B : 하고 싶은 일을 좀처럼 실행할 수 없는 편이다. A : 어려운 문제를 해결해 가는 것이 좋다. B : 어려운 문제를 해결하는 것을 잘하지 못한다. A : 일반적으로 결단이 빠른 편이다. B : 일반적으로 결단이 느린 편이다. A : 곤란한 상황에도 도전하는 편이다. B : 사물의 본질을 깊게 관찰하는 편이다. A : 시원시원하다는 말을 잘 듣는다. B : 꼼꼼하다는 말을 잘 듣는다.	

▶ **측정결과**

㉠ **'A'가 많은 경우** : 꾸물거리는 것을 싫어하고 재빠르게 결단해서 행동하는 타입이다.
- 면접관의 심리 : '일을 처리하는 솜씨가 좋고, 일을 척척 진행할 수 있을 것 같다.'
- 면접대책 : 활동의욕이 높은 것은 플러스 평가가 된다. 사교성이나 활동성이 강하다는 인상을 준다.

㉡ **'B'가 많은 경우** : 안전하고 확실한 방법을 모색하고 차분하게 시간을 아껴서 일에 임하는 타입이다.
- 면접관의 심리 : '재빨리 행동을 못하고, 일의 처리속도가 느린 것이 아닐까?'
- 면접대책 : 활동성이 있는 것을 좋아하고 움직임이 더디다는 인상을 주지 않도록 한다.

section 03 성격의 유형

(1) 인성검사유형의 4가지 척도

정서적인 측면, 행동적인 측면, 의욕적인 측면의 요소들은 성격 특성이라는 관점에서 제시된 것들로 각 개인의 장·단점을 파악하는 데 유용하다. 그러나 전체적인 개인의 인성을 이해하는 데는 한계가 있다.

성격의 유형은 개인의 '성격적인 특색'을 가리키는 것으로, 사회인으로서 적합한지, 아닌지를 말하는 관점과는 관계가 없다. 따라서 채용의 합격 여부에는 사용되지 않는 경우가 많으며, 입사 후의 적정 부서 배치의 자료가 되는 편이라 생각하면 된다. 그러나 채용과 관계가 없다고 해서 아무런 준비도 필요없는 것은 아니다. 자신을 아는 것은 면접 대책의 밑거름이 되므로 모의검사 결과를 충분히 활용하도록 하여야 한다.

본서에서는 4개의 척도를 사용하여 기본적으로 16개의 패턴으로 성격의 유형을 분류하고 있다. 각 개인의 성격이 어떤 유형인지 재빨리 파악하기 위해 사용되며, '적성'에 맞는지, 맞지 않는지의 관점에 활용된다.

- 흥미·관심의 방향 : 내향형 ←——————→ 외향형
- 사물에 대한 견해 : 직관형 ←——————→ 감각형
- 판단하는 방법 : 감정형 ←——————→ 사고형
- 환경에 대한 접근방법 : 지각형 ←——————→ 판단형

(2) 성격유형

① 흥미·관심의 방향(내향⇆외향) … 흥미·관심의 방향이 자신의 내면에 있는지, 주위환경 등 외면에 향하는 지를 가리키는 척도이다.

질문	선택
A : 내성적인 성격인 편이다. B : 개방적인 성격인 편이다.	
A : 항상 신중하게 생각을 하는 편이다. B : 바로 행동에 착수하는 편이다.	
A : 수수하고 조심스러운 편이다. B : 자기표현력이 강한 편이다.	
A : 다른 사람과 함께 있으면 침착하지 않다. B : 혼자서 있으면 침착하지 않다.	

▶측정결과

㉠ 'A'가 많은 경우(내향) : 관심의 방향이 자기 내면에 있으며, 조용하고 낯을 가리는 유형이다. 행동력은 부족하나 집중력이 뛰어나고 신중하고 꼼꼼하다.

㉡ 'B'가 많은 경우(외향) : 관심의 방향이 외부환경에 있으며, 사교적이고 활동적인 유형이다. 꼼꼼함이 부족하여 대충하는 경향이 있으나 행동력이 있다.

② 일(사물)을 보는 **방법**(직감⇆감각) … 일(사물)을 보는 법이 직감적으로 형식에 얽매이는지, 감각적으로 상식적인지를 가리키는 척도이다.

질문	선택
A : 현실주의적인 편이다. B : 상상력이 풍부한 편이다. A : 정형적인 방법으로 일을 처리하는 것을 좋아한다. B : 만들어진 방법에 변화가 있는 것을 좋아한다. A : 경험에서 가장 적합한 방법으로 선택한다. B : 지금까지 없었던 새로운 방법을 개척하는 것을 좋아한다. A : 성실하다는 말을 듣는다. B : 호기심이 강하다는 말을 듣는다.	

▶측정결과

㉠ 'A'가 **많은 경우**(감각) : 현실적이고 경험주의적이며 보수적인 유형이다.

㉡ 'B'가 **많은 경우**(직관) : 새로운 주제를 좋아하며, 독자적인 시각을 가진 유형이다.

③ **판단하는 방법**(감정⇆사고) … 일을 감정적으로 판단하는지, 논리적으로 판단하는지를 가리키는 척도이다.

질문	선택
A : 인간관계를 중시하는 편이다. B : 일의 내용을 중시하는 편이다. A : 결론을 자기의 신념과 감정에서 이끌어내는 편이다. B : 결론을 논리적 사고에 의거하여 내리는 편이다. A : 다른 사람보다 동정적이고 눈물이 많은 편이다. B : 다른 사람보다 이성적이고 냉정하게 대응하는 편이다. A : 머리로는 이해해도 심정상 받아들일 수 없을 때가 있다. B : 마음은 알지만 받아들일 수 없을 때가 있다.	

▶측정결과

㉠ 'A'가 **많은 경우**(감정) : 일을 판단할 때 마음·감정을 중요하게 여기는 유형이다. 감정이 풍부하고 친절하나 엄격함이 부족하고 우유부단하며, 합리성이 부족하다.

㉡ 'B'가 **많은 경우**(사고) : 일을 판단할 때 논리성을 중요하게 여기는 유형이다. 이성적이고 합리적이나 타인에 대한 배려가 부족하다.

④ 환경에 대한 접근방법 … 주변상황에 어떻게 접근하는지, 그 판단기준을 어디에 두는지를 측정한다.

질문	선택
A : 사전에 계획을 세우지 않고 행동한다. B : 반드시 계획을 세우고 그것에 의거해서 행동한다.	
A : 자유롭게 행동하는 것을 좋아한다. B : 조직적으로 행동하는 것을 좋아한다.	
A : 조직성이나 관습에 속박당하지 않는다. B : 조직성이나 관습을 중요하게 여긴다.	
A : 계획 없이 낭비가 심한 편이다. B : 예산을 세워 물건을 구입하는 편이다.	

▶측정결과

㉠ 'A'가 많은 경우(지각) : 일의 변화에 융통성을 가지고 유연하게 대응하는 유형이다. 낙관적이며 질서보다는 자유를 좋아하나 임기응변식의 대응으로 무계획적인 인상을 줄 수 있다.

㉡ 'B'가 많은 경우(판단) : 일의 진행시 계획을 세워서 실행하는 유형이다. 순차적으로 진행하는 일을 좋아하고 끈기가 있으나 변화에 대해 적절하게 대응하지 못하는 경향이 있다.

(3) 성격유형의 판정

성격유형은 합격 여부의 판정보다는 배치를 위한 자료로써 이용된다. 즉, 기업은 입사시험단계에서 입사 후에도 사용할 수 있는 정보를 입수하고 있다는 것이다. 성격검사에서는 어느 척도가 얼마나 고득점이었는지에 주시하고 각각의 측면에서 반드시 하나씩 고르고 편성한다. 편성은 모두 16가지가 되나 각각의 측면을 더 세분하면 200가지 이상의 유형이 나온다.

여기에서는 16가지 편성을 제시한다. 성격검사에 어떤 정보가 게재되어 있는지를 이해하면서 자기의 성격유형을 파악하기 위한 실마리로 활용하도록 한다.

① 내향 – 직관 – 감정 – 지각(TYPE A)

관심이 내면에 향하고 조용하고 소극적이다. 사물에 대한 견해는 새로운 것에 대해 호기심이 강하고, 독창적이다. 감정은 좋아하는 것과 싫어하는 것의 판단이 확실하고, 감정이 풍부하고 따뜻한 느낌이 있는 반면, 합리성이 부족한 경향이 있다. 환경에 접근하는 방법은 순응적이고 상황의 변화에 대해 유연하게 대응하는 것을 잘한다.

② 내향 – 직관 – 감정 – 사고(TYPE B)

관심이 내면으로 향하고 조용하고 쑥쓰러움을 잘 타는 편이다. 사물을 보는 관점은 독창적이며, 자기나름대로 궁리하며 생각하는 일이 많다. 좋고 싫음으로 판단하는 경향이 강하고 타인에게는 친절한 반면, 우유부단하기 쉬운 편이다. 환경 변화에 대해 유연하게 대응하는 것을 잘한다.

③ 내향 – 직관 – 사고 – 지각(TYPE C)

관심이 내면으로 향하고 얌전하고 교제범위가 좁다. 사물을 보는 관점은 독창적이며, 현실에서 먼 추상적인 것을 생각하기를 좋아한다. 논리적으로 생각하고 판단하는 경향이 강하고 이성적이지만, 남의 감정에 대해서는 무반응인 경향이 있다. 환경의 변화에 순응적이고 융통성 있게 임기응변으로 대응할 수가 있다.

④ 내향 – 직관 – 사고 – 판단(TYPE D)

관심이 내면으로 향하고 주의깊고 신중하게 행동을 한다. 사물을 보는 관점은 독창적이며 논리를 좋아해서 이치를 따지는 경향이 있다. 논리적으로 생각하고 판단하는 경향이 강하고, 객관적이지만 상대방의 마음에 대한 배려가 부족한 경향이 있다. 환경에 대해서는 순응하는 것보다 대응하며, 한 번 정한 것은 끈질기게 행동하려 한다.

⑤ 내향 – 감각 – 감정 – 지각(TYPE E)

관심이 내면으로 향하고 조용하며 소극적이다. 사물을 보는 관점은 상식적이고 그대로의 것을 좋아하는 경향이 있다. 좋음과 싫음으로 판단하는 경향이 강하고 타인에 대해서 동정심이 많은 반면, 엄격한 면이 부족한 경향이 있다. 환경에 대해서는 순응적이고, 예측할 수 없다해도 태연하게 행동하는 경향이 있다.

⑥ 내향 – 감각 – 감정 – 판단(TYPE F)

관심이 내면으로 향하고 얌전하며 쑥쓰러움을 많이 탄다. 사물을 보는 관점은 상식적이고 논리적으로 생각하는 것보다도 경험을 중요시하는 경향이 있다. 좋고 싫음으로 판단하는 경향이 강하고 사람이 좋은 반면, 개인적 취향이나 소원에 영향을 받는 일이 많은 경향이 있다. 환경에 대해서는 영향을 받지 않고, 자기 페이스 대로 꾸준히 성취하는 일을 잘한다.

⑦ 내향 – 감각 – 사고 – 지각(TYPE G)

관심이 내면으로 향하고 얌전하고 교제범위가 좁다. 사물을 보는 관점은 상식적인 동시에 실천적이며, 틀에 박힌 형식을 좋아한다. 논리적으로 판단하는 경향이 강하고 침착하지만 사람에 대해서는 엄격하여 차가운 인상을 주는 일이 많다. 환경에 대해서 순응적이고, 계획적으로 행동하지 않으며 자유로운 행동을 좋아하는 경향이 있다.

⑧ 내향 – 감각 – 사고 – 판단(TYPE H)

관심이 내면으로 향하고 주의 깊고 신중하게 행동을 한다. 사물을 보는 관점이 상식적이고 새롭고 경험하지 못한 일에 대응을 잘 하지 못한다. 논리적으로 생각하고 판단하는 경향이 강하고, 공평하지만 상대방의 감정에 대해 배려가 부족할 때가 있다. 환경에 대해서는 작용하는 편이고, 질서 있게 행동하는 것을 좋아한다.

⑨ 외향 – 직관 – 감정 – 지각(TYPE I)

관심이 외향으로 향하고 밝고 활동적이며 교제범위가 넓다. 사물을 보는 관점은 독창적이고 호기심이 강하며 새로운 것을 생각하는 것을 좋아한다. 좋음 싫음으로 판단하는 경향이 강하다. 사람은 좋은 반면 개인적 취향이나 소원에 영향을 받는 일이 많은 편이다.

⑩ 외향 – 직관 – 감정 – 판단(TYPE J)

관심이 외향으로 향하고 개방적이며 누구와도 쉽게 친해질 수 있다. 사물을 보는 관점은 독창적이고 자기 나름대로 궁리하고 생각하는 면이 많다. 좋음과 싫음으로 판단하는 경향이 강하고, 타인에 대해 동정적이기 쉽고 엄격함이 부족한 경향이 있다. 환경에 대해서는 작용하는 편이고 질서 있는 행동을 하는 것을 좋아한다.

⑪ 외향 – 직관 – 사고 – 지각(TYPE K)

관심이 외향으로 향하고 태도가 분명하며 활동적이다. 사물을 보는 관점은 독창적이고 현실과 거리가 있는 추상적인 것을 생각하는 것을 좋아한다. 논리적으로 생각하고 판단하는 경향이 강하고, 공평하지만 상대에 대한 배려가 부족할 때가 있다.

⑫ 외향 – 직관 – 사고 – 판단(TYPE L)

관심이 외향으로 향하고 밝고 명랑한 성격이며 사교적인 것을 좋아한다. 사물을 보는 관점은 독창적이고 논리적인 것을 좋아하기 때문에 이치를 따지는 경향이 있다. 논리적으로 생각하고 판단하는 경향이 강하고 침착성이 뛰어나지만 사람에 대해서 엄격하고 차가운 인상을 주는 경우가 많다. 환경에 대해 작용하는 편이고 계획을 세우고 착실하게 실행하는 것을 좋아한다.

⑬ 외향 – 감각 – 감정 – 지각(TYPE M)

관심이 외향으로 향하고 밝고 활동적이고 교제범위가 넓다. 사물을 보는 관점은 상식적이고 종래대로 있는 것을 좋아한다. 보수적인 경향이 있고 좋아함과 싫어함으로 판단하는 경향이 강하며 타인에게는 친절한 반면, 우유부단한 경우가 많다. 환경에 대해 순응적이고, 융통성이 있고 임기응변으로 대응할 가능성이 높다.

⑭ 외향 – 감각 – 감정 – 판단(TYPE N)

관심이 외향으로 향하고 개방적이며 누구와도 쉽게 대면할 수 있다. 사물을 보는 관점은 상식적이고 논리적으로 생각하기보다는 경험을 중시하는 편이다. 좋아함과 싫어함으로 판단하는 경향이 강하고 감정이 풍부하며 따뜻한 느낌이 있는 반면에 합리성이 부족한 경우가 많다. 환경에 대해서 작용하는 편이고, 한 번 결정한 것은 끈질기게 실행하려고 한다.

⑮ 외향 – 감각 – 사고 – 지각(TYPE O)

관심이 외향으로 향하고 시원한 태도이며 활동적이다. 사물을 보는 관점이 상식적이며 동시에 실천적이고 명백한 형식을 좋아하는 경향이 있다. 논리적으로 생각하고 판단하는 경향이 강하고, 객관적이지만 상대 마음에 대해 배려가 부족한 경향이 있다.

⑯ 외향 – 감각 – 사고 – 판단(TYPE P)

관심이 외향으로 향하고 밝고 명랑하며 사교적인 것을 좋아한다. 사물을 보는 관점은 상식적이고 경험하지 못한 새로운 것에 대응을 잘 하지 못한다. 논리적으로 생각하고 판단하는 경향이 강하고 이성적이지만 사람의 감정에 무심한 경향이 있다. 환경에 대해서는 작용하는 편이고, 자기 페이스대로 꾸준히 성취하는 것을 잘한다.

(1) 미리 알아두어야 할 점

① 출제문항 수 … 인성검사의 출제문항 수는 338문항이며, 각 기관의 기준에 따라 달라질 수 있다.

② 출제형식

　㉠ '예' 아니면 '아니오'의 형식

　　다음 문항을 읽고 자신에게 해당되는지 안 되는지를 판단하여 해당될 경우 '예'를, 해당되지 않을 경우 '아니오'를 고르시오.

질문	예	아니오
1. 자신의 생각이나 의견은 좀처럼 변하지 않는다.	○	
2. 구입한 후 끝까지 읽지 않은 책이 많다.		○

　　다음 문항에 대해서 평소에 자신이 생각하고 있는 것이나 행동하고 있는 것에 ○표를 하시오.

질문	그렇다	약간 그렇다	그저 그렇다	별로 그렇지 않다	그렇지 않다
1. 시간에 쫓기는 것이 싫다.		○			
2. 여행가기 전에 계획을 세운다			○		

　㉡ A와 B의 선택형식

　　A와 B에 주어진 문장을 읽고 자신에게 해당되는 것을 고르시오.

질문	선택
A : 걱정거리가 있어서 잠을 못 잘 때가 있다.	(○)
B : 걱정거리가 있어도 잠을 잘 잔다.	( )

(2) 임하는 자세

① 솔직하게 있는 그대로 표현한다 … 인성검사는 평범한 일상생활 내용들을 다룬 짧은 문장과 어떤 대상이나 일에 대한 선로를 선택하는 문장으로 구성되었으므로 평소에 자신이 생각한 바를 너무 골똘히 생각하지 말고 문제를 보는 순간 떠오른 것을 표현한다.

② 모든 문제를 신속하게 대답한다 … 인성검사는 시간 제한이 없는 것이 원칙이지만 기업체들은 일정한 시간 제한을 두고 있다. 인성검사는 개인의 성격과 자질을 알아보기 위한 검사이기 때문에 정답이 없다. 다만, 기업체에서 바람직하게 생각하거나 기대되는 결과가 있을 뿐이다. 따라서 시간에 쫓겨서 대충 대답을 하는 것은 바람직하지 못하다.

(3) 공략비법

일관성 있는 답변이 중요하다

구직자 중에는 기업이 원하는 인재상, 직무에 요구되는 역량에 이미지를 맞추어 놓고 인위적인 답을 표시하며 검사를 실시하는 경우가 있다. 하지만 대부분의 인성검사에서는 허위성 척도를 두고 있다. 따라서 지나치게 좋은 성격을 생각해 답하다 보면 오히려 일관성 없는 답을 했다는 것이 드러난다. 대부분의 인성검사는 비슷한 뜻의 다른 질문들이 여러 개 숨어 있다. 하지만 질문들은 특별한 규칙 없이 제시되고 제한된 시간에 비해 많은 질문에 답해야 하므로 이를 간파하여 정확히 답변하기란 어려운 일이다. 따라서 비슷한 의미의 다른 질문에 일정한 대답을 하기란 불가능하다고 할 수 있다. 따라서 솔직하게 답변하는 것이 중요하다. 하지만 만약 자신의 생각과 다르거나 답을 하기 애매한 질문이 많은 경우 시간을 지체하기보다 시험을 보는 중 미리 표시를 해두고 다시 비슷한 문제가 나왔을 때 일관되게 체크하는 것도 하나의 요령이다.

극단적인 답은 피하자

극단적인 성향을 가진 구직자는 채용과정에서 배제되는 것이 일반적이다. 주의할 것은 너무 좋은 쪽의 경우도 마찬가지라는 것이다. 인성검사는 딱히 정해진 답이 있는 것이 아니며 반영도에 따라 다르게 나타나기 때문에 점수가 아닌 등급으로 나타나는 경우가 많다. 따라서 점수가 높은 것이 무조건 좋은 평가를 받는 것도, 점수가 낮은 것이 나쁜 평가를 받는 것이 아니다. 오히려 극단적인 성향을 가진 사람은 배제된다. 예를 들어 '적극성'을 표시하는 척도의 점수가 매우 높은 경우 오히려 조직원들 사이의 화합을 방해하고 자기방식대로 업무를 처리할 우려가 있다는 평가를 받을 수 있어 반드시 높은 점수가 합격을 보장해 주는 것은 아님을 염두에 두어야 한다.

'대체로' '가끔' 등의 수식어

'대체로' '종종' '가끔' '항상' '대개' 등의 수식어는 대부분의 인성검사에서 자주 등장한다. 이러한 수식어가 붙은 질문을 접했을 때 구직자들은 조금 고민하게 된다. 하지만 아직 답해야 할 질문들이 많음을 염두에 두자. 다만, 앞에서 '가끔' '때때로'라는 수식어가 붙은 질문이 나온다면 뒤에는 '항상' '대체로'의 수식어가 붙은 내용은 똑같은 질문이 이어지는 경우가 많다. 따라서 자주 사용되는 수식어를 적절히 구분할 줄 알아야 한다.

허구성 척도의 질문을 파악하자

인성검사의 질문에는 허구성 척도를 측정하기 위한 질문이 숨어있음을 유념해야 한다. 예를 들어 '나는 지금까지 거짓말을 한 적이 없다.' '나는 한 번도 화를 낸 적이 없다.' '나는 남을 헐뜯거나 비난한 적이 한 번도 없다.' 이러한 질문이 있다고 하자. 상식적으로 보통 누구나 태어나서 한번은 거짓말을 한 경험은 있을 것이며 화를 낸 경우도 있을 것이다. 또한 대부분의 구직자가 자신을 좋은 인상으로 포장하는 것도 자연스러운 일이다. 따라서 허구성을 측정하는 질문에 다소 거짓으로 '그렇다'라고 답하는 것은 전혀 문제가 되지 않는다. 하지만 지나치게 좋은 성격을 염두에 두고 허구성을 측정하는 질문에 전부 '그렇다'고 대답을 한다면 허구성 척도의 득점이 극단적으로 높아지며 이는 검사항목전체에서 구직자의 성격이나 특성이 반영되지 않았음을 나타내 불성실한 답변으로 신뢰성이 의심받게 되는 것이다.

다시 한 번 인성검사의 문항은 각 개인의 특성을 알아보고자 하는 것으로 절대적으로 옳거나 틀린 답이 없으므로 결과를 지나치게 의식하여 솔직하게 응답하지 않으면 과장 반응으로 분류될 수 있음을 기억하자.

02 인성검사의 실시

Q 다음 (   ) 안에 진술이 자신에게 적합하면 YES, 그렇지 않다면 NO를 선택하시오. 【001~338】

	YES	NO
001. 사람들이 붐비는 도시보다 한적한 시골이 좋다.	( )	( )
002. 전자기기를 잘 다루지 못하는 편이다.	( )	( )
003. 인생에 대해 깊이 생각해 본 적이 없다.	( )	( )
004. 혼자서 식당에 들어가는 것은 전혀 두려운 일이 아니다.	( )	( )
005. 남녀 사이의 연애에서 중요한 것은 돈이다.	( )	( )
006. 걸음걸이가 빠른 편이다.	( )	( )
007. 육류보다 채소류를 더 좋아한다.	( )	( )
008. 소곤소곤 이야기하는 것을 보면 자기에 대해 험담하고 있는 것으로 생각된다.	( )	( )
009. 여럿이 어울리는 자리에서 이야기를 주도하는 편이다.	( )	( )
010. 집에 머무는 시간보다 밖에서 활동하는 시간이 더 많은 편이다.	( )	( )
011. 무엇인가 창조해내는 작업을 좋아한다.	( )	( )
012. 자존심이 강하다고 생각한다.	( )	( )
013. 금방 흥분하는 성격이다.	( )	( )
014. 거짓말을 한 적이 많다.	( )	( )
015. 신경질적인 편이다.	( )	( )
016. 끙끙대며 고민하는 타입이다.	( )	( )
017. 자신이 맡은 일에 반드시 책임을 지는 편이다.	( )	( )
018. 누군가와 마주하는 것보다 통화로 이야기하는 것이 더 편하다.	( )	( )
019. 운동신경이 뛰어난 편이다.	( )	( )
020. 생각나는 대로 말해버리는 편이다.	( )	( )

YES NO

021. 싫어하는 사람이 없다. ( )( )

022. 학창시절 국·영·수보다는 예체능 과목을 더 좋아했다. ( )( )

023. 쓸데없는 고생을 하는 일이 많다. ( )( )

024. 자주 생각이 바뀌는 편이다. ( )( )

025. 갈등은 대화로 해결한다. ( )( )

026. 내 방식대로 일을 한다. ( )( )

027. 영화를 보고 운 적이 많다. ( )( )

028. 어떤 것에 대해서도 화낸 적이 없다. ( )( )

029. 좀처럼 아픈 적이 없다. ( )( )

030. 자신은 도움이 안 되는 사람이라고 생각한다. ( )( )

031. 어떤 일이든 쉽게 싫증을 내는 편이다. ( )( )

032. 개성적인 사람이라고 생각한다. ( )( )

033. 자기주장이 강한 편이다. ( )( )

034. 뒤숭숭하다는 말을 들은 적이 있다. ( )( )

035. 인터넷 사용이 아주 능숙하다. ( )( )

036. 사람들과 관계 맺는 것을 보면 잘하지 못한다. ( )( )

037. 사고방식이 독특하다. ( )( )

038. 대중교통보다는 걷는 것을 더 선호한다. ( )( )

039. 끈기가 있는 편이다. ( )( )

040. 신중한 편이라고 생각한다. ( )( )

041. 인생의 목표는 큰 것이 좋다. ( )( )

042. 어떤 일이라도 바로 시작하는 타입이다. ( )( )

043. 낯가림을 하는 편이다. ( )( )

044. 생각하고 나서 행동하는 편이다. ( )( )

045. 쉬는 날은 밖으로 나가는 경우가 많다. ( )( )

046. 시작한 일은 반드시 완성시킨다. ( )( )

047. 면밀한 계획을 세운 여행을 좋아한다. ( )( )

048. 야망이 있는 편이라고 생각한다. ( )( )

049. 활동력이 있는 편이다. ( )( )

050. 많은 사람들과 왁자지껄하게 식사하는 것을 좋아하지 않는다. ( )( )

051. 장기적인 계획을 세우는 것을 꺼려한다. ( )( )

052. 자기 일이 아닌 이상 무심한 편이다. ( )( )

053. 하나의 취미에 열중하는 타입이다. ( )( )

054. 스스로 모임에서 회장에 어울린다고 생각한다. ( )( )

055. 입신출세의 성공이야기를 좋아한다. ( )( )

056. 어떠한 일도 의욕을 가지고 임하는 편이다. ( )( )

057. 학급에서는 존재가 희미했다. ( )( )

058. 항상 무언가를 생각하고 있다. ( )( )

059. 스포츠는 보는 것보다 하는 게 좋다. ( )( )

060. 문제 상황을 바르게 인식하고 현실적이고 객관적으로 대처한다. ( )( )

061. 흐린 날은 반드시 우산을 가지고 간다. ( )( )

062. 여러 명보다 1 : 1로 대화하는 것을 선호한다. ( )( )

063. 공격하는 타입이라고 생각한다. ( )( )

064. 리드를 받는 편이다. ( )( )

065. 너무 신중해서 기회를 놓친 적이 있다. ( )( )

066. 시원시원하게 움직이는 타입이다. ( )( )

067. 야근을 해서라도 업무를 끝낸다. ( )( )

068. 누군가를 방문할 때는 반드시 사전에 확인한다. ( )( )

069. 아무리 노력해도 결과가 따르지 않는다면 의미가 없다. ( )( )

070. 솔직하고 타인에 대해 개방적이다. ( )( )

071. 유행에 둔감하다고 생각한다. ( )( )

072. 정해진 대로 움직이는 것은 시시하다. ( )( )

073. 꿈을 계속 가지고 있고 싶다.   (   )(   )

074. 질서보다 자유를 중요시하는 편이다.   (   )(   )

075. 혼자서 취미에 몰두하는 것을 좋아한다.   (   )(   )

076. 직관적으로 판단하는 편이다.   (   )(   )

077. 영화나 드라마를 보며 등장인물의 감정에 이입된다.   (   )(   )

078. 시대의 흐름에 역행해서라도 자신을 관철하고 싶다.   (   )(   )

079. 다른 사람의 소문에 관심이 없다.   (   )(   )

080. 창조적인 편이다.   (   )(   )

081. 비교적 눈물이 많은 편이다.   (   )(   )

082. 융통성이 있다고 생각한다.   (   )(   )

083. 친구의 휴대전화 번호를 잘 모른다.   (   )(   )

084. 스스로 고안하는 것을 좋아한다.   (   )(   )

085. 정이 두터운 사람으로 남고 싶다.   (   )(   )

086. 새로 나온 전자제품의 사용방법을 익히는 데 오래 걸린다.   (   )(   )

087. 세상의 일에 별로 관심이 없다.   (   )(   )

088. 변화를 추구하는 편이다.   (   )(   )

089. 업무는 인간관계로 선택한다.   (   )(   )

090. 환경이 변하는 것에 구애되지 않는다.   (   )(   )

091. 다른 사람들에게 첫인상이 좋다는 이야기를 자주 듣는다.   (   )(   )

092. 인생은 살 가치가 없다고 생각한다.   (   )(   )

093. 의지가 약한 편이다.   (   )(   )

094. 다른 사람이 하는 일에 별로 관심이 없다.   (   )(   )

095. 자주 넘어지거나 다치는 편이다.   (   )(   )

096. 심심한 것을 못 참는다.   (   )(   )

097. 다른 사람을 욕한 적이 한 번도 없다.   (   )(   )

098. 몸이 아프더라도 병원에 잘 가지 않는 편이다.   (   )(   )

		YES	NO
099.	금방 낙심하는 편이다.	( )	( )
100.	평소 말이 빠른 편이다.	( )	( )
101.	어려운 일은 되도록 피하는 게 좋다.	( )	( )
102.	다른 사람이 내 의견에 간섭하는 것이 싫다.	( )	( )
103.	낙천적인 편이다.	( )	( )
104.	남을 돕다가 오해를 산 적이 있다.	( )	( )
105.	모든 일에 준비성이 철저한 편이다.	( )	( )
106.	상냥하다는 말을 들은 적이 있다.	( )	( )
107.	맑은 날보다 흐린 날을 더 좋아한다.	( )	( )
108.	많은 친구들을 만나는 것보다 단 둘이 만나는 것이 더 좋다.	( )	( )
109.	평소에 불평불만이 많은 편이다.	( )	( )
110.	가끔 나도 모르게 엉뚱한 행동을 하는 때가 있다.	( )	( )
111.	생리현상을 잘 참지 못하는 편이다.	( )	( )
112.	다른 사람을 기다리는 경우가 많다.	( )	( )
113.	술자리나 모임에 억지로 참여하는 경우가 많다.	( )	( )
114.	결혼과 연애는 별개라고 생각한다.	( )	( )
115.	노후에 대해 걱정이 될 때가 많다.	( )	( )
116.	잃어버린 물건은 쉽게 찾는 편이다.	( )	( )
117.	비교적 쉽게 감격하는 편이다.	( )	( )
118.	어떤 것에 대해서는 불만을 가진 적이 없다.	( )	( )
119.	걱정으로 밤에 못 잘 때가 많다.	( )	( )
120.	자주 후회하는 편이다.	( )	( )
121.	쉽게 학습하지만 쉽게 잊어버린다.	( )	( )
122.	낮보다 밤에 일하는 것이 좋다.	( )	( )
123.	많은 사람 앞에서도 긴장하지 않는다.	( )	( )
124.	상대방에게 감정 표현을 하기가 어렵게 느껴진다.	( )	( )

YES　NO

125. 인생을 포기하는 마음을 가진 적이 한 번도 없다. 　　(　)(　)

126. 규칙에 대해 드러나게 반발하기보다 속으로 반발한다. 　(　)(　)

127. 자신의 언행에 대해 자주 반성한다. 　　(　)(　)

128. 활동범위가 좁아 늘 가던 곳만 고집한다. 　　(　)(　)

129. 나는 끈기가 다소 부족하다. 　　(　)(　)

130. 좋다고 생각하더라도 좀 더 검토하고 나서 실행한다. 　(　)(　)

131. 위대한 인물이 되고 싶다. 　　(　)(　)

132. 한 번에 많은 일을 떠맡아도 힘들지 않다. 　　(　)(　)

133. 사람과 약속은 부담스럽다. 　　(　)(　)

134. 질문을 받으면 충분히 생각하고 나서 대답하는 편이다. 　(　)(　)

135. 머리를 쓰는 것보다 땀을 흘리는 일이 좋다. 　　(　)(　)

136. 결정한 것에는 철저히 구속받는다. 　　(　)(　)

137. 아무리 바쁘더라도 자기관리를 위한 운동을 꼭 한다. 　(　)(　)

138. 이왕 할 거라면 일등이 되고 싶다. 　　(　)(　)

139. 과감하게 도전하는 타입이다. 　　(　)(　)

140. 자신은 사교적이 아니라고 생각한다. 　　(　)(　)

141. 무심코 도리에 대해서 말하고 싶어진다. 　　(　)(　)

142. 목소리가 큰 편이다. 　　(　)(　)

143. 단념하기보다 실패하는 것이 낫다고 생각한다. 　　(　)(　)

144. 예상하지 못한 일은 하고 싶지 않다. 　　(　)(　)

145. 파란만장하더라도 성공하는 인생을 살고 싶다. 　　(　)(　)

146. 활기찬 편이라고 생각한다. 　　(　)(　)

147. 자신의 성격으로 고민한 적이 있다. 　　(　)(　)

148. 무심코 사람들을 평가 한다. 　　(　)(　)

149. 때때로 성급하다고 생각한다. 　　(　)(　)

150. 자신은 꾸준히 노력하는 타입이라고 생각한다. 　　(　)(　)

151. 터무니없는 생각이라도 메모한다. ( )( )

152. 리더십이 있는 사람이 되고 싶다. ( )( )

153. 열정적인 사람이라고 생각한다. ( )( )

154. 다른 사람 앞에서 이야기를 하는 것이 조심스럽다. ( )( )

155. 세심하기보다 통찰력이 있는 편이다. ( )( )

156. 엉덩이가 가벼운 편이다. ( )( )

157. 여러 가지로 구애받는 것을 견디지 못한다. ( )( )

158. 돌다리도 두들겨 보고 건너는 쪽이 좋다. ( )( )

159. 자신에게는 권력욕이 있다. ( )( )

160. 자신의 능력보다 과중한 업무를 할당받으면 기쁘다. ( )( )

161. 사색적인 사람이라고 생각한다. ( )( )

162. 비교적 개혁적이다. ( )( )

163. 좋고 싫음으로 정할 때가 많다. ( )( )

164. 전통에 얽매인 습관은 버리는 것이 적절하다. ( )( )

165. 교제 범위가 좁은 편이다. ( )( )

166. 발상의 전환을 할 수 있는 타입이라고 생각한다. ( )( )

167. 주관적인 판단으로 실수한 적이 있다. ( )( )

168. 현실적이고 실용적인 면을 추구한다. ( )( )

169. 타고난 능력에 의존하는 편이다. ( )( )

170. 다른 사람을 의식하여 외모에 신경을 쓴다. ( )( )

171. 마음이 담겨 있으면 선물은 아무 것이나 좋다. ( )( )

172. 여행은 내 마음대로 하는 것이 좋다. ( )( )

173. 추상적인 일에 관심이 있는 편이다. ( )( )

174. 큰일을 먼저 결정하고 세세한 일을 나중에 결정하는 편이다. ( )( )

175. 괴로워하는 사람을 보면 답답하다. ( )( )

176. 자신의 가치기준을 알아주는 사람은 아무도 없다. ( )( )

177. 인간성이 없는 사람과는 함께 일할 수 없다. 　　　　　　(   )(   )

178. 상상력이 풍부한 편이라고 생각한다. 　　　　　　　　(   )(   )

179. 의리, 인정이 두터운 상사를 만나고 싶다. 　　　　　(   )(   )

180. 인생은 앞날을 알 수 없어 재미있다. 　　　　　　　(   )(   )

181. 조직에서 분위기 메이커다. 　　　　　　　　　　　(   )(   )

182. 반성하는 시간에 차라리 실수를 만회할 방법을 구상한다. 　(   )(   )

183. 늘 하던 방식대로 일을 처리해야 마음이 편하다. 　　　(   )(   )

184. 쉽게 이룰 수 있는 일에는 흥미를 느끼지 못한다. 　　　(   )(   )

185. 좋다고 생각하면 바로 행동한다. 　　　　　　　　　(   )(   )

186. 후배들은 무섭게 가르쳐야 따라온다. 　　　　　　　(   )(   )

187. 한 번에 많은 일을 떠맡는 것이 부담스럽다. 　　　　　(   )(   )

188. 능력 없는 상사라도 진급을 위해 아부할 수 있다. 　　　(   )(   )

189. 질문을 받으면 그때의 느낌으로 대답하는 편이다. 　　　(   )(   )

190. 땀을 흘리는 것보다 머리를 쓰는 일이 좋다. 　　　　　(   )(   )

191. 단체 규칙에 그다지 구속받지 않는다. 　　　　　　　(   )(   )

192. 물건을 자주 잃어버리는 편이다. 　　　　　　　　　(   )(   )

193. 불만이 생기면 즉시 말해야 한다. 　　　　　　　　　(   )(   )

194. 안전한 방법을 고르는 타입이다. 　　　　　　　　　(   )(   )

195. 사교성이 많은 사람을 보면 부럽다. 　　　　　　　　(   )(   )

196. 성격이 급한 편이다. 　　　　　　　　　　　　　　(   )(   )

197. 갑자기 중요한 프로젝트가 생기면 혼자서라도 야근할 수 있다. 　(   )(   )

198. 내 인생에 절대로 포기하는 경우는 없다. 　　　　　　(   )(   )

199. 예상하지 못한 일도 해보고 싶다. 　　　　　　　　　(   )(   )

200. 평범하고 평온하게 행복한 인생을 살고 싶다. 　　　　(   )(   )

201. 상사의 부정을 눈감아 줄 수 있다. 　　　　　　　　(   )(   )

202. 자신은 소극적이라고 생각하지 않는다. 　　　　　　　(   )(   )

203. 이것저것 평하는 것이 싫다. ( )( )

204. 자신은 꼼꼼한 편이라고 생각한다. ( )( )

205. 꾸준히 노력하는 것을 잘 하지 못한다. ( )( )

206. 내일의 계획이 이미 머릿속에 계획되어 있다. ( )( )

207. 협동성이 있는 사람이 되고 싶다. ( )( )

208. 동료보다 돋보이고 싶다. ( )( )

209. 다른 사람 앞에서 이야기를 잘한다. ( )( )

210. 실행력이 있는 편이다. ( )( )

211. 계획을 세워야만 실천할 수 있다. ( )( )

212. 누구라도 나에게 싫은 소리를 하는 것은 듣기 싫다. ( )( )

213. 생각으로 끝나는 일이 많다. ( )( )

214. 피곤하더라도 웃으며 일하는 편이다. ( )( )

215. 과중한 업무를 할당받으면 포기해버린다. ( )( )

216. 상사가 지시한 일이 부당하면 업무를 하더라도 불만을 토로한다. ( )( )

217. 또래에 비해 보수적이다. ( )( )

218. 자신에게 손해인지 이익인지를 생각하여 결정할 때가 많다. ( )( )

219. 전통적인 방식이 가장 좋은 방식이라고 생각한다. ( )( )

220. 때로는 친구들이 너무 많아 부담스럽다. ( )( )

221. 상식적인 판단을 할 수 있는 타입이라고 생각한다. ( )( )

222. 너무 객관적이라는 평가를 받는다. ( )( )

223. 안정적인 방법보다는 위험성이 높더라도 높은 이익을 추구한다. ( )( )

224. 타인의 아이디어를 도용하여 내 아이디어처럼 꾸민 적이 있다. ( )( )

225. 조직에서 돋보이기 위해 준비하는 것이 있다. ( )( )

226. 선물은 상대방에게 필요한 것을 사줘야 한다. ( )( )

227. 나무보다 숲을 보는 것에 소질이 있다. ( )( )

228. 때때로 자신을 지나치게 비하하기도 한다. ( )( )

229. 조직에서 있는 듯 없는 듯한 존재이다. ( )( )

230. 다른 일을 제쳐두고 한 가지 일에 몰두한 적이 있다. ( )( )

231. 가끔 다음 날 지장이 생길 만큼 술을 마신다. ( )( )

232. 같은 또래보다 개방적이다. ( )( )

233. 사실 돈이면 안 될 것이 없다고 생각한다. ( )( )

234. 능력이 없더라도 공평하고 공적인 상사를 만나고 싶다. ( )( )

235. 사람들이 자신을 비웃는다고 종종 여긴다. ( )( )

236. 내가 먼저 적극적으로 사람들과 관계를 맺는다. ( )( )

237. 모임을 스스로 만들기보다 이끌려가는 것이 편하다. ( )( )

238. 몸을 움직이는 것을 좋아하지 않는다. ( )( )

239. 꾸준한 취미를 갖고 있다. ( )( )

240. 때때로 나는 경솔한 편이라고 생각한다. ( )( )

241. 때로는 목표를 세우는 것이 무의미하다고 생각한다. ( )( )

242. 어떠한 일을 시작하는데 많은 시간이 걸린다. ( )( )

243. 초면인 사람과도 바로 친해질 수 있다. ( )( )

244. 일단 행동하고 나서 생각하는 편이다. ( )( )

245. 여러 가지 일 중에서 쉬운 일을 먼저 시작하는 편이다. ( )( )

246. 마무리를 짓지 못해 포기하는 경우가 많다. ( )( )

247. 여행은 계획 없이 떠나는 것을 좋아한다. ( )( )

248. 욕심이 없는 편이라고 생각한다. ( )( )

249. 성급한 결정으로 후회한 적이 있다. ( )( )

250. 많은 사람들과 와자지껄하게 식사하는 것을 좋아한다. ( )( )

251. 상대방의 잘못을 쉽게 용서하지 못한다. ( )( )

252. 주위 사람이 상처받는 것을 고려해 발언을 자제할 때가 있다. ( )( )

253. 자존심이 강한 편이다. ( )( )

254. 생각 없이 함부로 말하는 사람을 보면 불편하다. ( )( )

255. 다른 사람 앞에 내세울 만한 특기가 서너 개 정도 있다.   ( )( )

256. 거짓말을 한 적이 한 번도 없다.   ( )( )

257. 경쟁사라도 많은 연봉을 주면 옮길 수 있다.   ( )( )

258. 자신은 충분히 신뢰할 만한 사람이라고 생각한다.   ( )( )

259. 좋고 싫음이 얼굴에 분명히 드러난다.   ( )( )

260. 다른 사람에게 욕을 한 적이 한 번도 없다.   ( )( )

261. 친구에게 먼저 연락을 하는 경우가 드물다.   ( )( )

262. 밥보다는 빵을 더 좋아한다.   ( )( )

263. 누군가에게 쫓기는 꿈을 종종 꾼다.   ( )( )

264. 삶은 고난의 연속이라고 생각한다.   ( )( )

265. 쉽게 화를 낸다는 말을 듣는다.   ( )( )

266. 지난 과거를 돌이켜 보면 괴로운 적이 많았다.   ( )( )

267. 토론에서 진 적이 한 번도 없다.   ( )( )

268. 나보다 나이가 많은 사람을 대하는 것이 불편하다.   ( )( )

269. 의심이 많은 편이다.   ( )( )

270. 주변 사람이 자기 험담을 하고 있다고 생각할 때가 있다.   ( )( )

271. 이론만 내세우는 사람이라는 평가를 받는다.   ( )( )

272. 실패보다 성공을 먼저 생각한다.   ( )( )

273. 자신에 대한 자부심이 강한 편이다.   ( )( )

274. 다른 사람들의 장점을 잘 보는 편이다.   ( )( )

275. 주위에 괜찮은 사람이 거의 없다.   ( )( )

276. 법에도 융통성이 필요하다고 생각한다.   ( )( )

277. 쓰레기를 길에 버린 적이 없다.   ( )( )

278. 차가 없으면 빨간 신호라도 횡단보도를 건넌다.   ( )( )

279. 평소 식사를 급하게 하는 편이다.   ( )( )

280. 동료와의 경쟁심으로 불법을 저지른 적이 있다.   ( )( )

YES NO

281. 자신을 배신한 사람에게는 반드시 복수한다. ( )( )

282. 몸이 조금이라도 아프면 병원에 가는 편이다. ( )( )

283. 잘 자는 것보다 잘 먹는 것이 중요하다. ( )( )

284. 시각보다 청각이 예민한 편이다. ( )( )

285. 주위 사람들에 비해 생활력이 강하다고 생각한다. ( )( )

286. 차가운 것보다 뜨거운 것을 좋아한다. ( )( )

287. 모든 사람은 거짓말을 한다고 생각한다. ( )( )

288. 조심해서 나쁠 것은 없다. ( )( )

289. 부모님과 격이 없이 지내는 편이다. ( )( )

290. 매해 신년 계획을 세우는 편이다. ( )( )

291. 잘 하는 것보다는 좋아하는 것을 해야 한다고 생각한다. ( )( )

292. 오히려 고된 일을 헤쳐 나가는데 자신이 있다. ( )( )

293. 착한 사람이라는 말을 들을 때가 많다. ( )( )

294. 업무적인 능력으로 칭찬 받을 때가 자주 있다. ( )( )

295. 개성적인 사람이라는 말을 자주 듣는다. ( )( )

296. 누구와도 편하게 대화할 수 있다. ( )( )

297. 나보다 나이가 많은 사람들하고도 격의 없이 지낸다. ( )( )

298. 사물의 근원과 배경에 대해 관심이 많다. ( )( )

299. 쉬는 것보다 일하는 것이 편하다. ( )( )

300. 계획하는 시간에 직접 행동하는 것이 효율적이다. ( )( )

301. 높은 수익이 안정보다 중요하다. ( )( )

302. 지나치게 꼼꼼하게 검토하다가 시기를 놓친 경험이 있다. ( )( )

303. 이성보다 감성이 풍부하다. ( )( )

304. 약속한 일을 어기는 경우가 종종 있다. ( )( )

305. 생각했다고 해서 꼭 행동으로 옮기는 것은 아니다. ( )( )

306. 목표 달성을 위해서 타인을 이용한 적이 있다. ( )( )

307. 적은 친구랑 깊게 사귀는 편이다. ( )( )

308. 경쟁에서 절대로 지고 싶지 않다. ( )( )

309. 내일해도 되는 일을 오늘 안에 끝내는 편이다. ( )( )

310. 정확하게 한 가지만 선택해야 하는 결정은 어렵다. ( )( )

311. 시작하기 전에 정보를 수집하고 계획하는 시간이 더 많다. ( )( )

312. 복잡하게 오래 생각하기보다 일단 해나가며 수정하는 것이 좋다. ( )( )

313. 나를 다른 사람과 비교하는 경우가 많다. ( )( )

314. 개인주의적 성향이 강하여 사적인 시간을 중요하게 생각한다. ( )( )

315. 논리정연하게 말을 하는 편이다. ( )( )

316. 어떤 일을 하다 문제에 부딪히면 스스로 해결하는 편이다. ( )( )

317. 업무나 과제에 대한 끝맺음이 확실하다. ( )( )

318. 남의 의견에 순종적이며 지시받는 것이 편안하다. ( )( )

319. 부지런한 편이다. ( )( )

320. 뻔한 이야기나 서론이 긴 것을 참기 어렵다. ( )( )

321. 창의적인 생각을 잘 하지만 실천은 부족하다. ( )( )

322. 막판에 몰아서 일을 처리하는 경우가 종종 있다. ( )( )

323. 나는 의견을 말하기에 앞서 신중히 생각하는 편이다. ( )( )

324. 선입견이 강한 편이다. ( )( )

325. 돌발적이고 긴급한 상황에서도 쉽게 당황하지 않는다. ( )( )

326. 새로운 친구를 사귀는 것보다 현재의 친구들을 유지하는 것이 좋다. ( )( )

327. 글보다 말로 하는 것이 편할 때가 있다. ( )( )

328. 혼자 조용히 일하는 경우가 능률이 오른다. ( )( )

329. 불의를 보더라도 참는 편이다. ( )( )

330. 기회는 쟁취하는 사람의 것이라고 생각한다. ( )( )

331. 사람을 설득하는 것에 다소 어려움을 겪는다. ( )( )

332. 착실한 노력의 이야기를 좋아한다. ( )( )

333. 어떠한 일에도 의욕있게 임하는 편이다.　　　　　　　　(　)(　)

334. 학급에서는 존재가 두드러졌다.　　　　　　　　　　　　(　)(　)

335. 아무것도 생가하지 않을 때가 많다.　　　　　　　　　　(　)(　)

336. 스포츠는 하는 것보다는 보는 게 좋다.　　　　　　　　　(　)(　)

337. '좀 더 노력하시오'라는 말을 듣는 편이다.　　　　　　　(　)(　)

338. 비가 오지 않으면 우산을 가지고 가지 않는다.　　　　　(　)(　)

PART

05

정답 및 해설

정답 및 해설

공간능력

01	02	03	04	05	06	07	08	09	10	11	12	13	14	15	16	17	18	19	20
②	③	③	③	④	②	②	①	②	③	②	③	①	②	③	①	③	③	②	③
21	22	23	24	25	26	27	28	29	30	31	32	33	34	35	36	37	38	39	40
③	①	①	③	①	③	③	①	③	③	②	②	④	③	④	④	①	④	①	②
41	42	43	44	45	46	47	48	49	50	51	52	53	54	55	56	57	58	59	60
③	②	①	③	②	①	②	①	④	②	②	④	③	④	②	①	①	④	④	②

01 ②

02 ③

03 ③

04 ③

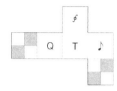

05 ④

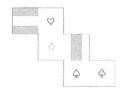

06 ②

07 ②

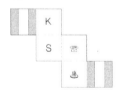

08 ①

09 ②

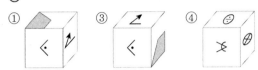

10 ③

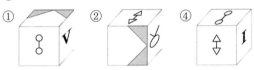

11 ②

12 ③

13 ①

14 ②

① ③ ④

15 ③

① ② ④

16 ①

② ③ ④

17 ③

① ② ④

18 ③

① ② ④

19 ②

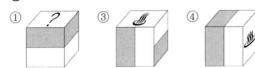

20 ③

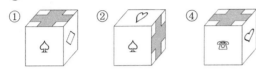

21 ③

1단 : 10개, 2단 : 4개, 3단 : 2개, 4단 : 1개, 5단 : 1개
총 18개

22 ①

1단 : 14개, 2단 : 6개, 3단 : 3개, 4단 : 1개
총 24개

23 ①

1단 : 15개, 2단 : 6개, 3단 : 4개, 4단 : 2개
총 27개

24 ③

1단 : 10개, 2단 : 6개, 3단 : 3개, 4단 : 2개, 5단 : 2개, 6단 : 2개
총 25개

25 ①

1단 : 8개, 2단 : 6개, 3단 : 3개, 4단 : 1개, 5단 : 1개
총 19개

26 ③

1단 : 11개, 2단 : 5개, 3단 : 3개, 4단 : 2개, 5단 : 1개, 6단 : 1개
총 23개

27 ③

1단 : 10개, 2단 : 4개, 3단 : 1개
총 15개

28 ①

1단 : 9개, 2단 : 5개, 3단 : 1개, 4단 : 1개, 5단 : 1개
총 17개

29 ③

1단 : 7개, 2단 : 5개, 3단 : 4개, 4단 : 2개, 5단 : 2개, 6단 : 1개
총 21개

30 ③

1단 : 8개, 2단 : 5개, 3단 : 5개, 4단 : 3개, 5단 : 1개
총 22개

31 ②

1단 : 10개, 2단 : 6개, 3단 : 4개, 4단 : 3개, 5단 : 1개, 6단 : 1개
총 25개

32 ②

1단 : 9개, 2단 : 6개, 3단 : 3개, 4단 : 2개, 5단 : 1개, 6단 : 1개

총 22개

---

33 ④

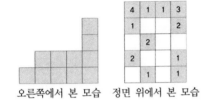

오른쪽에서 본 모습   정면 위에서 본 모습

---

34 ③

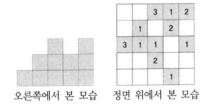

오른쪽에서 본 모습   정면 위에서 본 모습

---

35 ④

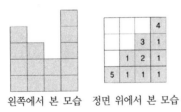

왼쪽에서 본 모습   정면 위에서 본 모습

36 ④

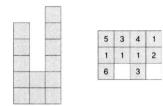

왼쪽에서 본 모습   정면 위에서 본 모습

37 ①

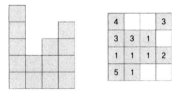

오른쪽에서 본 모습   정면 위에서 본 모습

38 ④

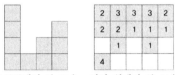

오른쪽에서 본 모습   정면 위에서 본 모습

39 ①

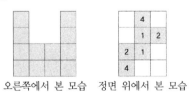

오른쪽에서 본 모습   정면 위에서 본 모습

40 ②

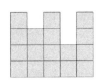

왼쪽에서 본 모습   정면 위에서 본 모습

---

41 ③

1단 : 5개, 2단 : 2개

∴ 총 7개

---

42 ②

1단 : 6개, 2단 : 4개, 3단 : 1개

∴ 총 11개

---

43 ①

1단 : 8개, 2단 : 4개, 3단 : 3개

∴ 총 15개

---

44 ③

1단 : 5개, 2단 : 2개

∴ 총 7개

---

45 ②

1단 : 4개, 2단 : 1개

∴ 총 5개

46 ①

1단 : 3개, 2단 : 2개

∴ 총 5개

---

47 ②

1단 : 13개, 2단 : 11개, 3단 : 6개

∴ 총 30개

---

48 ①

1단 : 14개, 2단 : 14개, 3단 : 9개, 4단 : 4개

∴ 총 41개

---

49 ④

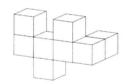

---

50 ②

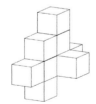

51 ②

②번만 해당된다.

---

52 ④

④번만 해당된다.

---

53 ③

③번만 해당된다.

---

54 ④

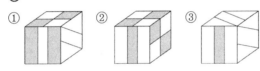

---

55 ②

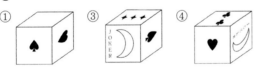

---

56 ①

57
① ② 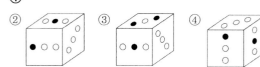 ③ ④

58
④ ① ② 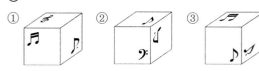 ③

59
④ ① ② 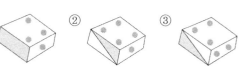 ③

60
② ① ③  ④

01	02	03	04	05	06	07	08	09	10	11	12	13	14	15	16	17	18	19	20
②	②	②	④	③	④	②	④	③	①	①	③	④	③	②	③	②	④	②	①
21	22	23	24	25	26	27	28	29	30	31	32	33	34	35	36	37	38	39	40
①	③	⑤	③	④	④	②	③	②	②	③	④	①	③	④	③	③	④	③	①
41	42	43	44	45	46	47	48	49	50	51	52	53	54	55	56	57	58	59	60
③	④	③	④	④	③	②	①	①	②	②	⑤	③	④	④	③	③	④	④	④

01 ②

'깊다'의 의미
㉠ 겉에서 속까지의 거리가 멀다.
㉡ 생각이 듬쑥하고 신중하다.
㉢ 수준이 높거나 정도가 심하다.
㉣ 시간이 오래다.
㉤ 어둠이나 안개 따위가 자욱하고 빡빡하다.

02 ②

①③④⑤ 누군가 가거나 와서 둘이 서로 마주 보다.
② 선이나, 길, 강 따위가 서로 마주 닿다.

03 ②

밑줄 친 ㉠의 '나다'는 '어떤 작용에 따른 효과, 결과 따위의 현상이 이루어져 나타나다.'라는 의미이다.
① 신체에서 땀, 피, 눈물 따위의 액체 성분이 흐르다.
③ 이름이나 소문 따위가 알려지다.
④ 철이나 기간을 보내다.
⑤ 길, 통로, 창문 따위가 생기다.

04 ④

①②③⑤ 직업이나 학업, 복무 따위로 해서 다른 곳으로 옮기다.
④ 수레, 배, 자동차, 비행기 따위가 운행하거나 다니다.

05 ③

①②④⑤ 생명을 지니고 있다.
③ 성질이나 기운 따위가 뚜렷이 나타나다.

---

06 ④

①②③⑤ 현재 주변에 없는 것을 얻거나 사람을 만나려고 여기저기를 뒤지거나 살피다. 또는 그것을 얻
거나 그 사람을 만나다.
④ 모르는 것을 알아내고 밝혀내려고 애쓰다. 또는 그것을 알아내고 밝혀내다.

---

07 ②

①③④⑤ 갈 바를 몰라 이리저리 돌아다니다.
② 어떤 환경에서 헤어나지 못하고 허덕이다.

---

08 ④

밀가루는 빵의 원료이다. 나무는 가구의 원료이다.

---

09 ③

쌀이 밥이 되기 위해서는 구성성분으로써 물이 필요하고(쌀은 물을 흡수), 동물이 화석이 되기 위해서는
구성성분으로써 토양이 필요하다(토양은 화석의 틀이 됨).

---

10 ①

형광등은 전기로 인해 빛을 낼 수 있다. 자동차는 석유로 인해 운행할 수 있다.

11 ①

① '차차 젖어 들어가다'라는 뜻이다.
② 액체 속에 존재하는 작은 고체가 액체 바닥에 쌓이는 일을 말한다.
③ 비, 하천, 빙하, 바람 따위의 자연 현상이 지표를 깎는 일을 말한다.
④ 밑으로 가라앉는 것을 의미한다.
⑤ 땅이 기준면에 대하여 상대적으로 높아지는 것을 의미한다.

---

12 ③

① 여러 사람이 모여 서로 의논하는 것을 의미한다.
② 상세하게 의논함을 이르는 말이다.
③ 어떤 일을 이루려고 대책과 방법을 세움을 의미한다.
④ 서로 의견이 일치함을 뜻한다.
⑤ 목적을 이룰 때까지 뒤좇아 구함을 뜻한다.

---

13 ④

말이나 행동, 일 따위를 제대로 하지 못하도록 방해하거나 막다.
①② 앞을 가로질러 막다.
③⑤ 앞이 보이지 않도록 가리다.

---

14 ③

①②④⑤ 사람이나 동물이 발을 땅에 대고 다리를 쭉 뻗으며 몸을 곧게 하다.
③ 계획, 결심, 자신감 따위가 마음속에 이루어지다.

---

15 ②

① 너비가 작다.
③ 면이나 바닥 따위의 면적이 작다.
④⑤ 마음 쓰는 것이 너그럽지 못하다.
② 내용이나 범위 따위가 널리 미치지 아니한 데가 있다.

16　③

①②④⑤ 음식, 담배, 물건 따위를 먹거나 피우거나 이용하라고 말하다.
③ 어떤 일을 하도록 부추기다.

17　②

고독을 즐기라고 권했으므로 '심실 속에 고독을 채우라'가 어울린다. 따라서 빈칸에 들어갈 알맞은 것은
고독이다.

18　④

윗글은 주인공 한스가 시험 직전의 초조한 마음을 버드나무 아래에서 낚시질을 생각하며 시험 노이로제
에서 벗어나는 내용이다.

19　②

김장을 하는 과정이나 그 결과에 대해 메모하여 정리하는 것이 좋다는 설명이 제시되어 있지 않으므로,
독서한 결과를 정리해 두는 습관을 기른다는 내용은 추론할 수 없다.

20　①

어려운 환경에서도 열심히 노력하면 좋은 결과를 이끌어낼 수 있다는 주제를 담은 이야기이므로, '협력을
통해 공동의 목표를 성취하도록 한다.'는 내용은 나올 수 없다.

21　①

물레를 이용하여 도자기를 빚을 때, 정신을 집중해야 한다는 내용은 ②, 도자기를 급히 말리면 갈라지므
로 천천히 건조시켜야 한다는 내용은 ③, 도자기 모양을 빚는 것이 어렵더라도 꾸준히 계속해야 한다는
내용은 ④, 도자기 제작 전에 자신이 만들 도자기의 모양과 제작 과정을 먼저 구상해야 한다는 내용은
⑤이다.

22 ③

19세기 실험심리학의 탄생부터 독일에서의 실험심리학의 발전 양상을 설명하고 있는 글이다.

---

23 ⑤

지수의 경우 미술관에 가자는 민서의 의견과 축구를 하자는 현수의 의견을 종합하고 있다. 이는 새로운 대안 도출에 기여하는 것이라 할 수 있다.

---

24 ③

㈎에서 과학자가 설계의 문제점을 인식하고도 노력하지 않았기 때문에 결국 우주왕복선이 폭발하고 마는 결과를 가져왔다고 말하고 있다. ㈏에서는 자신이 개발한 물질의 위험성을 알리고 사회적 합의를 도출하는 데 협조해야 한다고 말하고 있다. 두 글을 종합해보았을 때 공통적으로 말하고자 하는 바는 '과학자로서의 윤리적 책무를 다해야 한다.'라는 것을 알 수 있다.

---

25 ④

'시장은 소득 분배의 형평을 보장하지 못할 뿐만 아니라, 자원의 효율적 배분에도 실패했다.'는 내용이 있으므로 '시장이 완벽한 자원 분배 체계로 자리 잡았다.'라고 한 것은 지문의 내용과 일치하지 않는다.

---

26 ④

오늘날 분배 체계의 핵심이 되는 시장의 한계를 말하면서, 호혜가 이를 보완할 수 있는 분배 체계임을 설명하고 있다. 나아가 호혜가 행복한 사회를 만들기 위해 필요한 것임을 강조하면서 그 가치를 설명하고 있다.

---

27 ②

㉡의 '질책(叱責)'은 '꾸짖어 나무람'이며, 고쳐 쓰기의 방안으로 제시된 '지시(指示)' 역시 '가리켜 보임'의 뜻이므로 적절하지 않다. '조언'이나 '격려'로 고쳐 쓰는 것이 적절할 것이다.

28 ③

문화나 이상이나 사람이 추구하는 대상이자 인생의 목적인만큼 동일하다고 서술하다가 빈 칸 뒤에서는 이 두 가지(문화와 이상)가 완전히 일치하는 것이 아니라고 앞과 반대의 내용을 진술하고 있다. 따라서 대조·전환의 '그러나'가 어울린다.

29 ②

앞 문장에서는 표준어는 국가나 공공 기관에서 공식적으로 사용해야 하므로 표준어가 공용어이기도 하다는 것을 말하고 있고, 뒤의 문장에서는 표준어가 어느 나라에서나 공용어로 사용되는 것은 아님을 말하고 있으므로 앞 뒤 문장의 내용이 상반된다. 따라서 상반되는 내용을 이어주는 접속어 '그러나'가 들어가야 한다.

30 ②

우리의 전통윤리가 정(情)에 바탕으로 하고 있기 때문에 자기중심적인 면이 강하고 공과 사의 구별이 어렵다는 것을 이야기 하고 있다.

31 ③

'이제 더 이상 대중문화를 무시하고 엘리트 문화지향성을 가진 교육을 하기는 힘든 시기에 접어들었다.' 가 이 글의 핵심문장이라고 볼 수 있다. 따라서 대중문화의 중요성에 대해 말하고 있는 ③이 정답이다.

32 ④

해가 지면 행복한 가정에서 하루의 고된 피로를 풀기 때문에 농부들이 고된 노동에도 긍정적인 삶의 의욕을 보일 수 있다는 내용을 찾으면 된다.

33 ①

① 예전에 있던 사물들의 시대, 가치, 내용 따위를 옛 문헌이나 물건에 기초하여 증거를 세워 이론적으로 밝힘
② 어떤 단어나 언어 형태가 기존의 문헌 속에 실제로 기록되어 있음을 밝힘
③ 선물이나 기념으로 남에게 물품을 거저 줌
④ 어떤 사물이나 사람에 대하여 책임지고 틀림이 없음을 증명함
⑤ 한쪽만을 지나치게 미워함

34 ③

① 두려움, 놀람, 충격 따위로 한동안 정신을 잃음
② 유대나 연관 관계를 끊음
③ 여자의 곧은 절개
④ 판결을 확정함
⑤ 젊은 나이에 죽음

35 ④

① 꺾이지 아니하는 굳센 힘
② 서로 의견이 맞지 아니하여 사이가 안 좋거나 충돌하는 것을 이르는 말
③ 알아듣도록 타일러서 힘쓰게 함
④ 생각하는 것을 털어놓고 말함
⑤ 힘을 써 도와줌

36 ③

① 도로 거두어들임
② 세관을 거치지 아니하고 몰래 물건을 사들여 오거나 내다 팖
③ 차지한 물건이나 형세 따위를 굳게 지킴
④ 소유자로부터 강제로 물품을 거두어 보관함
⑤ 범인이 스스로 수사 기관에 자기의 범죄 사실을 신고하고, 그 처분을 구하는 일

37 ③

'상대편의 작전을 읽다.'에서 '읽다'는 '표현이나 행위 따위를 보고 뜻이나 마음을 알아차리다.'의 의미로 사용된 것이다.

①④ 글을 보고 거기에 담긴 뜻을 헤아려 알다.

②⑤ 컴퓨터의 프로그램이 디스크 따위에 든 정보를 가져와 그 내용을 파악하다.

③ 사람의 표현이나 행위 따위를 보고 뜻이나 마음을 알아차리다.

---

38 ④

①②③ '어떤 장소·시간에 닿다'라는 의미이다.

④ '어떤 정도나 범위에 미치다'라는 의미이다.

---

39 ③

①②④ '전보다 나쁜 상태로 되다 또는 감퇴하다'라는 의미이다.

③ '서로 붙었던 것이 각각으로 갈라지다'라는 의미이다.

---

40 ①

② '미리'와 '예-'의 의미가 중복된다.

③ '-전'과 '앞'의 의미가 중복된다.

④ '바랐던'과 '-원'의 의미가 중복된다.

⑤ '박수'는 기쁨, 찬성, 환영을 나타내거나 장단을 맞추려고 두 손뼉을 마주 침의 의미로 치다가 중복되므로 '박수하다, 손뼉을 치다.'라고 해야 한다.

---

41 ③

③ '서양 자본주의 문화의 원리와 구조를 정확히 인식하지 못해'라는 문장의 앞부분과 내용의 흐름상 맞지 않는다.

42 ④

이 글은 우리나라의 통화 지표의 종류에 대해서 언급하고 있고, 다른 나라의 통화 지표의 종류에 대해서는 언급하지 않았으므로 정답은 ④이다.

---

43 ③

세 번째 문단에서 2003년 이전에는 '통화'와 '총통화'는 현금과 예금은행의 금융상품들이 포함되어 있고, '총유동성'은 비은행금융기관의 금융상품들이 포함되어 있다고 하였으므로 주로 금융기관의 유형에 따라 지표를 나누었음을 알 수 있다. 그러나 IMF의 통화금융통계매뉴얼에 따라 새로 나눈 통화지표에서는 예금을 취급하는 모든 금융기관의 금융상품 중에서 유동성이 매우 높은 상품은 '협의통화'에 포함시켰고, 유동성이 낮은 상품들은 '광의통화', 유동성이 매우 낮은 상품들은 'Lf'에 추가하였으므로 금융기관의 유형보다는 유동성의 정도를 기준으로 통화 지표를 편제할 필요가 있다고 강조했을 것이다.

---

44 ④

둘 이상의 사람 혹은 영역이 서로 왔다 갔다 하며 드나들다.
①③ 경계, 기준 따위를 넘어갔다 넘어왔다 하다.
②⑤ 어떤 특정 장소 혹은 이곳저곳을 왔다 갔다 하다.

---

45 ④

비발디는 바이올린 협주곡, 바이올린 소나타, 첼로를 위한 3중주곡, 오페라 등을 작곡했다고 했으나 교향곡에 대한 언급은 없으므로, 지문을 통해서는 비발디가 교향곡 작곡가로 명성을 날렸는지 알 수 없다.

---

46 ③

'유기물이 부패 세균에 의하여 분해됨으로써 원래의 성질을 잃어 나쁜 냄새가 나고 형체가 뭉개지는 상태가 되다.'의 의미로 사용되었다.
① 사람 몸의 일부분이 균의 침입으로 기능을 잃고 회복하기 어려운 상태가 되다.
② 물건이나 사람 또는 사람의 재능 따위가 쓰여야 할 곳에 제대로 쓰이지 못하고 내버려진 상태에 있다.
④ 사회의 조직이나 기관, 또는 사람의 사고방식이나 생각 따위가 건전하지 못하고 부정이나 비리를 저지르는 상태가 되다.
⑤ 걱정이나 근심 따위로 마음이 몹시 괴로운 상태가 되다.

47 ②

①③④⑤는 위 내용들을 비판하는 근거가 되지만, ②는 위 글의 주장과는 연관성이 거의 없다.

---

48 ①

② '나무 개구리'는 천적의 위협을 받고 있지 않으므로 적절하지 않다.

④ '나무 개구리'는 사막이라는 주어진 환경에 적응하여 생존하는 것이지 환경을 변화시킨 것은 아니므로 적절하지 않은 반응이다.

⑤ '나무 개구리'가 삶의 과정에서 다른 생명체와 경쟁하는 내용은 방송에 언급되어 있지 않으므로 적절하지 않은 내용이다.

---

49 ①

①의 내용을 연상하려면 떡볶이를 만들면서 인터넷에 나와 있는 조리법이나 요리 전문가의 도움을 받는다는 내용이 필요하다.

---

50 ②

'각별하다'는 '어떤 일에 대한 마음가짐이나 자세 따위가 유달리 특별하다.'의 의미이며, '재주'가 남들보다 뛰어나다는 의미로는 '특출하다'와 '탁월하다'가 적절하다.

---

51 ②

제시된 글은 김구의 「나의 소원」으로 우리나라의 완전한 자주독립과 우리의 사명에 대해 피력하고 건국의 소망을 강한 설득력과 호소력으로 표현하고 있는 설득적인 논설문이다. 따라서 이 글의 목적은 독자의 행동과 태도 등을 변화시키는 것이다.

---

52 ⑤

문제에서 '결코'는 '~하지 않는다.'처럼 부정의 서술어와 호응을 해야 하기 때문에 '내가 그를 만난 것은 결코 우연한 일이 아니었다.'로 고쳐야 한다.

⑤ 부사어 '별로'는 부정의 서술어와 호응해야 하므로 '그 사람은 외모는 몰라도 성격은 별로 변한 것 같지 않다.'로 해야 맞다.

53 ③

일정한 범위나 기준 안에 속하거나 포함되다.
① 전기나 수도 따위의 시설이 설치되다.
② 새로운 상태나 시기가 시작되다.
④ 어떤 일에 돈, 노력, 물자 따위가 쓰이다.
⑤ 어떤 현상이 뚜렷이 드러났다가 사라지다.

---

54 ④

무엇을 무엇이 되게 하거나 여기다.
①② 어떤 대상과 인연을 맺어 자기와 관계있는 사람으로 만들다.
③⑤ 무엇을 무엇으로 가정하다.

---

55 ④

첫 번째 문단에서는 맥락 효과의 유형을, 두 번째 문단에서는 유인 효과의 개념과 예시를, 세 번째 문단에서는 타협 효과의 개념과 예시를, 마지막 문단에서는 맥락 효과의 의의를 언급하고 있다. 타협 효과의 한계에 대한 내용은 언급하지 않았다.

---

56 ③

㉠은 타협 효과와 관련한 소비자의 심리를 설명한 내용이다. 타협 효과에 따르면 소비자들은 대안 평가가 어려울 때, 자신이 비교하고자 하는 속성의 중간 대안을 선택하려 한다. 따라서 저기능 – 저가의 카메라에 밀려 팔리지 않는 자사의 카메라를 판매하기 위해 고기능 – 고가의 카메라를 출시하면, 기존의 자사 카메라는 중간 수준이 되어 이 제품을 선택하는 사람들이 많아질 수 있으며 이것은 타협 효과와 관련한 소비자의 심리를 이용하여 매출을 늘리려는 전략으로 볼 수 있다.

---

57 ③

'미봉'은 빈 구석이나 잘못된 것을 그때마다 임시변통으로 이리저리 주선해서 꾸며 댐을 의미한다. 필요에 따라 그 때 그 때 정해 일을 쉽고 편리하게 치를 수 있는 수단을 의미하는 ③이 정답이다.
① 말이나 글을 쓰지 않고 마음에서 마음으로 전한다는 말로, 곧 마음으로 이치를 깨닫게 한다는 의미이다.
② 눈을 비비고 다시 본다는 뜻으로 남의 학식이나 재주가 생각보다 부쩍 진보한 것을 이르는 말이다.
④ 주의가 두루 미쳐 자세하고 빈틈이 없음을 일컫는다.
⑤ 자기의 이익을 먼저 생각하고 행동함을 일컫는다.

58 ④

설명하는 이의 말 중에서 '굿판을 벌이는 가장 중요한 이유는 살아 있는 사람들이 복을 받고 싶기 때문이다'라는 표현을 통해서 굿의 현실적 의미가 가장 중시되고 있음을 알 수 있다.

59 ④

끈끈이주걱의 번식 방법에 대해서는 지문에 언급되어 있지 않다.

60 ④

④ 제시된 글 마지막 부분에 중국인들이 둔하고 더럽다고 할 수 있지만, 끈덕지고 통이 큰 사람이라는 칭찬이 될 수도 있다고 밝히고 있다. 뒤에 이어질 글에서는 이러한 예시를 통해서 주장을 펼쳐나가는 것이 적절하다.

01	02	03	04	05	06	07	08	09	10	11	12	13	14	15	16	17	18	19	20
③	①	③	③	②	④	②	②	④	②	①	③	③	②	③	①	②	②	②	④
21	22	23	24	25	26	27	28	29	30	31	32	33	34	35	36	37	38	39	40
③	④	④	③	③	②	①	④	①	③	③	③	①	③	③	④	②	④	③	④
41	42	43	44	45	46	47	48	49	50	51	52	53	54	55	56	57	58	59	60
①	②	③	①	①	①	③	②	②	②	③	①	③	②	①	④	①	③	②	②
61	62	63	64	65	66	67	68	69	70										
②	③	④	③	①	①	④	①	③	②										

01 ③

① 석유를 많이 사용 할 것이라는 사람보다 적게 사용 할 것이라는 사람의 수가 더 많다.

② 석탄을 많이 사용 할 것이라는 사람보다 적게 사용 할 것이라는 사람의 수가 더 많다.

④ 원자력을 많이 사용 할 것이라는 사람이 많고 석유, 석탄은 적게 사용 할 것이라는 사람이 많다.

02 ①

$4.1 - (-2.0) = 6.1℃$

03 ③

$23.4 - (-7.6) = 31℃$

04 ③

$\dfrac{13.0 - (-2.0)}{3} = 5℃$

05 ②

㉠에서 수학 점수는 갑 > 을, 학생 3 > 학생 1 > 학생 2로 쓸 수 있다. ㉢에서 병은 학생 3이 아님을 알 수 있으므로 두 가지 경우의 수가 발생한다. 각 경우의 수에 대하여 ㉡을 적용해보면,

• 학생 1 - 병, 학생 2 - 을, 학생 3 - 갑인 경우 : $\dfrac{75 + 85}{2} = 80 = \dfrac{85 + 75}{2}$

- 학생 1 – 을, 학생 2 – 병, 학생 3 – 갑인 경우 : $\dfrac{85+75}{2}=80>\dfrac{85+70}{2}=77.5$

∴ 학생 1 : 을, 학생 2 : 병, 학생 3 : 갑에 해당한다.

---

06 ④

㉠ 150점 미만인 인원 : 10명(85 + 55) + 4명(75 + 55) + 4명(65 + 65) + 14명(75 + 65) = 32명

㉡ 150점 초과인 인원 : 2명(95 + 65) + 4명(95 + 75) + 20명(85 + 75) + 6명(85 + 85) = 32명

㉢ 150점인 인원 : 24명(65 + 85) + 12명(75 + 75) = 36명

---

07 ②

각각의 금액을 구해보면 다음과 같다.

10월 생활비 300만 원의 항목별 비율

구분	교육비	식료품비	교통비	기타
비율(%)	40	40	10	10
금액(만 원)	120	120	30	30

〈표 1〉 교통비 지출 비율

교통수단	자가용	버스	지하철	기타	계
비율(%)	30	10	50	10	100
금액(만 원)	9	3	15	3	30

〈표 2〉 식료품비 지출 비율

항목	육류	채소	간식	기타	계
비율(%)	60	20	5	15	100
금액(만 원)	72	24	6	18	120

① 식료품비에서 채소 구입에 사용한 금액 : 24만 원

　교통비에서 지하철 이용에 사용한 금액 : 15만 원

② 식료품비에서 기타 사용 금액 : 18만 원

　교통비의 기타 사용 금액 : 3만 원

③ 10월 동안 교육비 : 120만 원

④ 교통비에서 자가용과 지하철을 이용한 금액을 합한 것 : 9+15=24(만 원)

　식료품비에서 채소 구입에 지출한 금액 : 24만 원

08 ②

㉠ $240 - 168 = 72$ 명

㉡ $100 - 70 = 30\%$

㉢ $\dfrac{168}{240} \times 100 = 70\%$

㉣ $200 \times 0.36 = 72$ 명

㉤ $200 - 72 = 128$ 명

---

09 ④

① 선호도가 높은 2개의 산은 설악산과 지리산으로 $38.9 + 17.9 = 56.8(\%)$로 50% 이상이다.

② 설악산을 좋아한다고 답한 사람은 38.9%, 지리산, 북한산, 관악산을 좋아한다고 답한 사람의 합은 30.7%로 설악산을 좋아한다고 답한 사람이 더 많다.

③ 주1회, 월1회, 분기1회, 연1~2회 등산을 하는 사람의 비율은 82.6%로 80% 이상이다.

④ A시민들 중 가장 많은 사람들이 연1~2회 정도 등산을 한다.

---

10 ②

② 1980년과 비교하여 2005년의 인구 변화를 살펴보면 0~14세는 감소하였고, 15~64세는 10,954명 증가하였으며, 65세 이상은 2,927명 증가하였다. 총인구 증가의 주요 원인은 15~64세임을 알 수 있다.

---

11 ①

$100 - 11.8 - 31.6 - 34.6 - 4.8 = 17.2(\%)$

---

12 ③

중량을 백분율로 표시한 것이므로 각각 중량의 단위로 바꾸면, 탄수화물 31.6g, 단백질 34.6g, 지방 17.2g, 회분 4.8g이 된다. 모두 합하면 총 중량은 88.2g이 된다.

단백질 중량의 백분율을 구하면, $\dfrac{34.6}{88.2} \times 100 ≒ 39.229$이므로 39.23이 된다.

13 ③

우유의 회분 중에 0.02%가 미량성분이므로 $0.8 \times \dfrac{0.02}{100} = 0.00016(\%)$가 된다.

이것을 다시 나타내면 $\dfrac{1.6}{10000}$ 이므로, $1.6 \times 10^{-4}(\%)$가 된다.

---

14 ②

가장 적은 비용인 C, D, E로부터 연결하면 C, D, E가 각각 연결되면 C와 E가 연결된 것으로 간주되므로 이때 비용은 8억이 든다. 그리고 B에서 C를 연결하면 5억, A에서 D를 연결할 때 7억의 비용이 들기 때문에 총 20억의 비용이 든다.

---

15 ③

A : $0.1 \times 0.2 = 0.02 = 2(\%)$
B : $0.3 \times 0.3 = 0.09 = 9(\%)$
C : $0.4 \times 0.5 = 0.2 = 20(\%)$
D : $0.2 \times 0.4 = 0.08 = 8(\%)$
$\therefore$ A+B+C+D $= 39(\%)$

---

16 ①

2015년 A지점의 회원 수는 대학생 10명, 회사원 20명, 자영업자 40명, 주부 30명이다. 따라서 2010년의 회원 수는 대학생 10명, 회사원 40명, 자영업자 20명, 주부 60명이 된다. 이 중 대학생의 비율은 $\dfrac{10명}{130명} \times 100(\%) = 7.69\%$가 된다.

---

17 ②

B지점의 대학생이 차지하는 비율 : $0.3 \times 0.2 = 0.06 = 6(\%)$
C지점의 대학생이 차지하는 비율 : $0.4 \times 0.1 = 0.04 = 4(\%)$
B지점 대학생 수가 300명이므로 $6 : 4 = 300 : x$
$\therefore x = 200(명)$

18 ②

①③ B에 대한 설명이다.

④ A > C > B

---

19 ②

나이별로는 50대, 학력별로는 초등학교·중학교 졸업한 사람들, 성별로는 여자가 믿는 확률이 높다.

---

20 ④

조사대상자의 수는 표를 통해 구할 수 없다.

---

21 ③

① 외국인과의 결혼 비율은 점점 증가하고 있다.

② 1990년부터 1998년까지는 총 결혼건수가 감소하고 있었다.

④ 한국 남자와 외국인 여자의 결혼건수 증가율이 한국 여자와 외국인 남자의 결혼건수 증가율보다 훨씬 높다.

---

22 ④

① 1990년 : $\frac{4,710}{399,312} \times 100 ≒ 1.18(\%)$

② 1994년 : $\frac{6,616}{399,121} \times 100 ≒ 1.68(\%)$

③ 1998년 : $\frac{12,188}{375,616} \times 100 ≒ 3.24(\%)$

④ 2002년 : $\frac{15,193}{306,573} \times 100 ≒ 4.96(\%)$

---

23 ④

2015년 A의 판매비율은 36.0%이므로

판매개수는 $1,500 \times 0.36 = 540(개)$

24   ③

③ 2012년 E의 판매비율 6.5%p, 2015년 E의 판매비율 7.5%p이므로 1%p 증가하였다.

---

25   ③

㉠ 10대, 20대의 경우 해당하지 않는다.

㉣ 그래프의 결과만으로는 10대가 양이 많은 음식점을 선호하는지 알 수 없다.

---

26   ②

② D 도시는 2011년, 2012년 A 도시보다 분실물이 더 적게 발견되었다.

---

27   ①

① 2015년 D 도시 분실물 개수 : 61개

2015년 D 도시 분실물 중 핸드폰 비율 : 57% $61 \times 0.57 = 34.77$(개)

② 2015년 B 도시 분실물 개수 : 24개

2015년 B 도시 분실물 중 핸드폰 비율 : 83% $24 \times 0.83 = 19.92$(개)

③ 2014년 D 도시 분실물 개수 : 54개

2014년 D 도시 분실물 중 핸드폰 비율 : 61% $54 \times 0.61 = 32.94$(개)

④ 2014년 C 도시 분실물 개수 : 39개

2014년 C 도시 분실물 중 핸드폰 비율 : 58% $39 \times 0.58 = 22.62$(개)

---

28   ④

④ 2008년은 2007년 대비 이혼건수는 21,800건 증가하였다.

---

29   ①

① 매학년 대학생 평균 독서시간보다 높은 대학이 B대학이고 3학년의 독서시간이 가장 낮은 대학은 C대학이므로 ㉠은 C, ㉡은 A, ㉢은 D, ㉣은 B가 된다.

30 ③

③ B대학은 2학년의 독서시간이 1학년보다 줄었다.

---

31 ③

㉠ 여성 수 : $250,000 \times 0.42 = 105,000$(명)

㉡ 여성 독신자 수 : $105,000 \times 0.42 = 44,100$(명)

㉢ 올해 결혼한 독신여성 수 : $44,100 \times 0.07 = 3,087$(명)

---

32 ③

③ 각 도시의 여성 독신인구는 A 도시가 44,100명, B 도시가 64,077명, C 도시가 55,272명, D 도시가 102,144명이다.

---

33 ①

② 2011년부터 산불은 증가와 감소를 반복하고 있다.

③ 가장 큰 단일 원인은 입산자실화이다.

④ 입산자실화에 의한 산불피해는 2013년에 가장 높았다.

---

34 ③

① A반 평균 : $\dfrac{(20 \times 6.0) + (15 \times 6.5)}{20 + 15} = \dfrac{120 + 97.5}{35} \fallingdotseq 6.2$

B반 평균 : $\dfrac{(15 \times 6.0) + (20 \times 6.0)}{15 + 20} = \dfrac{90 + 120}{35} = 6$

② A반 평균 : $\dfrac{(20 \times 5.0) + (15 \times 5.5)}{20 + 15} = \dfrac{100 + 82.5}{35} \fallingdotseq 5.2$

B반 평균 : $\dfrac{(15 \times 6.5) + (20 \times 5.0)}{15 + 20} = \dfrac{97.5 + 100}{35} \fallingdotseq 5.6$

③④ A반 남학생 : $\dfrac{6.0+5.0}{2} = 5.5$

　　B반 남학생 : $\dfrac{6.0+6.5}{2} = 6.25$

　　A반 여학생 : $\dfrac{6.5+5.5}{2} = 6$

　　B반 여학생 : $\dfrac{6.0+5.0}{2} = 5.5$

35　　③

$\dfrac{32,349}{38,363} \times 100 =$ 약 84% 이므로 80%를 넘는다.

36　　④

① $\dfrac{(1,410,208-1,216,767)}{1,216,767} \times 100 =$ 약 15.9%로 15%를 넘는다.

② 2016~2018년 7개 지역별 콘텐츠산업 매출액 증감 추이는 모두 동일하다.

③ 2016년을 제외한 연도에서 대구의 콘텐츠산업 매출액은 광주의 콘텐츠산업 매출액의 2배 이하이다.

④ $\dfrac{1,628,171}{3} = 542,723.6$백만 원이다.

37　　②

① 연도별 자동차 수 $= \dfrac{\text{사망자 수}}{\text{차 1만대당 사망자 수}} \times 10,000$

② 운전자수가 제시되어 있지 않아서 운전자 1만명당 사고 발생 건수는 알 수 없다.

③ 자동차 1만대당 사고율 $= \dfrac{\text{발생건수}}{\text{자동차 수}} \times 10,000$

④ 자동차 1만대당 부상자 수 $= \dfrac{\text{부상자 수}}{\text{자동차 수}} \times 10,000$

38 ④

ᄀ 총 투입시간 = 투입인원×개인별 투입시간

ᄂ 개인별 투입시간 = 개인별 업무시간 + 회의 소요시간

ᄃ 회의 소요시간 = 횟수(회)×소요시간(시간/회)

∴ 총 투입시간 = 투입인원×(개인별 업무시간 + 횟수 × 소요시간)

각각 대입해서 총 투입시간을 구하면,

$A = 2 \times (41 + 3 \times 1) = 88$

$B = 3 \times (30 + 2 \times 2) = 102$

$C = 4 \times (22 + 1 \times 4) = 104$

$D = 3 \times (27 + 2 \times 1) = 87$

업무효율 $= \dfrac{\text{표준 업무시간}}{\text{총 투입시간}}$ 이므로, 총 투입시간이 적을수록 업무효율이 높다. D의 총 투입시간이 87로 가장 적으므로 업무효율이 가장 높은 부서는 D이다.

---

39 ③

20대, 30대에서 5월과 8월의 휴가 사용 비율 차이는 10%p 이하이다.

---

40 ④

7%의 소금물을 x, 22%의 소금물을 y라 하면,

$x + y + \dfrac{1}{3}y = x + \dfrac{4}{3}y = 400 \cdots$ ᄀ

$\dfrac{7}{100}x + \dfrac{22}{100}y = \dfrac{11.75}{100} \times 400 \cdots$ ᄂ

두 식을 연립하면, $x = 200$, $y = 150$이다.

따라서 22% 소금물 속 소금의 양은 $150 \times \dfrac{22}{100} = 33g$이다.

---

41 ①

주사위 2개를 던져서 나올 수 있는 경우의 수는 총 $6 \times 6 = 36$가지이다.

두 눈의 합이 8 이상, 10 이하가 되는 경우는 (6,2) (6,3) (6,4) (5,3) (5,4) (5,5) (4,4) (4,5) (4,6) (3,5) (3,6) (2,6)으로 총 12가지이다. 따라서 확률은 $\dfrac{12}{36} = \dfrac{1}{3}$이 된다.

42 ②

위 그림의 다섯 영역을 다음과 같이 표시하면 색을 칠할 수 있는 방법은 모두 겹치지 않거나, 2·4 영역이 겹치거나, 3·5 영역이 겹치거나, 2·4영역과 3·5영역이 겹치는 4가지가 존재한다.

모두 다른 색을 칠하는 방법 : $5 × 4 × 3 × 2 × 1 = 120$

2·4영역 또는 3·5영역이 겹치는 방법 : $5 × 4 × 3 × 2 = 120 → 120 × 2 = 240$

2·4영역과 3·5영역이 겹치는 방법 : $5 × 4 × 3 = 60$

$120 + 240 + 60 = 420$가지가 된다.

---

43 ③

$545 × (0.43 + 0.1) = 288.85 → 289$건

---

44 ①

$244 × 0.03 = 7.32$

∴ 7건

---

45 ①

① 20대 이하 인구가 3개월간 1권 정도 구입한 일반도서량은 2013년과 2015년 전년에 비해 감소했다.

---

46 ①

㉠ (나)는 백제대가 아님을 알 수 있다.

㉡ 각 지역별 학생 수가 가장 높은 곳을 찾아보면 1지역과 3지역은 (나), 2지역은 (가)인데 ㉠에서 (나)는 백제대가 아니므로 (가)가 백제대이고, 중부지역은 2지역임을 알 수 있다.

㉢ (나), (다) 모두 1지역의 학생 수가 가장 많으므로 1지역은 남부지역이고, 3지역은 북부지역이 된다.

㉣ 백제대의 남부지역 학생 비율이 $\frac{10}{30} = \frac{1}{3}$로, (나)의 $\frac{12}{37} < \frac{1}{3}$, (다)의 $\frac{10}{29} > \frac{1}{3}$과 비교해보면 신라대는 (다)이고, 고구려대는 (나)임을 알 수 있다.

∴ 1지역 : 남부, 2지역 : 중부, 3지역 : 북부, (가)대 : 백제대, (나)대 : 고구려대, (다)대 : 신라대

47 ③

$2,700 : 18 = x : 100$

$18x = 270,000$

$x = 15,000(명)$

48 ②

12%가 120명이므로 1%는 10명이 된다.

$12 : 120 = 1 : x$

$x = 10(명)$

49 ②

① 비맞벌이 부부가 공평하게 가사 분담하는 비율이 맞벌이 부부에서 공평 가사 분담 비율보다 낮다.

③ 60세 이상이 비맞벌이 부부가 대부분인지는 알 수 없다.

④ 대체로 부인이 가사를 전적으로 담당하는 경우가 가장 높은 비율을 차지하고 있다.

50 ②

② 47%로 가장 높은 비중을 차지한다.

51 ③

㉠ $\dfrac{한별의\ 성적 - 학급평균\ 성적}{표준편차}$ 이 클수록 다른 학생에 비해 한별의 성적이 좋다고 할 수 있다.

국어 : $\dfrac{79 - 70}{15} = 0.6$, 영어 : $\dfrac{74 - 56}{18} = 1$, 수학 : $\dfrac{78 - 64}{16} = 0.75$

㉡ 표준편차가 작을수록 학급 내 학생들 간의 성적이 고르다.

52 ①

기타를 제외하고 위암이 18.1%로 가장 높다.

53 ③

16,949 ÷ 2,289 ≒ 7배

---

54 ②

200,078 − 195,543 = 4,535백만 원

---

55 ①

① 103,567 ÷ 12,727 ≒ 8배

---

56 ④

독일과 일본은 0~14세 인구 비율이 낮은데 그 중에서 가장 낮은 나라는 일본으로 0~14세 인구가 전체 인구의 13.2%이다.

---

57 ①

일본(22.6%), 독일(20.5%), 그리스(18.3%)

---

58 ③

③ 경기도는 농업총수입과 농작물수입 모두 충청남도보다 낮다.

---

59 ②

② 축산(98,622천 원), 일반밭작물(13,776천 원)

---

60 ②

$\dfrac{(224-207)}{207} \times 100 =$ 약 8.2%로 기타 인쇄물 출판업의 증가율이 가장 높다.

61 ②

백두산 : 599,000원 × 2명 ÷ 5일 = 239,600원/일

일본 : (799,000원 × 2명 × 0.8) ÷ 6일 ≒ 213,067원/일

호주 : (1,999,000 × 1.5) ÷ 10일 = 299,850원/일

---

62 ③

① 남성 17.6%, 여성 20.3%로 집안일을 목적으로 휴가를 사용하는 비율은 남성보다 여성이 높다.

② 남성 33.6%, 여성 33.8%로 남성과 여성 모두 휴식을 목적으로 휴가를 사용하는 비율이 가장 높다.

③ 50대 23.3%, 60대 이상 24.9%로 여행을 목적으로 휴가를 사용하는 비율이 30%를 넘지 않는 연령대는 50대와 60대 이상이다.

④ 주어진 자료를 통해 여행 외 여가 활동을 목적으로 휴가를 사용하는 여성의 수와 남성의 수는 알 수 없다.

---

63 ④

① 2008년 11월 10일에 공사를 시작한 문화재가 공사 중이라고 기록되어 있는 것으로 보아 2008년 11월 10일 이후에 작성된 것으로 볼 수 있다.

② 전체 사업비 총 합은 4,176이고 시비와 구비의 합은 3,303이다. 따라서 전체 사업비 중 시비와 구비의 합은 전체 사업비의 절반 이상이다.

③ 사업비의 80% 이상을 시비로 충당하는 문화재 수는 전체의 50%이하이다.

④ 국비를 지원받지 못하는 문화재 수는 7개, 구비를 지원받지 못하는 문화재는 9개이다.

---

64 ③

백화점은 사업체 수의 감소폭보다 종사자 수의 감소폭이 크므로 사업체당 종사자 수는 감소하였다.

---

65 ①

$$\frac{\text{이수인원}}{\text{계획인원}} \times 100 = \frac{2,159.0}{5,897.0} \times 100 ≒ 36.7(\%)$$

66 ①

① $2,800 \times 0.02 = 56$명

② 평일 하루 평균 여가시간이 9시간 이상인 비율은 여성이 남성보다 높다.

③ 60대는 평일 하루 평균 여가시간이 3–5시간인 비율이 가장 높다.

④ 주어진 자료만으로 평일 하루 평균 여가시간이 3시간 미만인 여성과 3–5시간인 남성의 수는 알 수 없다.

67 ④

④ A는 $(4 \times 400호) + (2 \times 250호) = 2,100$이므로 440개의 심사 농가 수에 추가의 인증심사원이 필요하다. 그런데 모두 상근으로 고용할 것이고 400호 이상을 심사할 수 없으므로 추가로 2명의 인증심사원이 필요하다. 그리고 같은 원리로 B도 2명, D에서는 3명의 추가의 상근 인증심사원이 필요하다. 따라서 총 7명을 고용해야 하며 1인당 지급되는 보조금이 연간 600만 원이라고 했으므로 보조금 액수는 4,200만 원이 된다.

68 ①

㉠ A : $2,783,806 - 997,114 - 204 - 677,654 - 555,344 - 1 = 553,499\,\text{m}^2$

㉡ B : $\dfrac{553,499}{2,783,806} \times 100 \fallingdotseq 20\%$

㉢ C : $\dfrac{(820,680 - 553,499)}{820,680} \times 100 \fallingdotseq 33\%$

69 ③

① $614,651\text{m}^2$ 감소하였다.

② $22,312\text{m}^2$로 변동의 폭이 가장 작다.

③ 2011년의 경우 나지의 면적이 가장 넓었다.

④ 2012~2013년은 $97,925\text{m}^2$ 감소하였다.

70 ②

$(343 + 390 + 505) \times 3,500원 + 621 \times (3,500원 \times 0.8) = 6,071,800원$

지각속도

01	02	03	04	05	06	07	08	09	10	11	12	13	14	15	16	17	18	19	20
①	②	②	①	①	②	②	①	②	①	②	②	②	①	②	②	①	②	②	①
21	22	23	24	25	26	27	28	29	30	31	32	33	34	35	36	37	38	39	40
④	②	③	①	③	①	①	③	③	①	①	④	③	④	②	①	④	④	③	①
41	42	43	44	45	46	47	48	49	50	51	52	53	54	55	56	57	58	59	60
①	②	②	②	①	②	①	①	②	①	①	①	①	②	②	②	②	④	②	③
61	62	63	64	65	66	67	68	69	70	71	72	73	74	75	76	77	78	79	80
③	②	④	①	③	①	①	②	②	②	②	①	①	②	④	①	②	③	②	①
81	82	83	84	85	86	87	88	89	90										
④	③	①	②	②	②	②	①	②	①										

01 ①

1 = 남, 6 = 녀, 2 = 부, 8 = 사, 4 = 관

02 ②

8 = 사, 4 = 관, 0 = 후, 3 = 보, 7 = 생

03 ②

8 = 사, 4 = 관, 5 = 학, 9 = 교, 7 = 생

04 ①

㉠ = t, ㉡ = e, ㉣ = l, ㉢ = e, ㉤ = p, ㉦ = h, ㉧ = o, ㉨ = n, ㉢ = e

05 ①

㉢ = s, ㉤ = p, ㉱ = r, ㉥ = u, ㉣ = l, ㉡ = e, ㉱ = r

06 ②

㉨ = n, ㉡ = e, ㉧ = o, ㉦ = h, ㉢ = s, ㉠ = t, ㉱ = r

07 ②

39632 − W O T **W** Q

---

08 ①

11 = P, 6 = T, 5 = E, 4 = R, 1 = U

---

09 ②

8 7 2 10 7 − G Y **Q I** Y

---

10 ①

b = 동, g = 서, a = 남, h =북, d = 우, f = 산

---

11 ②

d = 우, c = 리, e = 강, f = 산, b = 동, h =북

---

12 ②

b = 동, f = 산, a = 남, f = 산, d = 우, f = 산, g = 서, f = 산

---

13 ②

ㅍ ㅚ ㄴ ㅇ ㅕ − k m ϡ **s** ✖

---

14 ①

ㅜ = †, ㅟ = ✚, ㅋ = t, ㅟ = ✚, ㅕ = ✖

15 ②

ㅋㅛㄴㅛㅗ-te ㅒ<u>e</u>✕

---

16 ②

참모본부 - ◑◘◈◆

---

17 ①

한 = ◑, 미 = ▣, 연 = ▼, 합 = ◯, 사 = ◆

---

18 ②

지대공미사일 - ▲◈◈▣◈✕

---

19 ②

대전공항 - ◈▣◈◎

---

20 ①

함 = ☯, 대 = ◈, 지 = ▲, 시 = ◇

---

21 ④

AWGZXT<u>S</u>D<u>S</u>V<u>S</u>RD<u>S</u>QDTWQ

---

22 ②

제<u>시</u>된 문제를 잘 읽고 예제와 같은 방식으로 정확하게 답하<u>시</u>오.

23 ③

1001058**7**625**46**0**26**873217

---

24 ①

魚秋花春風南美北西冬木日**火**水金

---

25 ③

when I am do**w**n and oh my soul so **w**eary

---

26 ①

☺◆㋡☉♡☆▽◁♧◑♫♪▣♠

---

27 ①

ㅇ ㅃ ㅅ ㄹㅆ ㄹㄹ ㅈ ㅅ ㅁ ㄴ ㄸ **ㅆ** ㅅ ㅂㅌ ㅃ ㄸ ㅁㅿ ㅁ

---

28 ③

iii iv I vi Ⅳ **Ⅻ** i vii x viii Ⅴ ⅦⅧ Ⅸ Ⅹ Ⅺ ix ×i ii v **Ⅻ**

---

29 ③

ϪШβ Ψ**ʑ**чƗбbϑπ τ φ λ μ ξ ή Ο **ʑ** ΜŸ

---

30 ①

오른쪽에 α가 없다.

31 ①

② ¶ ♩ ♪ ♪ ∩ ∧ △ – ¶ ♩ ♪ ♪ △ ∧ ∩

③ Ε Ǝ ϵ ϵ ᴄ Ͻ ∪ – Ε Ǝ ϵ **ϵ** ᴄ Ͻ ∪

④ ♣ ◉ ▣ ≒ ∨ ∧ ▦ – ♣ ◉ ▣ ∨ ∧ ≒ ▦

32 ④

① ㄱㅅㅈㅇㅅㅅㅈ**ㅂ**ㅍㅋ – ㄱㅅㅈㅇㅅㅅㅈ**ㅁ**ㅍㅋ

② ㅂㅋㅌ**ㅅㄴ**ㅇㅁㄹㅅㅈ – ㅂㅋㅌ**ㄴㅅ**ㅇㅁㄹㅅㅈ

③ ㅊㅈㅋㅍㅂㅅㅇ**ㅁㄹ** – ㅊㅈㅋㅍㅂㅅㅇ**ㄹㅁ**

33 ③

③ 1024**875**184356 – 1024**8781**54356

34 ④

④ 금융기관유동성에 국공**채**, 회사채 포함 – 금융기관유동성에 국공**체**, 회사채 포함

35 ②

② 신자원 개발로 높은 이윤획득의 기회를 **청출**한다.

36 ①

① 전원이 결점을 없애는 데 **혐**력해야 한다.

37 ④

마 = E, 차 = J, 가 = A

38 ④

C = 다, E = 마, I = 자, F = 바

39 ③

사 = G, 라 = D, 가 = A, 마 = E, 나 = B, 바 = F, 다 = C

40 ①

이 사 정 보 체 크 – h a d e b k

41 ①

정 보 기 지 이 용 – d e f i h l

42 ②

사 유 지 이 다 – a g i **h** c

43 ②

용 지 크 기 지 정 – l i k f i **d**

44 ②

N g T i K – 내 쓰 깨 **쯔** 니

45 ①

K = 니, R = 렁, e = 빼, a = 끼, N = 내

46 ②

i N a T N – ㅉ ㅐ **ㄲ** ㅙ ㅐ

---

47 ①

c = 加, R = 無, 11 = 德, 6 = 武, 3 = 下

---

48 ①

1 = 韓, 21 = 老, 5 = 有, 3 = 下, Z = 體

---

49 ②

6 R 21 c 8 – 武 無 **老 加** 上

---

50 ①

A = 예, P = 놉, W = 특, G = 표, J = 활

---

51 ①

D = 약, S = 도, D = 약, O = 클, Q = 유

---

52 ①

F = 해, G = 표, J = 활, A = 예, S = 도

---

53 ①

$2 = x^2$, $0 = z^2$, $9 = l^2$, $5 = k$, $4 = z$

54 ②

$$3\ 7\ 4\ 6\ 1 - \underline{k^2}\ l\ z\ x\ y^2$$

55 ②

$$8\ 1\ 5\ 2\ 0 - y\ y^2\ k\ \underline{x^2}\ z^2$$

56 ②

85169782**3**54759**35**34794315971054012

57 ②

ɛⱺĠϜ₤₥ṅNPⱦsRs₩₥₫[**1**]ⱩⱦⱭₚ₷₱

58 ④

머루나비**멱**이**무**리**만**두**먼**지**미**리메리나루**무림**

59 ②

GcAshH7**4**8vdafo25W6**4**1981

60 ③

엄마**야** 누나**야** **강**변 살자 뜰**에**는 반짝**이**는 금모래 빛

61 ③

軍事法院**은** 戒嚴法**에** 따른 裁判權**을** 가진다.

62 ②

ゆよ**る**らろくぎつであぱ**る**れわを

---

63 ④

Riv**e**rs of molt**e**n lava flow**e**d down th**e** mountain

---

64 ①

≦≄≍≇≏≄≉=≐≒≙**≚**≶

---

65 ③

∪∬∈≢**⊉**Σ∀∪♯⋉⊤⋇**⋝**∈△

---

66 ①

Ⅰ = ➜, Ⅱ = ➤, Ⅲ = ⊃, Ⅳ = ⇛, Ⅴ = ⇗

---

67 ①

Ⅵ = ▸, Ⅶ = ➳, Ⅷ = ⇨, Ⅸ = ⇢, Ⅹ = ➠

---

68 ②

Ⅹ Ⅴ Ⅰ Ⅳ Ⅷ - ➠ ⇗ **➜** ⇛ ⇨

---

69 ②

㈎ ㈏ ㈐ ㈑ ㈒ - ㄥ 一 ㄅ **ㄅ** ⦅

---

70 ②

(바) (사) (아) (자) (차) – ㄨ ㄡ ㄤ ㄠ ㄖ

71 ②

(카) (타) (다) (마) (아) – ㄛ ㄇ ㄋ ㄍ ㄤ

72 ①

(가) = ㄊ, (다) = ㄋ, (마) = ㄍ, (아) = ㄤ, (차) = ㄖ

73 ①

(바) = ㄨ, (라) = ㄐ, (타) = ㄇ, (바) = ㄨ, (가) = ㄊ

74 ②

자신의 영악함을 감출 수 없는 **자**는 바보이다.

75 ④

76 ①

77 ②

78 ③

઼ 㮻 ੪ 㾺 ੪ 㮻 ੪ 3 ੪ 㮻 ੪ 㾺 ੪ 㾺 3 ੪ 㾺

79 ②

ੀ ੀ ੀ ੀ <u>형</u> ੀ ੀ ੀ ੀ <u>형</u> ੀ ੀ ੀ

80 ①

੪ ੪ ੪ ੪ ੪ ੪ <u>♭</u> ੪ ੪ ੪ ੪ ੪ ੪ ੪

81 ④

<u>@</u>#$^&**($<u>@</u>%^*#$%<u>@@</u>^$!#$

82 ③

❂ ✳ ✳ ✳ ✳ ✳ ✳ ✳ <u>❀</u> <u>❀</u> ✳ ✳ ✳ ✳ ✳ <u>❀</u> ✳

83 ①

♖ ♜ ♖ ♕ ♖ ♕ ♖ ♗ ♙ ♗ ♙ ♖ ♙ ♖ ♘ ♙ ♗ ♙

84 ②

ꀸ ꀸ ꁰ ꂕ ꃒ ꂕ ꄍ ꀸ ꀸ ꀸ ꀸ ꀸ ꀸ ꀸ ꀸ ꀸ ꀸ ꀸ ꀸ ꀸ ꀸ ꀸ

85 ②

삶이 있는 **한 희**망은 있다.

86 ②

學而時習之 不亦說**乎** － 學而時習之 不亦說**于**

---

87 ②

A rolling stone g**a**thers no moss. － A rolling stone g**e**thers no moss.

---

88 ①

좌 · 우 동일하다.

---

89 ②

11101100011**101011** － 11101100011**011101**

---

90 ①

좌 · 우 동일하다.

개항기 / 일제강점기 독립운동사

01	02	03	04	05	06	07	08	09	10	11	12	13	14	15	16	17	18	19	20
①	④	①	④	②	③	③	②	②	④	④	④	③	④	③	①	①	④	②	②

01 ①

제시문은 환곡의 폐단과 관련된 내용으로 흥선대원군은 환곡의 폐단을 개혁하기 위해 사창제를 실시하였다.

02 ④

④ 1884년에 해당한다.

흥선대원군은 실추된 왕실의 권위를 회복하기 위해 경복궁을 중건했고, 양전사업을 실시하여 국가의 재정 수입을 늘렸다. 문란해진 삼정의 개혁에도 착수하여 사창제를 실시하였으며, 서양 열강의 통상 요구를 거부하면서 강화도의 포대를 재정비하는 등 국방력을 강화하였다.

03 ①

(가) 강화도 조약, (나) 조·미 수호 조약
② 조·일 무역 규칙
③ 강화도 조약
④ 조·미 수호 조약

04 ④

㉠ 1894년 전라도 고부 군수 조병갑의 횡포와 착취에 항거하기 위해 봉기하였다.
㉡㉢ 정부는 처음 청나라에 파병을 요청하였으며 청의 군대가 파병되자 일본에서는 톈진조약을 들어 일본군도 파병하게 된다. 이로 인해 청·일 전쟁이 발발하게 되었다.

05 ②

제시문은 비밀결사조직으로 국권 회복과 공화정체의 국민 국가건설을 목표로 한 신민회에 대한 설명이다. 국내적으로는 문화 · 경제적 실력양성운동을 전개하였으며, 국외에 독립군기지건설을 주도하여 군사적 실력양성운동을 추진하다가 105인 사건으로 해체되었다.

---

06 ③

① 을사조약 : 1905년 을사년에 러 · 일 전쟁에서 승리한 일본이 대한 제국의 외교권을 박탈하기 위해 강제로 체결한 조약이다.
② 강화도조약 : 1876년 2월 강화부에서 조선과 일본 사이에 체결된 최초의 근대적 조약이다.
③ 텐진조약 : 1884년 갑신정변 후 일본과 청이 맺은 조약으로 청은 조선의 정치적 주도권을 장악하고, 일본은 경제적 영향력을 가지게 되었다. 조약의 내용에 조선에서 "청 · 일 양국 군대는 동시 철수하고, 동시에 파병한다."는 1894년 청 · 일 전쟁의 구실이 되었다. 1894년 동학 농민 운동이 발생하자 조선 정부는 청에게 원군을 요청하고, 이에 일본 군대는 텐진 조약에 의거해 군대를 조선에 파병할 명분을 얻었다.
④ 포츠머스조약 : 러일전쟁을 종결시키기 위해 1905년 일본과 러시아가 맺은 강화조약이다.

---

07 ③

제시된 내용은 1895년 11월 17일에 추진된 을미개혁(=제3차 갑오 · 을미개혁)안 들이다. 을미개혁은 삼국 간섭 이후 친러내각이 성립되자 일본은 조선 침략에 방해가 되는 명성황후를 시해하는 만행을 저지르고, 제4차 김홍집 내각이 성립되어 진행한 것이다.
①은 임오군란(1882)이다.
②은 갑신정변(1884)이다.
④은 제2차 한일협약(1905)이다.

---

08 ②

탁지부에서 궁내부 내장원으로 이관하게 하였다.

09 ②

㉠ **강화도조약** : 1876년 2월 강화도에서 조선과 일본이 체결한 조약이다.

㉡ **임오군란** : 1882년 6월 9일 구식군대가 일으킨 군변이다.

㉢ **갑신정변** : 1884년 12월 4일 김옥균을 비롯한 급진개화파가 개화사상을 바탕으로 조선의 자주독립과 근대화를 목표로 일으킨 정변이다.

㉣ **갑오개혁** : 1894년 7월 초부터 1896년 2월 초까지 약 19개월간 3차에 걸쳐 추진된 일련의 개혁운동이다.

㉤ **아관파천** : 1896년 2월 11일에 친러세력과 러시아공사가 공모하여 비밀리에 고종을 러시아공사관으로 옮긴 사건이다.

---

10 ④

신민회는 1907년에 결성되어 1911년에 해산되었다. 1929년 함경남도 원산 노동자 총파업, 1930년 함경남도 단천·정평 삼림조합 설립반대운동, 1929년 11월 광주학생운동이 발생되었다.

---

11 ④

제시된 지문은 김옥균의 차관 교섭 실패와 청의 군대 철수에 관한 것으로 갑신정변의 배경이다.

① 동학 농민 운동

② 아관 파천

③ 임오군란

---

12 ④

제시된 자료는 1907년 정미의병이 계기에 관한 설명이다.

한말 항일의병활동은 고종의 강제퇴위와 군대 해산을 계기로 의병전쟁으로 발전되었다.

---

13 ③

영국이 러시아의 남하를 막기 위해 1885년부터 1887년까지 거문도를 점령하는 등 조선에 대한 열강들의 침략이 격화되자 조선 중립론이 대두되었다. 독일인 부들러의 경우 스위스를 유길준은 벨지움과 불가리아를 모델로 하는 중립화안을 제안하였다.

14 ④

① 1870년대 ③ 1895년

---

15 ③

③ 정미의병에 대한 설명이다.

㉠ 을미의병(1895)은 명성 황후 시해 및 을미개혁의 단발령 등이 원인이 되어 발생하였다. 단발령이 철회되고 고종의 해산권고로 대부분 해산하였으며, 일부는 만주로 옮겨 항전을 준비하거나 화적·활빈당이 되어 투쟁을 지속하였다.

㉡ 을사의병(1905)은 을사조약과 러일전쟁을 배경으로 발생하였다. 다수의 유생이 참여하였으며, 전직관료가 거병하는 사례도 증가하였으며, 신돌석과 같은 평민의병장이 등장하였다.

㉢ 정미의병(1907)은 일본이 고종을 강제 퇴위시키고, 군대를 해산한 사건이 계기가 되었다. 해산된 군대가 의병활동에 참여하면서 조직성이 높아져 의병전쟁화 되었으며, 연합전선을 형성하여 서울 진공 작전을 시도하였으나 실패하였다.

---

16 ①

제시문은 외교권을 박탈하고 통감정치를 결정한 을사조약(1905)이다. 이 조약이 체결되자 최익현·이상설 등은 조약파기를 위한 상소를 올렸으며, 민영환·조병세 등이 자결하였다. 학생들은 동맹휴학하고 상인들은 상점의 문을 닫았으며, 언론에서는 을사조약의 무효를 주장하였다. 또한 고종은 1907년에 개최된 헤이그 만국평화회의에 밀사를 보내어 조약의 부당함을 알리고자 하였으나 실패하였다.

②④ 정미7조약(1907) ③ 을미사변(1895)

---

17 ①

갑오개혁 … 갑오개혁(갑오경장)은 1894년(고종 31) 7월부터 1896년 2월까지 약 19개월간 추진되었던 일련의 개혁운동으로 우리나라 최초의 근대적 개혁이다. 대표적으로 신분계급의 타파, 노비제도 폐지, 조혼 금지, 부녀자 재가 허용 등이 있다. 하지만 국민들의 반발에 부딪혀 소기의 성과를 거두지 못했는데, 당위성은 충분했지만 오랜 세월 굳어진 관습을 벗어내기란 역부족이었기 때문이다.

---

18 ④

④은 대한제국의 개혁방침이다.

19 ②

홍선 대원군이 통상 수교를 거부하던 시기에 한편에서는 문호 개방을 주장하는 사람들이 나타났다. 박규수, 오경석, 유홍기 등은 통상 개화를 주장하였고, 민씨 정권이 통상 수교 거부 정책을 완화하면서 통상 개화론자들의 주장은 힘을 얻었다.

---

20 ②

1904년 러·일 전쟁 발발 직후 체결된 한·일 의정서에 대한 내용이다. 한·일 의정서 체결 직후 일제는 경의 철도 부설권을 차지하였다.

임시정부 수립과 광복군 창설의 의의																			
01	02	03	04	05	06	07	08	09	10	11	12	13	14	15	16	17	18	19	20
④	④	②	③	③	①	③	①	②	③	③	②	①	②	③	①	④	②	③	④

01 ④

제시된 내용은 1929년에 일어난 광주학생항일운동에 대한 내용이다. 신간회는 광주학생 항일운동에 대한 일제 관헌의 조치를 규탄하기 위한 민중 대회를 준비하기도 하였다.
① 6·10 만세 운동
② 1920년대
③ 1930년대

---

02 ④

대한민국 임시정부는 충칭에 정착하면서 정부의 형태를 주석 중심제로 개편하고 김구를 주석으로 선출하였으며, 이후 일제가 패망할 것에 대비하여 대한민국 건국 강령을 발표하였다.

---

03 ②

② 3·1운동을 계기로 지속적이고 체계적인 독립운동을 위해 정부가 필요하다는 인식 아래 국내·외의 임시정부를 통합하여 대한민국 임시정부가 수립되었다.

04 ③

③ 광복군은 1940년 중국 충칭에서 조직된 항일 군대이다.

---

05 ③

1918년 미국 대통령 윌슨이 '세계 평화와 민주주의'를 선언하고, 제1차 세계대전의 전후 처리를 위해서 열린 파리강화회의에서 '민족자결'의 원칙을 제시하였다. 민족자결주의는 비록 패전국의 신민지에만 적용되었지만, 민족 지도자들은 이를 기회로 활용하였다.

---

06 ①

제시된 독립운동단체가 활동하고 있던 지역은 블라디보스토크를 중심으로 한 연해주이다.

---

07 ③

신간회는 1927년 2월 민족주의 좌파와 사회주의자들이 연합하여 서울에서 창립한 민족협동전선으로 1929년 광주학생항일운동 이전에 결성되었으며, 광주학생운동에 진상조사단을 파견하기도 하였다.

---

08 ①

제시된 자료는 1927년에 결성된 신간회의 강령이다.
②은 대한민국 임시정부의 활동이다.
③은 1920년 7월 봉오동 전투를 승리로 이끈 대한독립군의 활동이다.
④은 1920년 10월 청산리 전투를 승리로 이끈 북로군정서군의 활동이다.

---

09 ②

㉠ **봉오동전투**(1920. 6) : 대한독립군(홍범도), 군무도독부군(최진동), 국민회군(안무)이 연합하여 일본군에게 승리한 전투이다.
㉡ **간도참변**(경신참변 1920. 10) : 봉오동 전투와 청산리 전투에서 독립군이 승리하자 이를 약화시키기 위해 일본이 군대를 파견하여 만주의 한민족을 대량 학살한 사건이다.
㉢ **청산리전투**(1920. 10) : 김좌진의 북로군정서군과 국민회 산하 독립군의 연합부대가 조직되어 일본군에게 승리한 사건이다.

ⓔ **자유시참변**(1921) : 밀산부에서 서일 · 홍범도 · 김좌진을 중심으로 대한독립군단을 조직한 뒤 소련 영토 내로 이동하여 소련 적색군에게 이용만 당하고 배신으로 무장해제 당하려하자 이에 저항한 독립군은 무수한 사상자를 내었다.

10 ③

왕의 장례에 즈음하여 발표된 문건임을 알 수 있다. 1926년, 순종의 장례를 기회로 만세 시위가 계획되었다. 사회주의자들의 시위 계획이 사전에 발각되었으나, 학생들 주도로 6 · 10만세운동이 벌어졌다.

11 ③

민립대학설립운동은 실력 양성론의 일환으로 1920년대 초반에 추진되었으나 일제의 탄압과 경성제국대학이 설립되면서 실패하였다.

12 ②

실력양성론은 조선이 아직 독립할 역량이 부족하므로 실력을 먼저 기르자는 준비론으로 경제적으로 실력을 기르고 사상적으로는 민족성을 개조하자고 주장한 것이다. 실력양성론자들은 문맹퇴치운동, 물산장려운동, 민족기업육성, 민립대학설립운동 등을 추진하였다.

13 ①

제시된 단체들은 1910년대에 활동한 비밀결사조직이다.
② 1930년대 ③, ④ 1920년대

14 ②

㉠ 1910년대
㉡ 1930년대
㉢ 1940년대
㉣ 1920년대

15 ③

독립운동 전체의 방향 전환을 논의하고 임시정부를 통일전선 정부로 만들기 위하여 국민대표회의가 개최되었으나 개조파와 창조파의 대립으로 인하여 국민대표회의는 성과를 거두지 못하였으며 창조파와 개조파는 임시정부에서 이탈한 뒤 서서히 세력을 잃고 말았다.

---

16 ①

산미증식계획은 수리시설, 지목전환, 개간간척의 토지, 개량 사업과 품종 개량과 비료사용의 증가, 경종법개선 등 일본식 농사 개량사업으로 전개되었으며 지주 육성책으로 시행되었다. 결과적으로는 일본인 대지주의 수는 증가하고 우리 농민은 이중 부담으로 인하여 조선인 지주와 자작농의 수는 감소하였다.

---

17 ④

농민·노동운동이 절정에 달한 시기는 1930~1936년으로 부산진 조선방직 노동자파업, 함남 신흥 탄광 노동자 파업, 평양 고무 공장 노동자 총파업 등이 대표적이다.

---

18 ②

제시문은 1932년 윤봉길이 상하이 훙커우 공원에서 일본군 요인을 폭살한 의거의 영향에 대한 내용이다. 이 사건을 계기로 만보산 사건으로 인해 나빠진 한국과 중국의 관계가 회복되어 중국 영토 내에서의 한국독립운동의 여건이 좋아졌고, 중국 국민당 총통이었던 장제스가 상하이 대한민국임시정부를 지원해주는 계기가 되었다.

---

19 ③

⊙ 농촌진흥운동(1932) ⓒ 학도지원병 제도(1943)
ⓒ 회사령 철폐(1920) ⓔ 토지조사사업(1912)

---

20 ④

④ 연통제는 대한민국 임시정부의 비밀 행정 연락망에 해당한다.
3·1운동은 일제에 항거한 거족적 민족 운동으로 처음에는 평화적인 시위로 전개되었으나 일제의 무력탄압으로 점차 폭력적 양상으로 변화하였다.

01	02	03	04	05	06	07	08	09	10	11	12	13	14	15	16	17	18	19	20
③	③	③	①	④	④	④	②	②	①	③	④	②	②	④	④	④	①	③	②

01   ③

제시된 글은 유엔 총회의 결정에 따라 유엔 한국 임시 위원단 파견을 앞둔 시점에서 작성된 글이다. 1947년 2차 미·소 공동 위원회가 결렬된 후 유엔은 인구 비례에 의한 남·북한 총선거 실시를 통해 한반도에 정부를 수립하기로 결정하였다.

02   ③

제시된 글은 1947년 김규식의 신년사이다. 김규식은 1946년 미군정의 지원을 받아 좌우 합작 위원회를 조직하여 통일 정부 수립을 위하여 노력하였다.

03   ③

신탁 통치와 임시 민주주의 정부 수립을 결정한 모스크바 3국 외상 회의의 소식이 전해지자 우익과 좌익의 대립이 심화되었다.

04   ①

제시된 내용은 1945년 8월 여운형이 중심이 되어 조직한 조선 건국 준비 위원회의 선언문에 해당한다.
② 좌·우 합작 위원회
③ 모스크바 3국 외상 회의 직후 국내 우익 세력
④ 대한민국 임시정부

05   ④

모스크바 3상 회의에서 신탁통치에 대한 의견이 나오자 국내에서는 좌·우익의 대립이 심해졌다. 이러한 대립을 줄이기 위해 좌·우합작운동이 시행되었는데 이때 발표된 좌·우합작 7원칙 중 하나이다.

06 ④

1945년 12월 미·영·소의 3국 외상은 모스크바에서 회의를 열었다. 이 회의에서는 우리나라와 관련하여 임시 민주 정부의 수립, 미·소 공동 위원회 설치, 최고 5년 동안의 신탁 통치 실시 등을 결의하였다.

---

07 ④

1960년 8월 12일 국회의원의 투표를 통해 윤보선이 대통령으로 당선되었다.

---

08 ②

이승만 정권의 토지개혁에서 임야와 산림, 일반 대지는 제외되었다.

---

09 ②

① 발췌개헌안(1952)은 간선제가 아니라 직선제로의 개헌이 이루어진 것이다.
② 이승만 정권이 붕괴된 이후 장면 내각이 집권하고 이전의 대통령중심제와 달리 내각책임제와 민의원, 참의원으로 구성된 양원제 의회가 실시되었다.
③ 유신헌법(1972)은 박정희가 3선 개헌안을 통과시킨 이후 독재집권을 위해 1972년 10월에 제정한 헌법으로 통일주체회의를 통한 대통령간선제 실시와 긴급조치명령이 포함되어 있다.
④ 대통령직선제가 이루어진 것은 1987년 6월 민주항쟁 이후의 결과에서 대통령 5년 단임제와 더불어 나타났다.

---

10 ①

정부 수립 후 일제 잔재를 청산하기 위해 조직된 '반민족행위특별조사위원회(반민특위)'는 '반민족행위처벌법'을 제정하여(1949) 그 활동을 시작했지만 성공하지 못했다. 그 이유는 대한민국 정부 수립 과정에 과거 친일세력이 정부의 요직 및 사회 기득권 세력이 되어 반민특위 활동을 방해하고, 이승만 대통령은 냉전이데올로기 속에서 친일보다 반공을 우선으로 생각했기 때문이다.

11 ③

㉠ 여운형 암살(1947. 7)

㉡ 조선민주주의 인민공화국 성립(1948. 9)

㉢ 제주 4 · 3사건 발발(1948. 4)

㉣ 대한민국 정부수립 반포(1948. 8)

㉤ 농지개혁법 공포(1949. 6)

---

12 ④

해방 이후 진행된 남북한의 농지개혁에서 북한은 무상몰수 무상분배의 원칙으로, 남한은 유상몰수 유상분배의 원칙으로 진행되었다. 남한의 경우에는 지주들이 농지개혁 이전에 미리 토지를 매도하여 토지를 자본화하고 이를 산업에 투자함으로써 산업자본가로 성장하게 되었다. 공통점은 이로 인하여 지주제가 철폐되고 농민들은 경작권을 회복할 수 있게 됨으로써 생산의욕이 높아지는 계기가 되었다.

---

13 ②

광복 이후 미국은 9월부터, 소련은 8월부터 군정을 실시하였다. 이후 좌우익의 이념 대립을 거치면서 남한만의 단독 총선거를 통해 대한민국 정부가 수립되었다(1948.8.15).

① 미, 영, 소의 대표가 한반도 신탁통치안을 결의하였다(1945.12).

② 해방과 동시에 여운형을 중심으로 조직된 단체이다(1945.8.15).

③ 신탁통치에 대해 좌우익이 찬탁과 반탁으로 대립하자 이를 해소하기 위해 미국과 소련 간에 회담을 개최하였다(1946~1947).

④ 좌우익의 이념 대립이 심각해지자 여운형과 김규식을 중심으로 이를 통합하기 위해 조직하였다(1946).

---

14 ②

제헌국회는 1948년 5월 10일 남한만의 단독 총선거(5 · 10총선거) 실시로 구성된 초대 국회이다. 이 선거에서 198명의 국회의원이 선출되었으며, 대통령에 이승만, 부통령에 이시영이 선출되었다. 제헌국회는 제헌헌법을 제정하였는데 국회의원의 임기는 2년, 대통령의 임기는 4년으로 정하였다. 그리고 일제시대 반민족행위자를 처벌하기 위한 반민족행위처벌법이 제정되었으나 이후 제대로 실시되지 못했고, 남한만의 단독 총선거에 반대한 김구와 김규식은 참여하지 않았다.

② 당시 국회의원의 임기는 2년이었다.

15   ④

제2차 세계대전 중 연합국 대표들이 만나 전후 처리 문제를 논의하였는데, 카이로 선언에서 우리 민족의 독립을 처음으로 약속하였고, 포츠담 선언에서 이것을 다시 확인하였다.

---

16   ④

국내에서는 여운형을 중심으로 조선 건국 동맹이 결성되어 광복 이후를 대비하였고, 조선 건국 동맹은 이후 조선 건국 준비 위원회로 발전하였다.

---

17   ④

1차 미·소 공동 위원회(1946.3.26~5. 6)와 2차 미·소 공동 위원회(1947.5.21~10.21)의 사이에 나타난 사건으로는 위조지폐사건(1946.5.15), 김규식, 안재홍, 여운형의 좌우합작운동(1946.7.25), 대구인민항쟁 (1946.10) 등이 있다.

---

18   ①

미국, 소련, 영국의 외무 대표들은 모스크바에 모여 한반도 문제를 논의하였고, 이 회의에서 임시 민주 정부 수립, 미·소 공동 위원회 설치, 최대 5년간의 신탁 통치를 결정하였다.

---

19   ③

4·19혁명의 직접적인 원인은 3월 15일 정·부통령 선거의 사전계획에 의한 부정선거에 투표 당일 마산에서 부정선거에 항의하는 시위가 발생한 것이 전국적으로 확산된 것이다. 이로 인하여 이승만 정권은 배후에 공산세력이 개입한 혐의가 있다고 조작하여 사태를 수습하려 하였고 4월 11일 마산에서 김주열의 시체가 발견되면서 이승만 정권을 타도하려는 투쟁으로 전환되었다. 4월 19일 학생과 시민들의 대규모 시위에 의하여 정부는 비상계엄을 선포하였으나 군부의 지지가 없고 재야인사들의 이승만 퇴진요구 및 대학교수의 시국선언 발표·시위에 의해 자유당 정권은 붕괴되었다.

---

20   ②

② 4·19혁명은 이승만정권의 부정부패와 3·15 부정선거 등이 원인이 되어 1960년 4월 19일에 절정을 이룬 항쟁이다. 따라서 4·19혁명의 영향으로 반민족 행위 처벌법이 제정되었다고 볼 수 없다.

01	02	03	04	05	06	07	08	09	10
②	③	①	②	④	②	③	②	②	②

01 ②

㈎ 인천 상륙 작전

㈏ 압록강 부근까지 진격했던 국군과 유엔군이 중국군 참전 이후 후퇴하는 상황

인천 상륙 작전의 성공으로 국군과 유엔군은 서울을 수복하고 38도선 이북으로 진격하였다.

---

02 ③

㈎ 1950년 10월 19일, ㈏ 1950년 9월 2일, ㈐ 1950년 10월 25일, ㈑ 1950년 9월 28일의 사실이다.

---

03 ①

㈎ – 맥아더 장군의 지휘로 전개된 유엔군의 인천 상륙 작전이 성공함에 따라 전세는 역전되었고, 국군과 유엔군의 반격도 본격적으로 시작되었고, 서울을 빼앗긴 지 3개월 만인 9월 29일에 서울을 되찾게 되었다.

㈏ – 대규모의 중국군이 파견되자 유엔군과 군국은 38도선 이북에서 대대적인 철수를 계획하였고, 중국군의 남진에 밀려 철수하였고, 1951년 1월 4일에 다시 서울을 내주게 되었다.

㈐ – 반공 포로 석방은 이승만 대통령의 단독 결정이었다.

㈑ – 한미 상호 방위 조약은 1953년 10월에 체결되어 11월에 발효된 대한민국과 미국 간의 상호 방위 조약이다.

---

04 ②

6 · 25 전쟁으로 남북 모두 대부분의 건물과 산업 시설이 파괴되는 등 전 국토가 황폐해졌다. 그리고 휴전 이후 남한에서는 이승만 정부가 반공을 앞세워 권력을 강화하였고, 북한에서는 김일성 독재 체제가 구축되었다.

05 ④

(나)는 북한군의 남침(1950.6~9), (가)는 유엔군의 참전과 북진(1950.9~11), (라) 중국군의 개입과 후퇴 (1950.10~1951.1), (다) 전선의 고착과 정전(1951.1~1953.7)이며, 그렇기 때문에 시간 순으로 배열하면 (나) – (가) – (라) – (다)이다.

06 ②

6 · 25 전쟁은 북한국의 남침 → 정부의 부산 피난 → 유엔군과 국군의 인천 상륙 작전 성공 → 압록강까지 진격 → 중국군의 개입으로 후퇴 → 38도선 부근의 치열한 공방전 → 휴전 협정 체결의 과정을 거친다.

07 ③

애치슨 선언은 전쟁 발발 이전에 발표되었다.

08 ②

6 · 25 전쟁은 '(가) 북한의 남침 – 유엔군 참전 – (라) 인천 상륙 작전 – 서울 수복 – 압록강 진격 – (다) 중국군 개입 – 38도선 부근의 공방전 – (나) 휴전 협정 조인'의 순서대로 전개되었다.

09 ②

② 북한은 소련의 지원을 받아 군사력을 키웠고, 1950년 6월 25일에 기습적인 남침을 감행하였다.

10 ②

6 · 25 전쟁은 남한과 북한 모두에게 커다란 인적 · 물적 피해를 남겼다.
② 남한에서는 이승만 정부가 반공을 내세워 정권을 연장하였고, 북한에서는 김일성이 반대파를 제거하고 독재 체제를 갖추었다.

대한민국의 발전과정에서 군의 역할				
01	02	03	04	05
③	④	①	②	①

01 ③

국민의 안보 의식을 고취시키기 위해, 예비역 장병을 중심으로, 평시에는 사회생활을 하면서, 유사시에는 향토 방위를 전담할 비정규군인 '향토예비군'을 창설하였다.

02 ④

2011년 1월에 소말리아 해적에 피랍된 삼호주얼리호와 우리 선원을 구출하기 위하여 '아덴만 여명작전'을 실시하여 우리 국민 전원을 구출하였다.

03 ①

최초의 다국적군 평화활동을 위해 청해부대와 함정을 소말리아 해역으로 파병하였다.

04 ②

유엔 평화유지활동과 더불어 분쟁지역의 안정화와 재건에 중요한 역할을 담당하고 있다.

05 ①

대한민국 정부 수립(1948. 8)직후 국군으로 출범하였다.

01　③

한국을 정치 · 사회적으로 불안하게 하여 한국 정부의 정통성을 약화시키고자 하였다.

02　②

북한은 전면전은 아니지만 다양한 수단을 동원하여 대남적화공세를 감행하였다.

03　①

1990년대에는 1960년대 도발 사례처럼 직접적 군사도발을 재시도(잠수함 침투, 연평해전 등)하였다.

04　④

남한에서의 혁명기지 구축하여 게릴라 침투와 군사도발을 병행하고자 한 것은 1960년대이다.

05　①

남침용 땅굴 굴착과 해외를 통한 우회 간첩침투를 한 것은 1970년대이다.

06　②

북한은 1983년 10월 9일 미얀마를 친선 방문중이던 전두환 대통령 및 수행원들을 암살하기 위해 아웅산 묘소 건물에 설치한 원격조종폭탄을 폭발시켜 한국의 부총리 등 17명을 순국케 하고 14명을 부상시키는 테러를 감행하였다.

07 ④

1차 연평해전은 1999년 6월 15일, 북한 경비정 6척이 연평도 서방에서 북방한계선 (NLL)을 넘어 우리 해군의 경고를 무시하고 우리 측 함정에 선제사격을 가하자 남북 함정간 포격전으로 일어난 것이다.

08 ③

북한은 2010년 11월 23일 연평도의 민가와 대한민국의 군사시설에 포격을 감행하였다. 이에 아군 전사자가 20여명 및 민간인 사망 2명 외에도 다수의 부상자 발생하자, 한국의 연평도 해병부대도 북한 지역에 대한 대응사격을 실시하였다.

09 ④

판문점 도끼만행 사건은 1976년 8월 18일 북한군이 일으킨 것이다.

10 ④

북한은 이명박 정부 출범 이후에는 '천안함 폭침 사건'과 '연평도 포격 도발 사건'과 같은 군민을 가리지 않는 무차별한 대남도발을 자행하였다.

북한 정치체제의 허구성									
01	02	03	04	05	06	07	08	09	10
③	④	①	④	③	④	③	①	②	③

01 ③

북한이 주장하는 공산주의적 인간이란 적극적으로 노동하는 인간, 김일성 사상으로 무장된 인간, 사회적 이익을 추구하는 인간, 공산주의 건설을 위해 노력하는 인간이다. 물론 북한의 선군주의 입장과 우수한 전투력을 가진 인간이 가까울 수는 있으나, 이를 북한의 공산주의적 인간에만 해당되는 인간형으로 일반화시키기에는 무리가 있다.

02 ④

정치 사상 교육은 공산주의 사상이 약화되는 것을 막기 위해 매우 강조되는데, 인민학교와 중학교에서는 어린 시절, 혁명 활동 등을 배우고, 대학생도 전공과 관계없이 정치 사상 교육을 받아야 한다.

03 ①

제시문은 북한 경제의 특징 중 공산주의적 평등 분배 원칙에 대해 설명하고 있다. 공산주의적 평등 분배 원칙은 결국 주민들 간의 극심한 소비 생활 수준 차이를 가져왔고, 이는 1990년대 이후 식량난이 심각해지자 결국 국가적인 위기를 초래하게 되었다.

---

04 ④

북한은 식량난을 해결하고자 외부 세계에 식량 지원을 요청하는 한편, 농업 생산 증대를 꾀하고 대용 식품과 구황 작물을 보급하였다. 그러나 주로 노동력에만 의존하는 낙후된 농업 생산 방식으로 인해 식량난 해결 전망은 불투명하다. 북한은 체제 유지를 위하여 자유 경쟁 체제와 개인 소유를 인정하지 않는다.

---

05 ③

북한 사회주의 경제 체제에서는 원칙적으로 생산 수단이 공동 소유되며 소비재의 분배가 노동의 질과 양에 따라 이루어진다. 재화의 생산이 시장 기구에 의해 이루어지는 것은 자본주의 경제 체제의 특징에 해당된다.

---

06 ④

국방공업을 우선적으로 발전시키겠다는 북한의 경제 노선은 선군주의 경제 노선이다. 북한은 공식적으로 장마당이라는 북한 주민들의 암시장을 단속하고 있으며, 종합 시장을 선보이고 있다. 인민 시장은 1950년 농촌 시장이 나타나기 이전에 존재하였으며, 종합 시장은 2003년도에 등장하였다.

---

07 ③

① 조선 노동당이다.
② 국방위원회, 내각이다.
④ 국방위원회와 내각이 법을 집행하는 행정부이다, 조선 노동당이 최고의 국가 권력 기관이다.

---

08 ①

집단주의란 개인을 집단에 종속되는 존재로 보는 입장으로 집단에 무조건 복종함으로써, 개인의 가치와 자유가 인정될 수 있다고 보았다.

09 ②

② 국가의 분배 원칙에 따라 혹은 최고 통치자의 특별기준에 따라 계층별로 차별적으로 배급된다.

---

10 ③

③ 개인의 자유와 인권은 사회와 국가, 민족과 인민의 자유와 인권이 보장되었을 때 실현될 수 있다.

한미동맹의 필요성									
01	02	03	04	05	06	07	08	09	10
③	③	③	③	①	③	③	③	④	③

01 ③

한국은 한미상호방위조약에 한반도 유사시 미국의 자동개입조항을 삽입하기를 요구하였으나, 미국은 이에 대한 대안으로 미군 2개 사단을 한국에 주둔하였다.

---

02 ③

식량 문제 해결에 크게 기여를 하였으나, 밀가루, 면화 등의 대량 수입으로 농업 기반이 붕괴되었다.

---

03 ③

제시된 자료는 브라운 각서이다. 박정희 정부는 성장 위주의 경제 개발 정책을 추진하면서 경제 개발에 필요한 자금 마련을 위해 한·일 수교를 추진하는 한편, 베트남 파병을 추진하고 미국으로부터 브라운 각서를 받아 경제 개발에 필요한 자금을 마련하게 되었다.

---

04 ③

6·25 전쟁이 1953년 휴전 협정으로 끝난 뒤 한국과 미국은 상호 방위 조약을 체결하여 한·미 동맹 관계를 강화하였다.

05 ①

1950년대 미국의 농산물 중심의 원조가 증가하면서 삼백 산업의 소비재 산업이 발달하였다. 한편 미국의 과도한 원조로 밀, 면화 생산 농가가 타격을 받았다.

---

06 ③

6 · 25 전쟁 직후 원조 경제를 바탕으로 성장해 재벌 형성의 토대가 된 것은 삼백산업이다. 미국의 면화, 밀, 원당 등의 잉여 농산물이 대량 유입되어 국내 면화 재배 농가에 큰 타격을 주었다.

---

07 ③

자료는 미국의 경제 원조에 해당한다. 미국은 6 · 25 전쟁 직후 농산물 중심의 경제 원조를 하였다. 이러한 상황에서 농산물 가격이 하락하면서 농촌 경제는 타격을 받았으나, 원조 농산물을 가공하는 삼백 산업이 발달하게 되었다.

---

08 ③

제시문은 냉전체제의 완화로 미 · 소 간의 긴장 완화가 실현되었음을 알 수 있다.

---

09 ④

제시된 글은 5 · 16 군사 정변 이후 수립된 박정희 정부가 실시한 정책들에 대한 설명이다.

---

10 ③

미국의 동맹국으로서 국제적 지위와 위상을 제고하였다.

01	02	03	04	05
④	③	①	④	④

01　④

중국의 동북공정은 통일 후 한반도에 영향력을 미치고, 조선족 등 지역 거주민에 대한 결속을 강화하기 위해서 진행되고 있다.

02　③

동북아시아 지역은 여러 역사 문제가 발생하고 있는데 이러한 문제를 자국의 관점에서 감정적으로 대응하면 갈등만 깊어진다.

03　①

제시문은 동북공정에 대한 설명이다.

04　④

제시된 주장은 "고구려는 중국의 고대 소수 민족 지방 정권이었으므로 고구려사는 중국사에 속한다."는 내용으로, 중국이 동북공정을 추진하면서 내세우는 것이다. 중국은 조선족을 비롯한 국내의 수많은 소수 민족의 동요를 막고 이들을 하나의 중화 민족으로 통합시키기 위한 목적에서 이러한 주장을 제시하였다. 나아가 북한이 붕괴되더라도 만주 지역에 대한 지배권을 확고히 하고, 북한 지역에 영향력을 행사하려는 의도에서 동북공정을 추진하고 있다.

05　④

중국은 동북 공정을 실시하여 중국 동북 지방에 속하는 지역 소수 민족의 역사를 자국사로 편입하려 하고 있다. 따라서 신라의 역사는 포함되지 않는다.

일본의 역사 왜곡

01	02	03	04	05	06	07	08	09	10
②	③	①	②	③	④	④	③	②	③

01 ②

신라시대 지증왕 때에 512년 우산국(지금의 울릉도, 독도)을 정벌했다

---

02 ③

ⓛ 세종실록 권 153 지리지 강원도 삼척도호부 울진현에서는 "우산과 무릉, 두 섬이 현의 정동방 바다 가운데에 있다. 두 섬이 서로 거리가 멀지 아니하여, 날씨가 맑으면 바라볼 수가 있다"고 하여 별개 의 두 섬으로 파악하였다.

ⓔ 연합군 총사령부는 1646년 1월 29일 연합국 총사령부 훈령 제677호를 발표하여 한반도 주변의 울릉 도, 독도, 제주도를 일본 주권에서 제외하여 한국에게 돌려주었다.

ⓗ 1954년 일본 정부는 외교 문서를 통해 1667년 편찬된 「은주시청합기」에서 울릉도와 독도는 고려영토 이고, 일본의 서북쪽 경계는 은기도를 한계로 한다고 기록하고 있다.

---

03 ①

① 대한제국 시기 이범윤은 간도 관리사로 파견되었다.

---

04 ②

일본이 러 · 일 전쟁 중인 1905년에 '시마네 현 고시 제40호'로 불법적으로 일본 영토로 편입한 우리 영토 는 독도이다.

---

05 ③

③ 국제 사법 재판소에 제소하여 독도 문제를 해결하자는 입장은 일본의 입장이다. 우리 정부는 이에 대 해 거부의 입장을 명확하게 밝히고 있다.

06 ④

일본은 독도를 국제 분쟁 지역으로 만들기 위해 국제 사법 재판소에 독도 영유권 문제를 넘기려 하고 있다.

---

07 ④

④ 한·중·일 3국은 객관적인 역사 인식을 바탕으로 영토 문제와 역사 갈등을 해결하려는 노력이 필요하다.

---

08 ③

③ 일본은 러·일 전쟁 중 독도를 불법적으로 일본 영토로 편입하였다. 제2차 세계 대전이 끝난 후 독도는 우리나라로 반환되었으나, 일본은 여전히 독도를 자국의 영토라고 주장하고 있다.

---

09 ②

ⓛ 독도를 자국의 영토라고 주장하고 있는 국가는 일본이다.
ⓒ 일본은 독도를 국제 분쟁 지역으로 만들기 위해 국제 사법 재판소에 독도 영유권 문제를 넘기려 하고 있다.

---

10 ③

③ 일본은 2008년에 독도를 일본 영토로 왜곡한 학습 지도 요령을 발간하였다.

MEMO

MEMO

봉투모의고사 **찐!5회** 횟수로 플렉스해 버렸지 뭐야 ~

국민건강보험공단 봉투모의고사(행정직/기술직)

국민건강보험공단 봉투모의고사(요양직)

합격을 위한 준비
서원각 온라인강의

요점만 담은
알짜이론

믿고보는
교수진

www.sojungedu.co.kr

공 무 원	자 격 증	취 업	부사관/장교
9급공무원	건강운동관리사	NCS코레일	육군부사관
9급기술직	관광통역안내사	공사공단 전기일반	육해공군 국사(근현대사)
사회복지직	사회복지사 1급		공군장교 필기시험
운전직	사회조사분석사		
계리직	임상심리사 2급		
	텔레마케팅관리사		
	소방설비기사		